10	11	12	13	14	15	16	17	18
								2 **He** 4.0026 ヘリウム
			5 **B** 10.811 ホウ素	6 **C** 12.0107 炭素	7 **N** 14.0067 窒素	8 **O** 15.9994 酸素	9 **F** 18.9984 フッ素	10 **Ne** 20.1797 ネオン
			13 **Al** 26.9815 アルミニウム	14 **Si** 28.0855 ケイ素	15 **P** 30.9738 リン	16 **S** 32.065 硫黄	17 **Cl** 35.453 塩素	18 **Ar** 39.948 アルゴン
Ni	29 **Cu** 63.546 銅	30 **Zn** 65.409 亜鉛	31 **Ga** 69.723 ガリウム	32 **Ge** 72.64 ゲルマニウム	33 **As** 74.9216 ヒ素	34 **Se** 78.96 セレン	35 **Br** 79.904 臭素	36 **Kr** 83.798 クリプトン
Pd	47 **Ag** 107.8682 銀	48 **Cd** 112.411 カドミウム	49 **In** 114.818 インジウム	50 **Sn** 118.710 スズ	51 **Sb** 121.760 アンチモン	52 **Te** 127.60 テルル	53 **I** 126.9045 ヨウ素	54 **Xe** 131.293 キセノン
Pt	79 **Au** 196.9666 金	80 **Hg** 200.59 水銀	81 **Tl** 204.3833 タリウム	82 **Pb** 207.2 鉛	83 **Bi** 208.9804 ビスマス	84 **Po** (209) ポロニウム	85 **At** (210) アスタチン	86 **Rn** (222) ラドン
Ds	111 **Rg** (284) レントゲニウム	112 **Cn** (288) コペルニシウム	113 **Uut** (–) ウンウントリウム	114 **Fl** (289) フレロビウム	115 **Uup** (–) ウンウンペンチウム	116 **Lv** (289) リバモリウム	117 **Uus** (–) ウンウンセプチウム	118 **Uuo** (–) ウンウンオクチウム
Gd	65 **Tb** 158.9353 テルビウム	66 **Dy** 162.500 ジスプロシウム	67 **Ho** 164.9303 ホルミウム	68 **Er** 167.259 エルビウム	69 **Tm** 168.9342 ツリウム	70 **Yb** 173.04 イッテルビウム	71 **Lu** 174.967 ルテチウム	
Cm	97 **Bk** (247) バークリウム	98 **Cf** (251) カリホルニウム	99 **Es** (252) アインスタイニウム	100 **Fm** (257) フェルミウム	101 **Md** (258) メンデレビウム	102 **No** (259) ノーベリウム	103 **Lr** (262) ローレンシウム	

は液体，その他の元素は固体

生命科学のための基礎化学

原田 義也

東京大学出版会

Basic Chemistry for Students of Life Sciences
Yoshiya HARADA
University of Tokyo Press, 2014
ISBN978-4-13-062508-1

まえがき

　最近の生命科学の急速な進歩に伴って，DNA という言葉が日常用語として使われるようになり，ゲノム，クローン，iPS 細胞など，生命科学の専門用語もしばしばニュースに登場するようになった．将来生命科学の分野を専攻する学生だけでなく，一般の学生にとっても生命科学の知識を身につけることが必須な時代になったといえる．生命体は原子・分子からできており，生命体の活動はこれら原子・分子間の反応に基づくから，原子・分子レベルで物質の構造や性質を研究することを目的とする「化学」は生命科学，特に最先端の分子生物学の基礎を成している．

　本書は，読者が生命科学を学ぶために必要な化学の基礎を理解するための一助として役立つことを目的として，書かれたものである．本書の特徴は次の点にあると考えている．

(1) 高校で化学を履修していない学生にも理解できるように，必要な予備知識を提供した後，できるだけ易しく化学の基礎を解説した．

(2) 「生命科学のための基礎化学」という趣旨から，生命科学に関連して，トピックスを本文の説明の中に織り込むとともに，章末のコラムで最近のいろいろな話題を取り上げて詳しく述べた．

(3) 化学はさまざまな断片的知識の羅列という印象をもっている人が多いが，本書では基本的な考え方に重点を置き，化学の基礎概念が体系的に学べるように配慮した．

(4) 従来の化学の入門書ではほとんど触れられなかった核化学について，放射線の検出や人体への影響なども含めて詳しく解説した．最近の原発事故の責任の一端は核問題に関する人々の無理解と無関心にあると考えたからである．

　本書は前著『生命科学のための有機化学』Ⅰ，Ⅱ（巻末参考書 1，2）の導入編に相当するもので，主に化学の基本原理を解説したものである．生命体を構成する有機化合物と分子生物学への理解を深めるために，これらの本

も参考にしていただければ幸いである．
　終わりに，本書の出版に当たってお世話いただいた東京大学出版会の岸純青氏に深く感謝申し上げる．

2014年厳冬　　　　　　　　　　　　　　　　　　　　　　　著　者

目 次

まえがき　i

1 化学と生命 …………………………………………… 1
1.1　化学とは　1
1.2　生命科学　6
　　　コラム　iPS細胞　9
章末問題　11

2 量と単位・基本的な物理量 ……………………… 13
2.1　数の指数表示　13
2.2　単位　15
2.3　エネルギー　17
2.4　圧力　24
2.5　光　27
　　　コラム　血圧　31
章末問題　32

3 原子と周期律 ………………………………………… 35
3.1　原子の構造　35
3.2　電子の軌道　38
3.3　周期律と周期表　43
3.4　イオン　48
3.5　電気陰性度　51
　　　コラム　元素の誕生と分布　53
章末問題　55

4 化学結合 ······ 57

4.1 イオン結合 57
4.2 共有結合 59
　4.2.1 共有結合 59　　4.2.2 分子の形 62
　4.2.3 結合の極性 67
4.3 分子間相互作用 69
　4.3.1 双極子―双極子相互作用 69　　4.3.2 分散力 70
　4.3.3 水素結合 71　　4.3.4 分子結晶 73
4.4 金属結合 74
　　コラム　窒素の化学 77
章末問題 79

5 物質の量と化学反応式 ······ 81

5.1 原子量・分子量・式量 81
　5.1.1 原子量 81　　5.1.2 分子量 82　　5.1.3 式量 82
5.2 物質量 83
5.3 気体の体積 85
5.4 化学反応式 86
　5.4.1 化学反応式の書き方 87　　5.4.2 イオン反応式 88
　5.4.3 化学反応式の量的関係 89
　　コラム　化学の基本法則 90
章末問題 91

6 物質の状態 ······ 93

6.1 物質の三態 93
6.2 蒸気圧 96
6.3 固体の転移 97
6.4 状態図 98
　　コラム　超臨界状態 100
章末問題 101

7 気体 ……103

7.1 理想気体 103

7.2 気体分子運動論 107

7.3 混合気体 110

7.4 実在気体 111

 コラム　呼吸 113

章末問題 116

8 溶液 ……117

8.1 溶解 117

8.2 濃度と溶解度 119

8.3 希薄溶液の性質 122

 8.3.1 蒸気圧降下と沸点上昇 122　8.3.2 凝固点降下 124

 8.3.3 浸透圧 126

8.4 コロイド 129

 8.4.1 いろいろなコロイド 129　8.4.2 コロイド溶液の性質 130

 コラム　透析 132

章末問題 134

9 化学反応とエネルギー ……135

9.1 反応熱 135

9.2 ヘスの法則 138

9.3 標準生成熱 140

9.4 結合エネルギー 142

9.5 反応の進行方向 144

 9.5.1 エントロピー 144　9.5.2 ギブズエネルギー 146

 9.5.3 標準生成ギブズエネルギー 150

 コラム　生体とエントロピー 151

章末問題 152

10 化学平衡 ………………………………………………………… 153

- 10.1 可逆反応と平衡状態　153
- 10.2 平衡定数　155
- 10.3 平衡移動の法則　156
- 10.4 不均一系の化学平衡　158
- 10.5 化学平衡とギブズエネルギー　159
  - コラム　生体における共役反応　160
- 章末問題　161

11 電解質溶液・酸と塩基 ……………………………………… 163

- 11.1 酸と塩基　163
- 11.2 弱酸と弱塩基の解離　166
- 11.3 水の電離とpH　168
- 11.4 中和反応と塩　171
- 11.5 加水分解　173
- 11.6 緩衝液　174
- 11.7 中和滴定　176
- 11.8 溶解度積　178
  - コラム　ヒトの体液のpH　180
- 章末問題　181

12 酸化還元反応と電池 ………………………………………… 183

- 12.1 酸化と還元　183
- 12.2 酸化数　185
- 12.3 酸化剤と還元剤　186
- 12.4 金属のイオン化傾向　188
- 12.5 電池　190
- 12.6 実用電池　192
  - 12.6.1　1次電池　192　　12.6.2　2次電池　195
  - 12.6.3　燃料電池　196

12.7 電気分解　197
　　　コラム　生体の酸化還元反応　201
章末問題　202

13　化学反応速度　203

13.1　反応の速さ　203
13.2　1次反応　206
13.3　2次反応　210
13.4　複合反応と素反応　211
13.5　反応速度と温度　214
13.6　活性化エネルギー　215
13.7　触媒　217
　　　コラム　酵素反応の速度　221
章末問題　223

14　核化学　225

14.1　原子核とエネルギー　225
14.2　放射能　230
14.3　原子核の崩壊　231
14.4　原子核の人工変換　235
14.5　核分裂と核融合　238
14.6　放射線の線量単位と検出　241
14.7　放射線の人体への影響　244
14.8　放射線核種の利用　247
　　　14.8.1　トレーサーとしての利用　247　14.8.2　年代測定　248
　　　14.8.3　食品の貯蔵　248　14.8.4　核医学　248
　　　コラム　年間の被曝放射線量　251
章末問題　253

A 付録 ... 255

A.1 対数 255

A.2 熱力学のまとめ 256

(1) 熱力学第1法則　内部エネルギー U 257

(2) 体積変化の仕事 259

(3) 定積過程と定圧過程　エンタルピー H 260

(4) 熱力学第2法則 261

(5) 第2法則の数式的表現　エントロピー S 262

(6) ヘルムホルツエネルギー A とギブズエネルギー G 264

(7) 状態変化と平衡条件 266

(8) 平衡定数 266

参考書 269

章末問題解答 271

索引 287

1 化学と生命

本章では本書全体の序論として,化学とは何か,また,自然科学における化学の役割,特に生命科学と化学との関係を述べる.そのために,原子・分子のレベルでわれわれの身の回りの現象や生命現象を考察する.なお,原子・分子については,第3~5章で詳しく解説する.

1.1 化学とは

われわれの身の回りには,いろいろな「もの」がある.これらの「もの」の大きさや形に着目したとき,その「もの」を**物体**(object)という.一方,物体をつくっている材質を**物質**(substance)という.例えば,机は大きさと形をもっており,物体である.机の材質は鉄(スチール机)やセルロース(木製机)などで,それらは物質である.また,われわれ自身の身体も物体で,身体をつくっている物質の主なものは,水,タンパク質,炭水化物,脂肪などである.

19世紀の初めに,ドルトン(Dalton)は物質の最小構成単位として,**原子**(atom)を提案した.atomはギリシャ語のatomosに由来し,'(それ以上)分割できない'ことを意味する.例えば,金属の鉄は鉄原子(記号Fe)からできている.さらに,物質の構成単位として,原子が集まってできる**分子**(molecule)がある.例えば,水は水素原子(記号H)2個と酸素原子(記号O)1個を含む水分子(記号H_2O)の集まりである.また,セルロースは炭素原子(記号C),H原子,O原子からなる巨大分子の集合体である.

ここで,**化学**(chemistry)を次のように定義しておこう.

「化学は原子・分子のレベルで物質の構造,性質および機能を研究する学問である」.

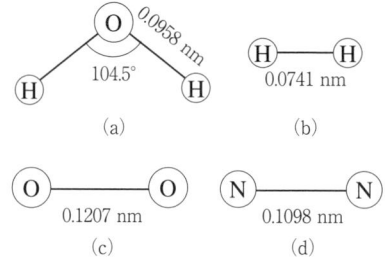

図 1.1　分子の構造
(a)水, (b)水素, (c)酸素, (d)窒素. 1 nm = 10^{-9} m
= 0.000000001 m.

　物質としての水を例にして，上の定義を説明しよう．原子・分子のレベルでみた水分子の構造を図 1.1(a) に示す．この構造は化学のいろいろな測定手段によって求められたものである．図によると，O 原子は 2 つの H 原子と結合しており，O—H 間の長さ（OH 結合の距離）は 0.0958 nm，H—O—H のなす角（結合角）は 104.5° である．ただし，1 nm = 10^{-9} m = 0.000000001 m[1] であるから，0.0958 nm はほぼ 100 億分の 1 m である．

　液体の水は，大気圧の下，0°C（凝固点または融点）で固体の氷になり，100°C（沸点）で気体の水蒸気になる．氷の構造を図 1.2 に示す．氷では水分子が規則正しく並んでいるが，これは異なった分子間で，O 原子と H 原子の間に点線で示すような弱い結合（水素結合[2]）が生じるためである．温度が上がるにつれ分子の運動が活発になり，氷の水素結合は次第に切れて，温度が 0°C 以上になると液体の水となるが，水の状態でも水素結合はかなり残っており，水分子は氷と同じように，隙間の多い構造をとる．ただし，水分子の運動のため，隙間が減るので，水の密度は氷より大きくなる．さらに温度が上がって分子運動がより激しくなると，残っていた水素結合が次第に切れて，水は膨張し密度が徐々に小さくなる．4°C 付近で水の密度は最大である[3]．温度が 100°C に達すると，水素結合は完全に切れて，水分子は蒸気

---

1) この表記については，2.1 節および 2.2 節で述べる.
2) 水素結合については，4.3.3 項，p.71 で詳しく述べる.
3) 通常の物質では，液体の密度は固体の密度より小さい．また，液体の密度は温度が上昇するとともに単調に減少する.

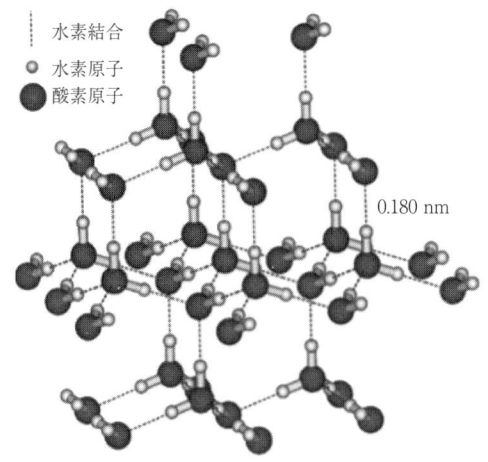

図 1.2 氷の構造
点線は分子間の水素結合.

となり,空気中を自由に飛び回れるようになる.

水分子を構成する H 原子と O 原子はそれぞれ 2 個ずつ結合して水素分子 (H_2) と酸素分子 (O_2) になる (図 1.1 (b), (c)). これらの分子からなる水素や酸素は常温で気体である (沸点はそれぞれ $-252.9℃$ と $-183.0℃$). 空気は混合物[1]で,その主成分は窒素原子 (記号 N) 2 個が結合した窒素分子 (N_2, 図 1.1 (d)) と酸素分子 (O_2) で,その分子数の比はほぼ 3:1 である. 原子の質量については,水素原子の質量を 1 とすると,窒素原子は約 14, 酸素原子は約 16 である. したがって,窒素分子,酸素分子,水分子の質量比は次のようになる.

$$N_2 \text{ の質量}:O_2 \text{ の質量}:H_2O \text{ の質量}$$
$$= (14 \times 2):(16 \times 2):(1 \times 2 + 16) = 28:32:18$$

常温で酸素や窒素が気体であるにもかかわらず,これらの分子に比べてはるかに軽い水が地球上で液体の状態で安定に存在できるのは分子間の水素結合のためである. このようにして,原子・分子のレベルで水の三態 (固体,液

---

[1] 何種類かの物質が混じり合ったものを**混合物** (mixture) という. これに対し,水素,酸素,窒素,水などは**純物質** (pure substance) である.

体, 気体) の構造と性質が説明される.

以上述べた, 沸点, 融点, 密度などが示す特徴は物質の**物理的性質** (physical property) と呼ばれる. これに対して, **化学的性質** (chemical property) がある. 例えば, 水素と酸素を混ぜて点火すると激しく反応 (燃焼) して水となる. これは, 図 1.3 に示すように, H_2 分子 2 個と O_2 分子 1 個の結合が切れて, 新しく 2 個の水分子が生成するためである. この結合の組み替えは**化学反応** (chemical reaction) の一種で

$$2H_2 + O_2 \rightarrow 2H_2O \quad 燃焼 \tag{1.1.1}$$

のように表される. 一方, 水の電気分解[1]を行うと, 上式の逆反応

$$2H_2O \rightarrow 2H_2 + O_2 \quad 電気分解 \tag{1.1.2}$$

が起こり, 水は酸素と水素に分かれる. なお, 水素や酸素のように 1 種類の原子からなる物質を**単体** (simple substance), 水のように 2 種類以上の原子からなる物質を**化合物** (compound) という.

式(1.1.1), (1.1.2)のように物質の化学変化に関連する性質を化学的性質という. 物理的性質の他, 化学的性質も原子・分子レベルで説明するのが化学の役目である. 水の例では, なぜ水素と酸素が激しく反応して水となるのか, また, 水を電気分解するとなぜ水素と酸素に分かれるのか, などの問に化学は答えなければならないのである.

地球表面の約 70% は水でおおわれており, 水は生物にとってもっとも重

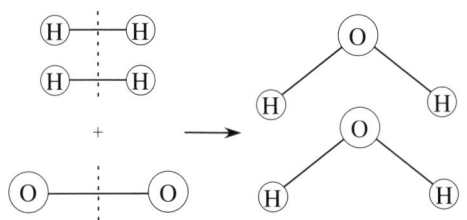

図 1.3　結合の組み替えによる水素と酸素からの水の生成

---

1)　12.7 節, p.197 参照. 水酸化ナトリウムや硫酸などの水溶液中に 2 つの電極を入れて両極間に電気を流すと水から水素と酸素が発生する. これが水の電気分解である.

要な物質である．ヒトの体重の約 60% は水である．ヒトは 1 日に約 2 L[1] の水分を摂取し，排出している．「水は生物の身体の中でどのような特有なはたらきをしているか」など，水の物質としての機能についても，化学は原子・分子のレベルで解答を与えなければならない．

以上，水を例にして化学という学問の定義について説明した．化学と生物学との関係については次節で詳しく説明するが，化学は物質の構造，性質，機能を原子・分子レベルで研究することによって，物理学，生物学，宇宙地球科学など，数学を除くあらゆる自然科学の中核としての役割を演じている．

化学の分野は対象とする物質によって，**無機化学**（inorganic chemistry）と**有機化学**（organic chemistry）に分かれる．生命現象に関係する物質は昔から**有機物**（organic substance）[2] とよばれ，空気，水，鉱物などの**無機物**（inorganic substance）と区別されてきた．そして，有機物は**有機体**（organism）である生物を構成する物質または有機体がつくり出す化合物と考えられてきた．1828 年ドイツのウェーラー（Wöhler）は無機物であるシアン酸アンモニウム（NH_4OCN）を加熱するとヒトの尿の成分である尿素（$(NH_2)_2CO$）に変わることを発見し，無機物から天然の有機物が合成できることを示した．現在では，生体関連物質に限らず，炭素を含む化合物を有機物，それ以外の化合物を無機物という．ただし，簡単な炭素化合物である，一酸化炭素 CO，二酸化炭素 CO_2 などの酸化物，シアン化リウム KCN などのシアン化物，炭酸カルシウム $CaCO_3$ などの炭酸塩は伝統的に無機物に含めている．また，有機物を対象とする化学を有機化学，無機物を対象とする化学を無機化学と呼ぶ．有機化学とその生物化学への応用については巻末に示した「参考書」1, 2(I, II)[3] に詳しく解説した．

本書は主に無機化合物について述べる．そして，無機化合物を題材にして化学の理論的な枠組みを説明する．化学の理論は主として物理学の化学への応用であるから，理論化学の分野は**物理化学**（physical chemistry）と呼ばれる．

---

1) $1 L = 1000 cm^3 = 1 dm^3$ (p.17).
2) organic という言葉は動植物がもつ organ（器官）に由来している．
3) 巻末参考書 1, 2（原田義也，生命科学のための有機化学，I 有機化学の基礎，II 生化学の基礎，東京大学出版会（2004））参照．以後，I, II はこれらの本を指す．

1.2 生命科学

窒素1分子と水素3分子が反応すると，N原子1個とH原子3個からなる3角錐型のアンモニア（NH_3）2分子が生成する（図1.4）．

$$N_2 + 3H_2 \rightleftarrows 2NH_3 \quad\quad (1.2.1)$$

この反応は前節の反応（1.1.1）のように完全には進行しない．途中で，左辺から右辺へのアンモニアの生成反応と右辺から左辺への分解反応が釣り合って，窒素，酸素，アンモニアが一定の割合になったとき，平衡に達する．2本の矢印 $\rightleftarrows$ は平衡反応を表す記号である．ただし，窒素と水素を単に混ぜただけでは平衡に達するまでに時間がかかる．平衡に達するまでの速度（反応速度）を上げるには，窒素と酸素の混合気体の温度を上げるか，小量の触媒を加える必要がある．ただし，**触媒**（catalyst）とは，反応の前後で変化しないが，反応を促進するはたらきをもつ物質である．

われわれは食物を摂取して，環境に適応するために必要なエネルギーを生み出すとともに，身体に必要な物質をつくり，不要物を体外に排泄して生きている．この生命活動は体内で進行する何千もの化学反応によって支えられている．しかもこれらの反応は，通常の化学反応と異なり，穏和な条件（36～37℃（体温），1気圧）で進行している．それができるのは，各反応に特有な効率のよい触媒があるためである．生体内の触媒は**酵素**（enzyme）

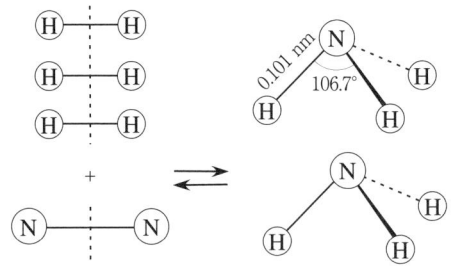

図1.4 水素と窒素からのアンモニアの生成
点線はNH結合が紙面の後にあることを，また，くさび形の線はNH結合が紙面の手前にあることを示す（図4.8の説明参照）．

とよばれる．例えば，米やパンなどの主成分はグルコース分子が結合してできた巨大分子であるデンプンであるが，われわれがデンプンを摂取すると，消化酵素によってグルコースに分解され腸壁から吸収される．消化酵素がないと，デンプン→グルコースの反応はほとんど進まない．生体内の他の反応についてもそれぞれに特有な酵素が存在し，各反応が円滑に進行している．酵素はアミノ酸がつながってできたタンパク質である．いろいろな酵素の構造と機能は原子・分子レベルで明らかにされつつある[1]．

他の例を挙げよう．遺伝は生物の細胞核の中にある巨大分子であるDNAのはたらきで起こる．DNAは，図1.5に示すように，水素（H），酸素（O），リン（P）および炭素（C）からなる長い分子鎖が2本コイル状に巻

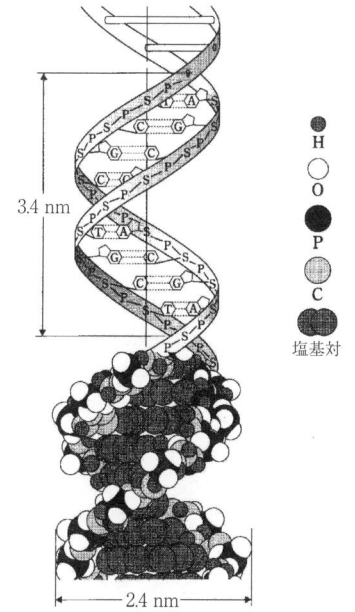

図1.5 DNAの模式図

図の上部のA，T，G，Cはそれぞれ4種類の塩基，アデニン，チミン，グアニン，シトシンである．AとT，GとCの間の点線は水素結合を表す（巻末参考書6，p.316，図22.3より）．

---

1) 酵素については，II，8.3節，p.87参照．

き付いて，**二重らせん**（double helix）構造をとる．2本の分子鎖の各々には4種類の塩基[1]，アデニン（A），チミン（T），グアニン（G），シトシン（C）が結合しており，AはTと，GはCと水素結合して二重らせん構造を保っている（図1.5上部の模式図および図4.19参照）[2]．ヒトの場合，A-T，

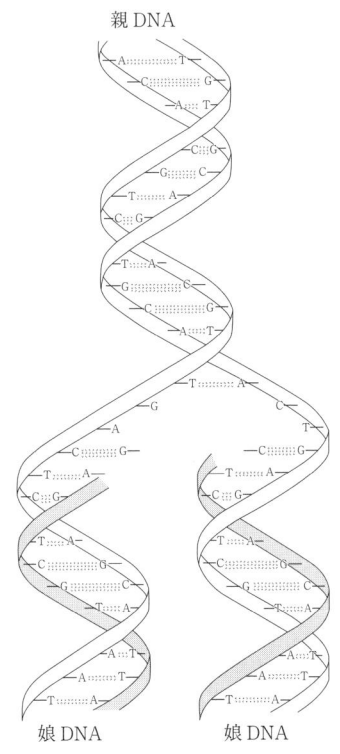

図1.6 DNAの複製
下部右では，親DNAの塩基配列 ATTTGCT... に対して，塩基配列 TAAACGA... の分子鎖が合成され，両者が対となって，娘DNAとなる．下部左では，親DNAの塩基配列 TAAACGA... に対して，塩基配列 ATTTGCT... の分子鎖が合成され，対となって娘DNAとなる．

---

1) 塩基性をもつ原子団．塩基性については 11.1 節，p.163 参照．
2) DNA については II, 第10章, p.137 参照．

G-C の塩基対は約 30 億あり，その順序で遺伝情報が決まる（章末問題 1.2 参照）．細胞分裂のときは図 1.6 のように元の DNA（親 DNA）の塩基対の水素結合が切れて，それぞれの分子鎖を鋳型として，親 DNA と同じ 2 本の DNA（娘 DNA）が複製される（図 1.6 参照）．なお，親子の間では，両親の DNA 配列が組み合わされて，子供の DNA 配列となり，遺伝情報が伝えられる．

図 1.5 の DNA の分子構造はワトソン（Watson）とクリック（Crick）によって 1953 年に提唱された．**分子生物学**（molecular biology）の爆発的な発展はこれを契機として起こった．すなわち，生命の設計図である DNA の構造，性質，機能を原子・分子レベルで追究することによって生命現象を研究する道が拓かれたのである．現在の生命科学の根幹をなす分子生物学は化学の生命現象への応用によって花開いたといえる．

---

iPS 細胞

ヒトの受精卵は受精から 30 時間ほど経つと 2 つに分裂し 2 細胞となる．その後，4，8，16 細胞期を経て約 72 時間後に細胞の粒が集まって桑の実のように見える「桑実胚」になる（図 1.7(a)）．この段階までは個々の細胞に違いはなく「胚」と呼ばれる．受精から 5 日目頃，卵の中で細胞の並べ替えが起こり栄養膜と内部の細胞の塊ができる．これが「**胚盤胞**」である（図 1.7(b)）．栄養膜からは組織が子宮内壁に伸びて胎盤や羊膜ができる．一方，内部の細胞塊は分裂を繰り返し，受精後約 2 週間で，細胞が規則的に並び「外胚葉」と「内胚葉」に分かれる．3 週間目にはこの 2 つの胚葉の間に中胚葉ができる．外胚葉からは皮膚や乳腺などが，内胚葉から食道から大腸までの消化管とそれにつながる臓器が，中胚葉から心臓，血管系，筋肉，生殖器，骨などが生じる．このようにして受精から 3 ヶ月で 1 個の卵細胞が多様な細胞へ**分化**して全身の組織，器官，臓器などをつくり出す．ここまでは「胎芽」の段階で，さらに成長

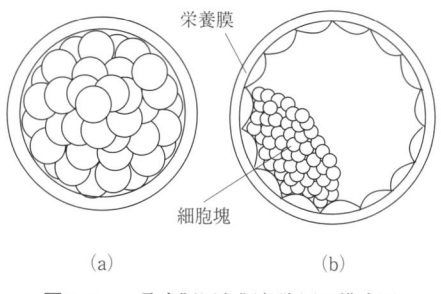

図 1.7　桑実胚(a)と胚盤胞(b)の模式図

すると「胎児」になる．このように，胚盤胞内の細胞塊の各細胞は初めは同じであるが，受精後2週間目に内胚葉と外胚葉に分かれる頃には，それぞれの細胞の将来が決まり，特定の部位の細胞は特定の組織や器官にしか成長しない．ところで，胚盤胞から細胞塊を取り出し，栄養を与えて培養すると，どのような組織や器官にもなる多能性を維持したまま分裂を繰り返し，増え続ける細胞ができる．これが**胚性幹細胞**（embryonic stem cell）で **ES 細胞**とも呼ばれる．

一般に多細胞生物が1個の受精卵から細胞分裂を繰り返して個体ができるまでの過程を**発生**という．発生に伴い細胞が特殊化するのが分化である．上で述べたように，発生初期の細胞はどのような細胞にもなれる多能性をもつが，分化した細胞では核のDNAに含まれる遺伝子[a]の一部しかはたらかないようになり，多能性を失う．しかし，分化した細胞も失われた遺伝子の機能が回復すると多能性を取り戻す．これを**初期化**（reprogramming）という．これは細胞分化のプログラムを巻き戻し，発生初期の胚がもつ多能性を復活することに相当する．

1962年イギリスのガードン（Gurdon）はアフリカツメガエルの未受精卵の核を壊し，オタマジャクシから取り出した体細胞の核を移植したところ，卵が正常に分裂してオタマジャクシを経てカエルに成長した．この実験から，分化した体細胞の核は，卵細胞の中で初期化されることがわかった．また，1997年イギリスのウィルムット（Wilmut）はガードンが用いた体細胞の核移植という方法を哺乳類に応用し，クローン羊[b]を誕生させた．2006年山中伸弥博士はマウスの皮膚細胞に4つの遺伝子（山中因子）を導入することで，分化した体細胞を人工的に（意図的に）初期化することに成功した．山中はできあがった細胞を **iPS 細胞**[c]（induced pluripotent stem cell，**人工多能性幹細胞**）と名付けた．そして，2007年にはヒトの皮膚細胞からも iPS 細胞をつくった．2012年山中はガードンとともにノーベル生理学・医学賞を受賞した．受賞理由は「成熟した細胞を，多能性をもつ細胞に初期化できることの発見」であった．

iPS 細胞や ES 細胞は理論上体を構成するすべての組織や臓器に分化させることができる．特にヒトの患者自身からつくった iPS 細胞を用いると拒絶反応のない移植用組織や臓器を得ることができる．同じ目的で ES 細胞を使う場合には，拒絶反応という問題の他に，受精卵を壊すという倫理的問題があったが，これらの問題は iPS 細胞の登場によって抜本的に解決されたのである．iPS 細胞を使った再生医療の実施には今後臨床研究の積み重ねが必要であるが，将来大いに期待される．なお，iPS 細胞は薬の開発にも役立つ．例えば，難病である ALS（筋萎縮性側索硬化症）の患者からつくった iPS 細胞を運動神経に育てて，治療薬の効果や副作用が調べられている．iPS 細胞からは卵子や精子をつくることもできる．同性配偶による子の誕生も不可能ではなく，今後問題が残されている．

---

a) DNA の遺伝情報のうち，特定のタンパク質を指定する部分．
b) 体細胞を採取した羊と同じ遺伝子組成をもつ羊．
c) i が小文字になっているのは，当時人気の iPod に因んだためといわれる．

章末問題

1.1 次表にいくつかの気体の相対質量と沸点を示す．

気　体	分子式	相対質量	沸点/℃
水素	H_2	2	−252.9
アンモニア	NH_3		−33.3
水	H_2O		100.0
窒素	N_2	28	−195.8
酸素	O_2	32	−183.0

(1) アンモニアと水の相対質量を求め，空欄を埋めよ．
(2) 沸点の値を比較して，その高低の傾向を説明せよ．

1.2 DNA に含まれる 4 種類の塩基，アデニン (A)，チミン (T)，グアニン (G)，シトシン (C) のうち，3 種類の塩基の並び方で 1 つのアミノ酸が指定される．例えば，AAA と AGC では，それぞれフェニルアラニンとセリンというアミノ酸が指定される．4 種類の塩基で最大何種類のアミノ酸が指定できるか．

(注) アミノ酸は 20 種類しかないので，上で求められる指定可能な数に比べて少ない．したがって，異なった塩基の組が同じアミノ酸を指定することがある．例えば，AAA と AAG はともにフェニルアラニンを指定する．なお，タンパク質は DNA が指定する順序でアミノ酸を連結してつくられて，酵素としてヒトの体内で起こるさまざまな化学反応を制御する．

2 量と単位・基本的な物理量

　化学では原子・分子のレベルで，物質を研究するので，極微の大きさや膨大な数を扱う必要がある．そのために便利な方法が数の指数表示である．この章では，指数表示と物理量の国際単位について説明した後，第3章以下の内容を理解するための基礎として，化学に登場する基本的な物理量，エネルギー，圧力および光について解説する．

2.1 数の指数表示

　化学では 10^n による数の表記を使うことが多い．10の肩についた数字 n を**指数**という．a を任意の数として，一般に次式が成り立つ．

$$a^m \times a^n = a^{m+n} \tag{2.1.1}$$

$$\frac{a^m}{a^n} = a^{m-n} \tag{2.1.2}$$

例えば，$10^3 \times 10^2 = 1000 \times 100 = 100000 = 10^5$, $10^3/10^2 = 1000/100 = 10 = 10^1$ である．式 (2.1.2) で $m = n$ とすれば，$a^m/a^m = a^{m-m} = a^0$ となるが，一方，$a^m/a^m = 1$ であるから

$$a^0 = 1 \tag{2.1.3}$$

となる．例えば，$10^3/10^3 = 10^{3-3} = 10^0 = 1$ である．(2.1.2) で $m = 0$ とすれば，$a^0/a^n = a^{0-n} = a^{-n}$ となる．また，式 (2.1.3) より $a^0/a^n = 1/a^n$ であるから

$$a^{-n} = \frac{1}{a^n} \tag{2.1.4}$$

である．例えば，$10^{-3} = 1/10^3$ となる．

　次に，$\sqrt{a} \times \sqrt{a} = a$ であるから，$\sqrt{a} = a^{1/2}$ とすれば，$a^{1/2} \times a^{1/2} = a^{(1/2+1/2)} = a^1 = a$ となって都合がよい．一般に次式が成り立つ．

$$(\sqrt[n]{a})^m = \sqrt[n]{a^m} = a^{m/n} \tag{2.1.5}$$

例えば，$10^{3/2} = \sqrt{10^3} = (\sqrt{10})^3 = (3.162277\cdots)^3 = 31.62277\cdots$ である．

表2.1に $a = 10$，$n = -3 \sim 3$ の場合の数の指数表示と普通の数の関係を示す（(2.1.3)，(2.1.4)参照）．表からわかるように，10^n と 10^{-n} は次のように表される．

$$10^n = 1\underbrace{00\cdots\cdots 0}_{n個} \qquad 10^{-n} = \underbrace{0.00\cdots\cdots 0}_{n個}1$$

ともに0を n 個含む．

一般の数値，例えば，1230000 と 0.0000123 は 10^n を使って次のように表す．

$1230000 (= 1.23 \times 1000000) = 1.23 \times 10^6$

$0.0000123 = 1.23 \times 0.00001 = 1.23 \times 10^{-5}$

すなわち，小数点以上の桁を1桁として，数値の大きさを指数 n で調節するのである．このような表記を使うと，［例題2.1］に示すように，大小いろいろな数を含む数値計算を誤りなく行うことができる．

10の指数による表記は**有効数字**[1]を表すのに使われる．例えば，長さの測定値 34500 m が1桁目まで意味がある数値の場合，3.4500×10^4 m と書き，有効数字5桁という．有効数字が4桁および3桁のときは，それぞれ 3.450×10^4 m および 3.45×10^4 m と記す．34500 m のままでは，どこまで意味がある数値かわからないからである．

なお，10^n の代わりに，次節で述べるSI接頭語が使われることがある．

表2.1 数の指数表示

10^3	$10 \times 10 \times 10$	1000
10^2	10×10	100
10^1	10	10
10^0	1	1
10^{-1}	$1/10^1$	0.1
10^{-2}	$1/10^2$	0.01
10^{-3}	$1/10^3$	0.001

---

1) 有効数字とは，測定値において有効な桁数の数字である．例えば，約5 cmのものをmmまで目盛りのある定規で測り，最後の桁を目測で読んで，測定値 5.34 cm を得たとき，有効数字は 5.34，その桁数は3桁で，最後の桁の値（0.01 cm）に誤差を伴う．

[例題 2.1] 指数表示を用いて次の計算をせよ．
$$\frac{-1230000 \times 0.0000456}{-789.01 \times 0.000234}$$

[解]
$$\frac{-1230000 \times 0.0000456}{-789.01 \times 0.000234} = \frac{1.23 \times 10^6 \times 4.56 \times 10^{-5}}{7.8901 \times 10^2 \times 2.34 \times 10^{-4}} = \frac{1.23 \times 4.56}{7.8901 \times 2.34} \times \frac{10^6 \times 10^{-5}}{10^2 \times 10^{-4}}$$
$$= 0.304 \times 10^{6-5-2+4} = 0.304 \times 10^3 = 3.04 \times 10^2$$

なお，答の有効数字は3桁とした．

2.2 単位

1966年，いろいろな専門分野で使われていた単位を統一して**国際単位系** (international system of units, système international d'unités, SI) が定められた．我が国でも1991年日本工業規格 (JIS) が全面的にこの単位系準拠となった．SIは裏表紙見返しに示した7つの基本単位からなる．表において，長さ，質量，時間は，それぞれ，メートル (m)，キログラム (kg) および秒 (s) で表される．これらを **MKS 単位**という．

温度の単位としては，従来から**セルシウス温度** (Celcius temperature, ℃) が使われてきた．それは大気圧 (1 atm) の下で，氷と共存している水（氷点の水）の温度を0℃とし，沸騰している水の温度を100℃とする単位である．表に示すように，SIでは温度の単位として**熱力学的温度** (thermodynamic temperature, K) を使う．熱力学的温度は熱力学（巻末のA.2節参照）で定義される温度で，絶対温度と一致する．なお，絶対温度はセルシウス温度（℃）と目盛の間隔が同じで，数値が273.15だけ大きいものである[1]．すなわち，0℃が273.15 Kに，100℃が373.15 Kに対応する．

ところで，SIでは，物理量の値は数値と単位の積で表現される．すなわち

$$物理量 = 数値 \times 単位 \qquad (2.2.1)$$

したがって，0℃に相当する熱力学的温度（物理量）を T_0 で表すと

$T_0 = 273.15$ K 　　または　　 $T_0/\text{K} = 273.15$

となる．熱力学的温度を T，摂氏温度を t とすれば，両者は数値的に273.15

---

[1] より正確な定義については7.1節，p.104で述べる．

だけずれているから

$$T/K = t/°C + 273.15 \qquad (2.2.2)$$

となる．なお，表の物質量については5.2節，p.83で述べる．

　表のSI基本単位を組み合わせてつくられる単位を**SI組立単位**という．主なSI組立単位を裏表紙の見返しに示す．これらの単位名の記号は，SI基本単位のアンペア（A）やケルビン（K）と同様に，人名に基づくので大文字になっている．ここでは表の単位の中で力だけを説明しよう．他の単位については後に述べる．ニュートン（Newton）の運動方程式によると，質量 m の物体にはたらく力 F と物体の加速度 a の関係は

$$F = ma \qquad (2.2.3)$$

である[1]．速度は距離/時間に相当するから，そのSI単位は $m/s = m\,s^{-1}$，加速度は単位時間に速度が増加する割合，すなわち速度/時間に相当するから，そのSI単位は $m\,s^{-1}/s = m\,s^{-2}$ となる．よって，(2.2.2)から力のSI単位 N は質量 m のSI単位 kg と加速度 a のSI単位 $m\,s^{-2}$ をかけて $m\,kg\,s^{-2}$ である．数値1を加えて書くと

$$1\,N = 1\,m\,kg\,s^{-2} \qquad (2.2.4)$$

となる．次の例題で示すように，**物理量の計算では単位も式中に入れて計算すると**正しい単位をもつ答が得られる．

[例題 2.2]　質量 5 kg の物体にはたらく重力の大きさを求めよ．ただし，重力の加速度を $g = 9.81\,m\,s^{-2}$ とする．
[解]　(2.2.3)より

$$F = mg = 5\,kg \times 9.81\,m\,s^{-2} = 49.05\,m\,kg\,s^{-2} = \underline{49.05\,N}$$

　SIでは10の整数乗倍を表すため，裏表紙見返しに示す**SI接頭語**が使われる．SI接頭語を使う例として，長さの単位，$1\,km = 10^3\,m = 1000\,m$，$1\,cm = 10^{-2}\,m = 0.01\,m$，$1\,mm = 10^{-3}\,m = 0.001\,m$，$1\,\mu m$（1ミクロン）$= 10^{-6}\,m = 0.000001\,m$，面積の単位，$1\,ha = 10^2\,a = 100\,a$，体積の単位，$1\,dL = 10^{-1}\,L = 0.1\,L$ はよく知られている．また，パソコンの記憶容量として，1

---

[1]　この式は，物体に力がはたらくと，物体は力に比例する加速度を受けるという法則を表す．比例定数の逆数が質量（慣性質量という）である．

表 2.2　SI 以外でよく使われる単位

物理量	単位名	単位の定義
長さ	オングストローム	$1\text{Å} = 10^{-10}$ m
面積	アール	$1\text{ a} = 10^2\text{ m}^2$
体積	リットル	$1\text{ L} = 10^{-3}\text{ m}^3 = 1\text{ dm}^3$
質量	トン	$1\text{ t} = 10^3$ kg
時間	分	$1\text{ min} = 60$ s
圧力	気圧	$1\text{ atm} = 1.01325 \times 10^5$ Pa（定義）
	水銀柱ミリメートル	$1\text{ mmHg} = 1$ Torr $= 1.01325 \times 10^5$ Pa/760（定義） $\cong 1.3332237 \times 10^2$ Pa
	バール	$1\text{ bar} = 10^5$ Pa
エネルギー	熱力学カロリー	$1\text{ cal} = 4.184$ J

MB＝10^6 B＝1000000 B，1 GB＝10^9 B＝1000000000 B もよく用いられる．図 1.1 の原子間隔の単位は 1 nm＝10^{-9} m＝0.000000001 m である．なお，1 L は 1 辺が 10 cm＝1 dm の立方体の体積である．よって，1 L＝$(10\text{ cm})^3$ ＝1000 cm^3＝1 dm^3 である．国際規約では，1 L の代わりに 1 dm^3 を使うことが推奨されている．

　SI ではないが，よく使われる単位の例を表 2.2 に示す．これらの単位の値は SI を用いて表の第 3 列のように定義される．圧力の単位については，2.4 節で述べる．熱力学カロリーはもともと水の温度を 1℃ 上げるのに必要な熱量として定義されたが，現在では J を用いて，1 cal＝4.184 J と定義されている．

2.3　エネルギー

　図 2.1 に示すように，力 F を加えて物体が力の方向に距離 r だけ動いたとき，力は物体に

$$W = Fr \tag{2.3.1}$$

の**仕事**（work）をしたという．その単位 [W] は力と距離の単位 [F] と

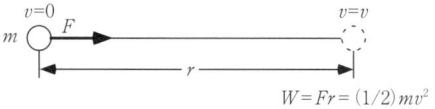

図 2.1 力 F とそれに伴う仕事 W

[r] をかけたもので,SI 単位では

$$[W] = [F] \cdot [r] = \text{m kg s}^{-2} \times \text{m} = \text{m}^2 \text{kg s}^{-2} = \text{N m} = \text{J} \qquad (2.3.2)$$

ジュールである(裏表紙見返し,主な SI 組立単位の表参照).静止している質量 m の物体が力を受けてその速さが v になったとき,力がした仕事は

$$W = \frac{1}{2}mv^2 \qquad (2.3.3)$$

であることが証明される(図 2.1).逆に,速さ v で運動している物体に外から力を加えて止めようとするとき必要な仕事は,最初に物体がもっていた仕事量 $(1/2)mv^2$ に等しい.一般に,物体が仕事をする能力をもつとき,その物体は**エネルギー**(energy)をもつという.$(1/2)mv^2$ は物体が運動していることでもっているエネルギーという意味で**運動エネルギー**(kinetic energy)と呼ばれる.

[**例題 2.3**] 運動エネルギー $(1/2)mv^2$ の SI 単位を求めよ.
[**解**] 質量の単位を [m],速さの単位を [v] とすると $(1/2)mv^2$ の単位は
$$[(1/2)mv^2] = [\text{m}] \cdot [\text{v}]^2 = \text{kg}(\text{m/s})^2 = \text{m}^2 \text{kg s}^{-2} = \text{J}$$
(2.3.3)から,仕事とエネルギーの単位は等しいので,これは当然の結果である.

さて,高さ h で静止している金属球が重力の下で落下する場合を考える(図 2.2(a)).地球上の物体は重力によって,下向きに一定の加速度 g を受ける.このように重力がはたらく環境を**重力場**という.球の質量を m とすると,球にはたらく重力は式(2.2.3)で $a = -g$ とおいて

$$F = -mg \qquad (2.3.4)$$

である.球が地表まで落下したとすると,重力が球にする仕事は式(2.3.1)において,力 $F = -mg$,移動距離 $r = -h$(下向きに移動するから負)とおいて

$$W_1 = (-mg) \cdot (-h) = mgh \qquad (2.3.5)$$

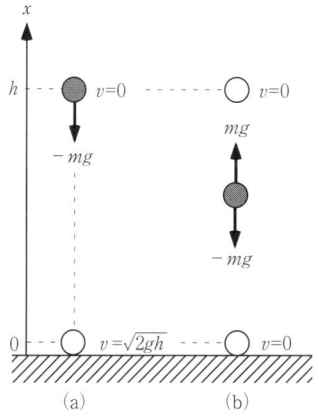

図 2.2 重力場における金属球
(a)高さ h からの金属球の落下，(b)地表から金属球を高さ h まで持ち上げる場合．

となる．(2.3.3), (2.3.5)より地表に到着した瞬間の球の速度を v とすると，そのときの運動エネルギーは

$$mgh = (1/2)mv^2 \tag{2.3.6}$$

であるから，次式が得られる．

$$v = \sqrt{2gh} \tag{2.3.7}$$

重力場の下で，物体を持ち上げるとき，それに必要な仕事は運動エネルギーの増加にはならない．しかし，上でみたように物体が落下すると，運動エネルギーが生じるから，高所にある物体はエネルギーを蓄えているといえる．このように潜在的に蓄えられたエネルギーを**位置エネルギー**（**ポテンシャルエネルギー**，potential energy[1]）という．地表にある金属球を高さ h まで持ち上げる場合を考えよう（図 2.2(b)）．球には下向きに重力 $-mg$ がはたらくから，これに釣り合う外力 mg で距離 h だけ動かすことになる．したがって，外力がする仕事は

---

[1] potential とは「可能性がある」または「潜在的」という意味である．位置エネルギーは運動エネルギーに変わる可能性がある，物体が潜在的にもっているエネルギーであるからこのように呼ばれる．

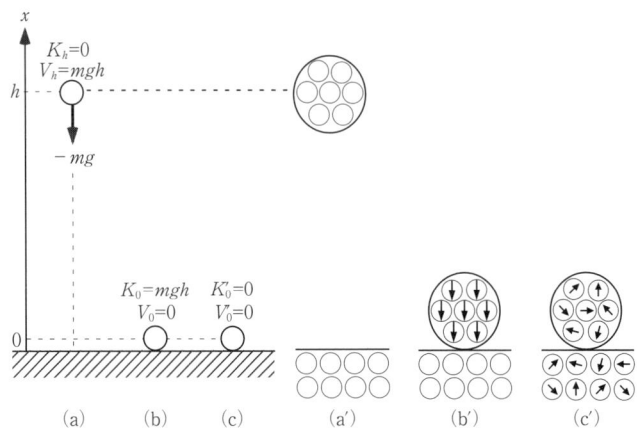

図 2.3 マクロな視点(a)〜(c)とミクロな視点(a′)〜(c′)による金属球の落下の模式図
(a), (a′)は高さ h で静止, (b), (b′)は高さ h から地表に到達した瞬間, (c), (c′)は到着後地表で静止した後. (a′)〜(c′)では球が拡大して示してある. 矢印は原子・分子の運動方向を示す. なお, p.21 注 2)参照.

$$W_2 = mgh = W_1 \tag{2.3.8}$$

である. この場合, 高さ h において, 球の速さ $v=0$ であるから, その運動エネルギー K_h は

$$K_h = 0 \tag{2.3.9}$$

である. しかし, $W_2 = W_1$ に相当するエネルギーが蓄えられているので, 位置エネルギーは

$$V_h = mgh \tag{2.3.10}$$

となる (図 2.3(a)). 球が高さ h から地表に戻ると, 位置エネルギーが運動エネルギー (2.3.6) に変わる. このときの運動エネルギーと位置エネルギーは

$$K_0 = mgh \qquad V_0 = 0 \tag{2.3.11}$$

である (図 2.3(b)). (2.3.9)〜(2.3.11) より

$$K_h + V_h = K_0 + V_0 \tag{2.3.12}$$

となる. 運動エネルギーと位置エネルギーの和を**全エネルギー** (total energy) E とすると

$$E = K + V \tag{2.3.13}$$

である．(2.3.12)から全エネルギーが一定であることがわかる．これを（力学的）**エネルギー保存則**（law of conservation of energy）という．

図 2.3 (b)の K_0 と V_0 は金属球が地表に到達した瞬間の運動エネルギーと位置エネルギーである．その後，球が地表で静止した状態では，その運動エネルギーと位置エネルギーは $K(0)' = V(0)' = 0$ である（図 2.3 (c)）．それでは(b)→(c)の間で，失われた運動エネルギーはどこに消えたのであろうか．それを考えるには，視点を**マクロ**（われわれの日常感覚の大きさ）から**ミクロ**（原子・分子の大きさ）に移さなければならない[1]．図 2.3(a')～(c')はミクロな視点に基づく落下の過程である．最初，金属球が高さ h にあるとき，金属中の各原子は重力による位置エネルギーをもっている（図 2.3(a')）．そして，球が落下するに従って，原子の位置エネルギーは運動エネルギーに変わるが，この運動エネルギーは大きさと方向がそろったものである（図 2.3(b')，球が地面に接触した瞬間）．

球が地面に衝突すると，この秩序ある各原子の運動エネルギーが，図 2.3 (c')に示すように，球および地面を構成する原子・分子の無秩序な運動エネルギーに変わるのである．すなわち，球の落下による地面との衝突は秩序をもつエネルギー（球の全体としての位置エネルギーや運動エネルギー）が球と地面の無秩序な運動エネルギーに変わる過程である．この原子・分子の無秩序な運動エネルギーは**熱運動エネルギー**（energy of thermal motion）とよばれる．すなわち図 2.3 における(a)→(c)，(a')→(c')の過程は球の位置エネルギーが球と地面の熱運動エネルギーの増加に変わる過程と考えられる[2]．したがって，この場合，エネルギーとして力学的エネルギーの他に熱運動エネルギーを考慮すれば，(b)→(c)においてもエネルギー保存則は成立する．

別の例を挙げよう．図 2.4(a)は金属球が速さ v で左方に運動している場合である．この場合，金属球の各原子は同じ速さ v でいっせいに運動している[3]．この場合，空気抵抗などがなければ速度が大きくなっても，球の温度

---

1) ミクロ，またはマクロの視点をそれぞれ微視的または巨視的な見地ともいう．
2) 図 2.3(a')～(c')では球および地面を構成する各原子・分子が衝突前にもともともっていた熱運動のエネルギーは省略してある．
3) 図 2.3(a')～(c')の場合と同様に，図 2.4(a)では，球の原子の熱運動は省略してある．

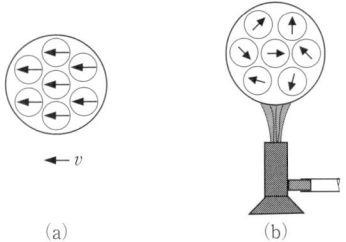

図 2.4 金属球のミクロな状態
(a)速さ v で運動，(b)加熱．なお，p.21 注3) 参照．

は変わらない．これに対し(b)は静止している球を加熱している場合である．このときは加熱を続けると，金属原子の無秩序な運動が次第に激しくなり，温度が上昇する．すなわち，<u>温度は原子・分子の無秩序な運動の激しさの指標</u>である．ただし，原子の無秩序な運動による変位は互いに打ち消し合って，分子の全体としての運動に寄与しないので，球は静止したままで動き出すことはない．

　歴史的には，熱（運動）エネルギーは物質の温度を上昇させるために必要な**熱量**として認識され，その単位として用いられてきたのがカロリー（calorie, cal）である．1 cal は 1 g の水の温度を 1℃ 上げるために必要な熱量として定義された．一般に 1 g の物質の温度を 1℃ 上げるために必要な熱量を**比熱**（specific heat）という．常温常圧における水の比熱は $1\,\mathrm{cal/(g\,℃)}$ である[1]．

　熱量が運動エネルギーと同様にエネルギーの一種であることを実証したのがジュール（Joule）である．図 2.5 にジュールの実験装置の模式図を示す．図で質量 m の錘を h だけ落下させると，重力 $F = mg$ の作用によって，$w = mgh$ の仕事が生じる．ジュールは，この仕事によって水中の羽根車が回転して水をかき回し，水温が上昇することを確かめた．水の質量を m_w[g]，錘の落下前後の水温を t_1，t_2[℃] とすると，水の温度上昇をもたらした熱量は $q = m_w(t_2 - t_1)$ cal のはずである．ジュールはこの熱量 q[cal] が錘の落下

---

[1] 厳密には比熱は温度と圧力による．$1\,\mathrm{cal/(g\,℃)}$ は常温常圧における値である．

2.3 エネルギー ——— 23

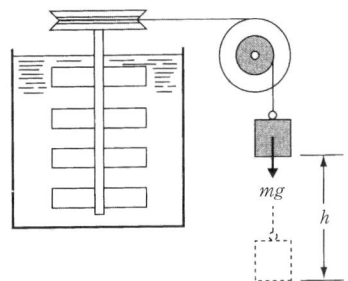

図 2.5 ジュールの実験の模式図

による仕事 w[J] によって提供されたと考えて，$q=w$ とおいて，1 cal = 4.16 J という値を得た[1]．これを熱の**仕事等量**（mechanical equivalent of heat）という．現在では，cal は J を基にして次のように決められている．

$$1\,\mathrm{cal} \equiv 4.184\,\mathrm{J} \qquad (2.3.14)\,^{[2]}$$

よく知られているように，エネルギーとしては，力学的エネルギーや熱運動のエネルギーの他に，電気的エネルギーや化学的エネルギーなどがある．例えば，電池は物質のもつ化学的エネルギーを電気的エネルギーに変える．また，われわれは食物の化学的エネルギーを力学的エネルギーに変えて運動し，熱運動のエネルギーに変えて体温を保っている．このようにエネルギーにはいろいろな形態がある．エネルギー保存則は，広い意味では，あるエネルギー（の一部または全部）が別のエネルギーに変わっても，その総量は変わらないという法則である．

なお，(a′)→(c′) の逆過程 (c′)→(a′) は自然には起こらない．金属球が地面の乱雑な運動エネルギーをかき集めて元の高さ h に戻ることはないのである．これは，仕事は熱エネルギーに変わるが，<u>熱エネルギーは自然には仕事に変わらない</u>ことを意味している（A.2 節 (4)，p.261 参照）．

[**例題 2.4**]　容器に 1 dm³ = 1000 cm³ の水を入れてジュールの実験を行った．10 kg の錘を 1 m 落下させたとき，水温は何℃上昇するか．ただし，重力の加速度を $g = 9.81\,\mathrm{kg\,m\,s^{-2}}$，

---

1) ジュールは質量，長さ，温度の単位として，ポンド，フット，°F（華氏温度）を用いた．1 cal = 4.16 J の値は換算値である．なお，エネルギーの単位 J はジュールに因んだものである．
2) ≡ は定義を意味する記号である．

熱の仕事当量を 1 cal＝4.18 J とする．

[解] 錘の落下に伴う仕事は $w = mgh = 10\,\text{kg} \times 9.81\,\text{m s}^{-2} \times 1\,\text{m} = 98.1\,\text{m}^2\,\text{kg s}^{-2} = 98.1\,\text{J}$．これに相当する熱量は cal 単位で $q = (98.1/4.18)\,\text{cal} = 23.5\,\text{cal}$ である．水の密度を $1\,\text{g dm}^{-3}$ とすると，水の質量は 1000 g である．水 1 g の温度を 1℃ 上昇させるに必要な熱量は 1 cal であるから，23.5 cal の熱量で 1000 g の水は $(23.5/1000)℃ = \underline{0.0235℃}$ 上昇する．

このようにジュールの実験の際の温度上昇はわずかであるから，精密な温度測定が必要である．

　ヒトが摂取した炭水化物，タンパク質，脂肪は体内で複雑な過程を経て酸化され，炭水化物とタンパク質は 1 g 当たり約 4 kcal，脂肪は約 9 kcal のエネルギーを放出する．したがって，ヒトがエネルギーを脂肪の形で貯えるのは合理的である[1]．1 日に必要なエネルギーは次式で計算される．

　　　1 日のエネルギー必要量（kcal/日）
　　　　＝基礎代謝量（kcal/日）×身体活動レベル　　　　　(2.3.15)

ただし，**基礎代謝量**とは「身体的，精神的に安静な状態で 1 日に代謝される最小のエネルギー」で，生きていくために必要な最小のエネルギーに相当する．**身体活動レベル**は 1.35〜2.00 で，レベル I（低い），II（ふつう），III（高い）に分類される．厚生労働省がまとめた「日本人の食事摂取基準 (2010 版)」によると，30〜49 歳の場合，基礎代謝量は男性（基準体重 68.5 kg）で 1530 kcal/日，女性（基準体重 53.0 kg）で 1150 kcal/日，身体活動レベル II の値は男女共通で 1.74 である．これらの値から計算すると，1 日のエネルギー必要量は男性で 2660 kcal/日，女性で 2000 kcal/日になる．

2.4　圧力

単位面積当たりにはたらく力を**圧力**（pressure）という．図 2.6 で，力 F がはたらく面の面積を S とすれば，圧力は

$$P = F/S \qquad (2.4.1)$$

である．図 2.7 のように，ピストンを備えた容器に圧力 P の気体が入って

---

[1] 炭水化物の成分であるグルコースはグリコーゲンの形で必要量のほぼ 1 日分人体に貯えられている．これに対し，貯えられた脂肪が提供するエネルギーは必要量のほぼ 1〜2ヶ月分である．グリコーゲンは水和するが，脂肪は水和しないので，それを考慮すると脂肪のエネルギー貯蔵効率はグリコーゲンのそれの約 6 倍になる．

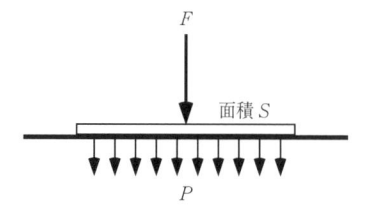

図 2.6 面積 S の面が及ぼす圧力 P
$P = F/S$.

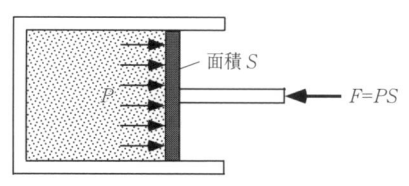

図 2.7 圧力 P の気体と外力 F の釣り合い

いるとすると,分子は容器の壁にぶつかって力を及ぼすので[1],ピストン(面積 S)を静止しておくためには,外力 $F = PS$ を加えておく必要がある.この場合,気体の圧力は気体分子の衝突によって,容器の壁の単位面積が受ける力である.力の SI 単位は N,面積の SI 単位は m^2 であるから,(2.4.1)から圧力の SI 組立単位は

$$N/m^2 = N\,m^{-2} = m^{-1}\,kg\,s^{-2} \equiv Pa \tag{2.4.2}$$

となる(裏表紙見返しの主な SI 組立単位の表参照).

地球上では,大気の圧力がはたらく.図 2.8 のように,長いガラス管に水銀 Hg を満たし,水銀が入った皿の上に倒立させると,管の水銀は皿の中に下がろうとするが,大気圧が皿の水銀面にはたらいているため,ある高さで止まる.通常この高さは 760 mm である[2].このとき,大気圧と 760 mm の水銀柱が及ぼす圧力が釣り合っているのである.この圧力が 1 atm(atmospheric pressure,気圧)で,**標準大気圧**と呼ばれ,圧力の単位として使われてきた.なお,水銀柱 1 mm に相当する圧力を 1 mmHg または 1 Torr(ト

---

1) 詳しくは 7.2 節で述べる.
2) この高さは場所や天気によって変わる.

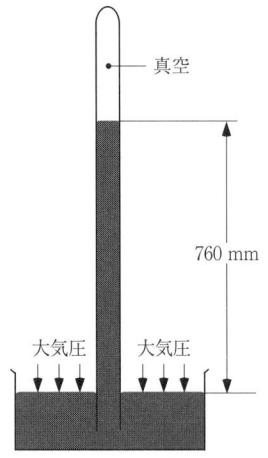

図2.8　水銀柱による大気圧の測定
管の上部は真空で，この実験の創始者に因んでトリチェリの真空と呼ばれる.

リチェリ，Torricelliに由来）ということもある．すなわち，1 atm = 760 mmHg = 760 Torr である．現在では，標準大気圧はPaを用いて

$$P_0 = 1\,\text{atm} \equiv 1.01325 \times 10^5\,\text{Pa} = 1.01325\,\text{bar} \qquad 1\,\text{bar} \equiv 10^5\,\text{Pa} \qquad (2.4.3)$$

$$1\,\text{mmHg} \equiv 1.01325 \times 10^5\,\text{Pa}/760 \cong 1.3332237 \times 10^2\,\text{Pa} \qquad (2.4.4)$$

のように定義されている（表2.2）.

[**例題 2.5**]　水銀の密度を $\rho = 13.5\,\text{g cm}^{-3}$ [1]，重力の加速度を $g = 9.81\,\text{m s}^{-2}$ として，高さ $h = 760\,\text{mm}$ の水銀柱が及ぼす圧力 P を計算せよ（図2.8参照）.

[**解**]　水銀柱の底面積を S とすると，その体積は Sh，質量は ρSh であるから，水銀柱にはたらく重力は $F = g\rho Sh$ となる．圧力 P はこの力を底面積 S で割って

$$P = \rho g h \qquad (2.4.5)$$

上式に数値を入れると，$1\,\text{g cm}^{-3} = 10^{-3}\,\text{kg} \cdot (10^{-2}\,\text{m})^{-3} = 10^3\,\text{kg m}^{-3}$ であるから

$$P = 13.5 \times 10^3\,\text{kg m}^{-3} \times 9.81\,\text{m s}^{-2} \times 0.76\,\text{m}$$

$$= 1.01 \times 10^5\,\text{m}^{-1}\,\text{kg s}^{-2} = \underline{1.01 \times 10^5\,\text{Pa}}$$

なお，**上の太字の計算法は単位の換算に役立つ**．裏表紙の見返しに圧力の換算表を示した.

---

1)　ρ はギリシャ文字である．ギリシャ文字の読み方については裏表紙見返し参照.

2.5 光

光は電磁波の一種である．**電磁波**（electromagnetic wave）は図2.9に示すように，電場（電界）Eと磁場（磁界）Hが互いに直交する面内で振動する横波で，振動面に垂直な方向に進行する．一般に波動では波の山と山の間隔が波長λ，波が1秒間に上下に振動する回数が振動数νである．振動数の単位は$[\mathrm{s}^{-1}]$で，Hz（ヘルツ，Herz）と呼ばれる．波が1回振動するとλだけ進むので，波が1秒間に進む距離，すなわち波の速度vは

$$v = \nu\lambda \tag{2.5.1}$$

となる．真空中の光（電磁波）の場合，速度はcで表されるので

$$c = \nu\lambda \tag{2.5.2}$$

である．電磁波の波長λと名称の関係を図2.10に示す．図には電磁波の振動数$\nu(=c/\lambda)$とエネルギーE（後述）も示した．可視光線（visible light）は波長がおよそ380〜800 nmの電磁波で，この波長範囲に紫から赤の色が含まれる．紫の短波長側に紫外線（ultraviolet ray），X線およびγ線の領域が，また赤の長波長側に赤外線と電波の領域がある．電波の領域は波長の短い方から，マイクロ波，超短波，短波，中波，長波に分類される．マイクロ波は通信や電子レンジに，超短波はFM放送やテレビに，短波と中波はラジオに使われる．電磁波は波長が短くなると直進するようになる．ラジオ波は山を越えて伝播するが，TV波では山頂に中継点を必要とする．光の直進性はよく知られている．

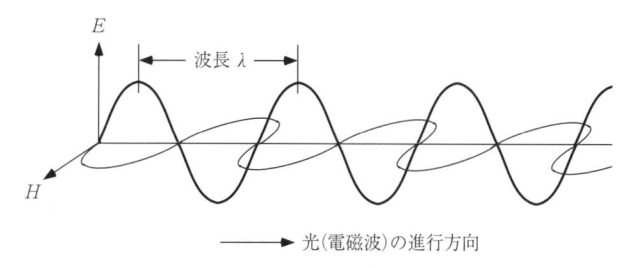

図2.9 電磁波

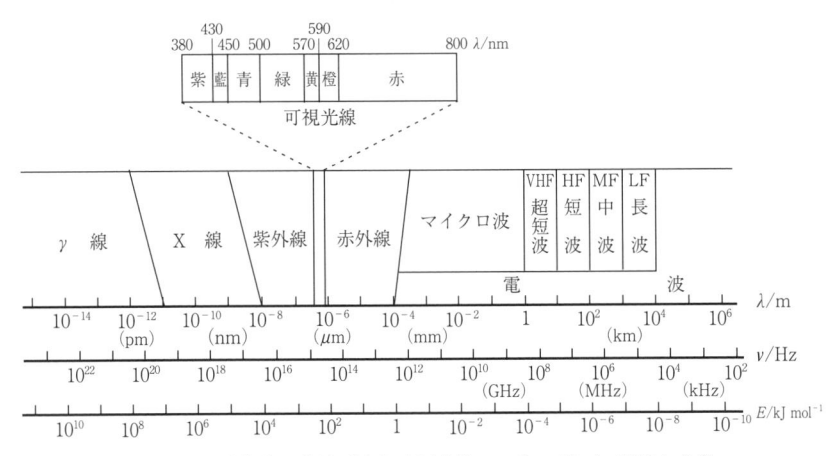

図 2.10 電磁波の波長（または振動数，エネルギー）領域と名称
領域が重なっている場合は斜線で境界を示した．なお，可視光線の波長範囲はおおよその値で示す．

1905 年アインシュタイン（Einstein）は光電効果[1]の実験結果を解釈する際に，光は波動性に加えて粒子性をもつことを見出した．彼の粒子説によると，振動数 ν の電磁波はエネルギー E が

$$E = h\nu \tag{2.5.3}$$

の粒子よりなる．ただし

$$h = 6.62607 \times 10^{-34} \, \text{J s} \tag{2.5.4}$$

で，h は**プランク定数**（Planck constant）と呼ばれる．また，光の粒子は**光量子**（light quantum）また**光子**（photon）と名付けられている．(2.5.2)，(2.5.3)より

$$E = \frac{hc}{\lambda} \tag{2.5.5}$$

となる．よって，光子のエネルギーは波長が短いほど大きい．光が関与する化学反応（**光化学反応**（photochemical reaction））では，光は光子としてはたらき，物質はそのエネルギーを吸収して反応が進む（9.5 節，p.149）．光子のエネルギーは 1 mol（6.02214×10^{23} 個）分で表され，単位としては kJ

---

1) 固体表面に光を照射すると電子が放出される現象．

mol^{-1}が使われる（図 2.10，[例題 2.6]）．化学反応に関与する分子が mol 単位で扱われるためである．mol については 5.2 節，p.83 を参照されたい．

[例題 2.6]　波長 $\lambda = 1$ m に相当する振動数 ν/Hz とエネルギー E/kJ mol^{-1} の数値を求めよ．

[解]　(2.5.2) より

$$\nu = \frac{c}{\lambda} = \frac{2.99792 \times 10^8 \text{ m s}^{-1}}{1 \text{ m}} = 2.99792 \times 10^8 \text{ s}^{-1} = \underline{2.99792 \times 10^8} \text{ Hz} \tag{2.5.6}$$

(2.5.5) より光子 1 個のエネルギーは

$$E = \frac{hc}{\lambda} = \frac{6.62607 \times 10^{-34} \text{ J s} \times 2.99792 \times 10^8 \text{ m s}^{-1}}{1 \text{ m}} = 1.98644 \times 10^{-25} \text{ J} \tag{2.5.7}$$

1 mol 分のエネルギーは

$$1.98644 \times 10^{-25} \text{ J} \times 6.02214 \times 10^{23} \text{ mol}^{-1} = \underline{1.19626 \times 10^{-4}} \text{ kJ mol}^{-1} \tag{2.5.8}$$

[例題 2.7]　次の空欄の数値を求めよ．

	Cs 137 γ 線[a]	医療用 X 線	低圧水銀灯（殺菌灯）	蛍光灯（白色）	電子レンジ	テレビ	ラジオ
λ/m	( )	10^{-11}[b]	2.537×10^{-7}	5.50×10^{-7}[c]	( )	( )	( )
ν/Hz	( )	( )	( )	( )	2.45×10^9[d]	5.57×10^8[e]	5.94×10^5[f]
E/kJ mol^{-1}	6.62×10^7	( )	( )	( )	( )	( )	( )

a) 質量数 137 のセシウム Cs から放射される γ 線．b) $\lambda = 10^{-10} \sim 10^{-13}$ m の代表値．
c) $3.0 \times 10^{-7} \sim 7.0 \times 10^{-7}$ m の代表値（輝線）．d) 2.45 GHz．
e) 地上デジタル放送，NHK 東京総合，557 MHz．f) NHK 東京第 1 放送，594 kHz．

[解]　(2.5.6)〜(2.5.8) より，$\nu\lambda = 2.9979 \times 10^8$ Hz m，$E\lambda = 1.1963 \times 10^{-4}$ kJ mol^{-1} m が得られる．また，これらの式から，$\nu/E = 2.5060 \times 10^{12}$ Hz kJ^{-1} mol となる．この 3 つの式を用いて計算する．例えば，Cs 137 では次の通りである．

$$\lambda = (1.1963 \times 10^{-4} \text{ kJ mol}^{-1} \text{ m})/E = (1.1963 \times 10^{-4}/6.62 \times 10^7) \text{ m} = 1.81 \times 10^{-12} \text{ m}$$

$$\nu = 2.506 \times 10^{12} \text{ Hz kJ}^{-1} \text{ mol} \times E = 2.506 \times 10^{12} \times 6.62 \times 10^7 \text{ Hz} = 1.66 \times 10^{20} \text{ Hz}$$

	Cs 137 γ 線	医療用 X 線	低圧水銀灯（殺菌灯）	蛍光灯（白色）	電子レンジ	テレビ	ラジオ
λ/m	1.81×10^{-12}	10^{-11}	2.537×10^{-7}	5.50×10^{-7}	1.22×10^{-1}	5.38×10^{-1}	5.05×10^2
ν/Hz	1.66×10^{20}	3.00×10^{19}	1.182×10^{15}	5.45×10^{14}	2.45×10^9	5.57×10^8	5.94×10^5
E/kJ mol^{-1}	6.62×10^7	1.20×10^7	4.715×10^2	2.18×10^2	9.78×10^{-4}	2.22×10^{-4}	2.37×10^{-7}

[例題 2.7] で例示した電磁波のエネルギーについて述べよう．化学反応は分子における原子間の結合の組み替えで起こる．そのためには原子間の結

合を切る必要がある．化学結合を切断するために必要なエネルギー（結合エネルギー）については，表9.3にまとめてあり，その値はほとんどが100〜500 kJ mol^{-1}程度である．表から低圧水銀灯の光エネルギー（471.5 kJ mol^{-1}）を用いると多くの結合を切ることができるのがわかる．紫外光は光化学反応（光子による結合の組み替え）の進行に寄与するのである．皮膚が紫外線を吸収すると，皮下で化学反応が進み日焼けが起きるのはそのためである（後述）．γ線やX線のエネルギーは紫外線のエネルギーに比べて数桁大きく，被曝するとヒトの健康に致命的な影響を与える．電子レンジの電波（エネルギー10^{-3} kJ mol^{-1}程度）は，物質中の水分子間の弱い結合にはたらいて，分子のランダムな振動・回転運動（熱運動）を引き起こす．これが，電子レンジの加熱原理である．

太陽からの紫外線は波長領域によって，次の3つに分類される．

(a) **UV-A**（$\lambda = 380 \sim 315$ nm）次のUV-Bよりエネルギーが小さいため，日焼けの原因にはならないが，皮膚の深部の真皮層に到達してタンパク質を変性させ，しわやたるみなど，肌の老化をもたらす．

(b) **UV-B**（$\lambda = 315 \sim 280$ nm）UV-Aに比べてエネルギーが大きく皮膚の表面で吸収され，皮膚の細胞がメラニン色素を生成する．これが日焼けである．UV-Bは皮膚のDNAを傷つける作用があるので，この波長の紫外線を吸収するメラニン色素の生成は皮膚の防御反応である．

(c) **UV-C**（$\lambda = 280 \sim 200$ nm）地上10〜50 kmにあるオゾン（O_3）層で吸収されて通常地上には到達しない．オゾン層が破壊されると，UV-Cはエネルギーが大きいため生体に著しい傷害を与える[1]．

日焼け止めクリームはUV-AやUV-Bを散乱または吸収する物質を含んでいる．なお，$\lambda < 200$ nmの紫外線は空気中の酸素や窒素で吸収されるので，地上には全く到達しない．この領域を**真空紫外**（vacuum UV, VUV）という．この波長の光で実験するときには，光路を真空にする必要があるからである．

裏表紙の見返しに本書で扱ういろいろなエネルギー単位間の数値の換算表を示したので，必要に応じて参照されたい．

---

1) エアコン・冷蔵庫の冷媒や電子部品の洗浄剤として使われてきたフロンガス（炭化水素の塩素やフッ素による置換体）が上空でオゾン層を破壊することが指摘されている（I, 2.1.3節, p.67）．

血圧

血圧は心臓のポンプ作用によって送り出された血液が血管壁に及ぼす圧力で, 通常上腕の動脈の圧力で示される. 上腕にカフ (cuff, 腕に巻くゴムの袋) を巻き, カフに空気を送って血液の循環を止めた後, カフ圧を徐々に下げながら, 動脈に当てた聴診器で血管壁に生じる拍動音 (脈音) を聞く. 脈音が聞こえ始めたときの圧力 (最高圧力) と, 脈音が消失したときの圧力 (最低圧力) をカフにつないだ水銀圧力計で測定する. 心臓の収縮期の圧力が最高圧力に, 拡張期の圧力が最低圧力に相当する. なお, デジタル圧力計ではカフを圧力センサーとして用い, 最高圧力と最低圧力をデジタル表示する.

ヒトの血圧は昼間高く, 夜は低い. また精神的に緊張すると高くなる. WHO (World Health Organization, 世界保健機構) によると, 収縮期血圧が 140 mmHg 以上, または拡張期血圧が 90 mmHg 以上のとき**高血圧**という. **正常血圧**は収縮期血圧が 130 mmHg 未満で, かつ拡張期血圧が 85 mmHg 未満である. 両者の中間は**正常高値血圧**と呼ばれる. 高血圧状態が長く続くと, 脳卒中, 心筋梗塞, 心不全, 腎不全などの原因となる. また, 重症の場合は頭痛やめまいを伴うことが多く, 病変の進行が速い. 高血圧患者の 8 割以上は, 遺伝的素質, 生活習慣, 高齢による動脈硬化などが原因の**本態性高血圧**で, 残りが血管, 腎臓, 内分泌系などの病変に伴う原因のはっきりした**二次性高血圧**である.

本態性高血圧の治療には一般療法と薬物療法がある. 一般療法として, 食塩制限, 体重管理, ストレス管理, 禁煙などが行われる. 体重管理が必要な理由は体重が増えると血液量が増し, それに伴って血管が圧迫され, 血圧が上昇するからである. また, ストレス管理や禁煙については, ストレスやたばこのニコチンが交感神経を刺激するため, 副腎髄質からアドレナリンやノルアドレナリンが放出されて, 前者が心拍数を増加させ, 後者が血管を収縮させて, その結果, 血圧を高めるからである.

食塩制限が必要な理由を次に述べる. 血液は赤血球, 白血球, 血小板を含む細胞成分と細胞外液である液体成分 (血漿) とからなる. ヒトが食物を摂取すると, 食物中のカリウムイオン K^+ はほとんど細胞内に, ナトリウムイオン Na^+ は主に細胞外に取り込まれる. 血液細胞中の K^+ イオンの濃度と細胞外の血漿中の Na^+ イオンの濃度の間には一定のバランスがあり, 細胞の内外で浸透圧[a]は釣り合っている. 食塩 NaCl を過剰に摂取すると血漿中の Na^+ イオンの濃度が上昇するため, その分を薄め浸透圧の均衡を保とうとして, 血管外の組織から水分が血漿中に移動して血液量が増し, 血圧を上昇させるのである. 高血圧の予防指針によるとナトリウムの摂取量は食塩換算で 1 日 6 g 以下とされている. 厚生労働省は塩分が多い日本人の食事状況を考慮して, ナトリウムの 1 日当たりの目標摂取量 (食塩換算) を男性で 9.0 g 未満, 女

---

[a] 8.3.3 項, p.126 で述べるように, 浸透圧とは溶液の濃度差をなくそうとして濃度の低い溶液から高い溶液の方に水が移動しようとすることに伴う圧力である. もし細胞内の濃度が高くなれば, 濃度を薄めようとして外部から水が浸入して細胞がふくらみ, 最終的には破裂する. 逆に細胞外の濃度が高くなると細胞内から水が抜け細胞はしぼむ. そのため, 浸透圧を釣り合わせようとする機構が体に備わっている.

性で 7.5 g 未満とした（日本人の食事摂取基準 (2010 版))[b]．なお，カリウムイオン K^+ は Na^+ イオンの腎臓での再吸収を抑制して尿中への排出を増加させたり，末梢血管を拡張するはたらきがあるので，血圧を下げる効果がある．したがって，カリウムを多く含む果物，野菜，海藻などが血圧を正常に保つのに役立つ[c]．

昔の人類はナトリウムが少なく，カリウムが多い食事をしていた．そのため，ヒトの腎臓はナトリウムを保持し，カリウムを排泄する傾向がある．ナトリウムが多く，カリウムが少ない近代の食事はこの腎臓の機能に反しているため，高血圧を誘発する．なお，食塩を体内で保持できるような形質を獲得したヒトは食塩が少ない環境では生存に有利であった．このような形質をもつヒトは黒人で約 80%，白人で約 30%，黄色人種で約 50% といわれており，食塩感受性が高く，遺伝性の本態性高血圧に罹患しやすい体質をもつ．

---

[b] 2005 年および 2006 年の調査によると，中央値で男性は 11.5 g/日，女性は 10 g/日の食塩を摂取している．

[c] 「日本人の食事摂取基準 (2010 版)」によると，カリウムの 1 日当たりの目標摂取量は男性で 2.8〜3.0 mg，女性で 2.7〜3.0 mg である．これに対し，高血圧予防のために望ましい値は 3.5 mg である．

章末問題

2.1 指数表示を用いて次の計算をせよ．

(1) $\dfrac{0.0345 \times (-68900)}{-235.4 \times (-0.0123)}$ 　　(2) $\dfrac{-123450 \times 0.00003331}{-93.546 \times 0.06892}$

2.2 8.00 kg の物体を 12.5 m の高さから地表に落下させた．着地した瞬間の運動エネルギーと速度を求めよ．ただし，重力の加速度を $g = 9.81 \text{ m s}^{-2}$ とする．

2.3 145 g のボールを地表から 120 km/h の速度で真上に投げた．ボールは地表から何 m の高さに到達するか．またそのときのボールの位置エネルギーを求めよ．ただし，重力の加速度を $g = 9.81 \text{ m s}^{-2}$ とする．

2.4 1 atm の圧力を与える水柱の高さは何 m か．ただし，1 atm = 1.013 bar，重力の加速度を 9.807 m s^{-2}，水の密度を 1.000 g cm^{-3} とする．

（注）重力を利用するポンプが汲み上げることができる井戸の深さの限度はこの高さに等しい．

2.5 固体から電子 1 個を取り出すために必要な最低のエネルギーを**仕事関数** (work function) という．金属ナトリウム Na（ナトリウムの固体）の仕事関数は 3.78×10^{-19} J である．波長 3.65×10^{-7} m の紫外光の光子 1 個を金属 Na に当てたとき，放出する電子の最大運動エネルギーと速度を求めよ．ただし，余っ

たエネルギーはすべて電子の運動エネルギーになるとする．なお，裏表紙見返しの物理定数の値を用いよ．

（注）上で述べた現象が金属 Na の光電効果である．光電効果の実験では，上の場合とは逆に，固体表面に既知の波長の光を当てたとき，真空中に放出する電子の最大運動エネルギーを測定して，固体の仕事関数を求める．

3 原子と周期律

　原子は原子核とそのまわりの電子からなる．化学反応は原子と原子の間のふれあいで開始されるので，原子の化学的性質は原子の最外部にある電子の分布状態で決まる．原子を重さの順に並べると，この分布状態は周期的に変わるので原子の化学的性質にも周期性が現れる（周期律）．この章では原子の構造を原子核と電子分布に分けて解説した後，原子に他の電子が出入りしたとき生じるイオンや，原子が電子を引きつける力の尺度となる電気陰性度について述べる．

3.1 原子の構造

　物質の構成要素である，**原子**（atom）の中心には，正電荷をもつ**原子核**（atomic nucleus）があり，そのまわりを負電荷をもつ**電子**（electron）が運動している．原子核は**陽子**（proton）と**中性子**（neutron）からできている．すなわち

$$\text{原子} \begin{cases} \text{原子核} \begin{cases} \text{陽子} \\ \text{中性子} \end{cases} \\ \text{電子} \end{cases}$$

である．原子核の直径は 10^{-14} m 程度，原子の直径（電子の運動範囲）は 10^{-10} m 程度で，原子核の大きさは原子の大きさのほぼ 1/10000 である．電子，陽子，中性子の質量と電荷を表 3.1 に示す．表からわかるとおり，陽子と中性子の質量はほとんど同じである．電子の質量ははるかに小さく陽子や中性子のそれの 1/1840 程度である．したがって，原子の質量は原子核の質量にほぼ等しい．また，電子は陽子と同じ大きさで符号が反対の電荷をもつ．中性子は電荷をもたない．陽子や電子の電荷の絶対値を**電気素量**（elemen-

表 3.1 電子，陽子，中性子の質量と電気量

粒　子	質量/kg	電荷/C
電子	9.10938×10^{-31}	-1.60218×10^{-19}
陽子	1.67262×10^{-27}	1.60218×10^{-19}
中性子	1.67493×10^{-27}	0

tary electric charge) といい，e で表す．電気素量は電荷の最小単位で，電子の電荷は $-e = -1.60218 \times 10^{-19}$ C である．ただし，C は電気量の単位クーロンで 1 A の電流が 1 s 間に運ぶ電気量で，C＝A s である（裏表紙見返し，主な SI 組立単位参照）．原子核の中の陽子の数と電子の数は等しいので，原子全体では正負の電荷が打ち消し合って，原子は電気的に中性である．

　原子核と電子は異符号の電荷をもつため互いに引き合う．これに対し，電子同士は同符号の電荷をもつため，互いに斥力を及ぼす．一般に，電荷をもつ 2 つの粒子は電荷の積に比例し距離の 2 乗に反比例する力を及ぼしあう．これを**クーロンの法則**（Coulomb's law）と呼び，この法則に基づく力を**クーロン力**という．

　もっとも小さい原子は水素で，陽子 1 個の原子核と電子からなる（図 3.1(a)）．炭素原子は陽子 6 個，中性子 6 個からなる原子核と電子 6 個をもつ（図 3.1(b)）．陽子数（＝電子数）を**原子番号**（atomic number）という．また，陽子と中性子の数の和を**質量数**（mass number）という．電子の質量が小さいため，原子の質量がほぼ原子核の質量（陽子の質量と中性子の質量（≒陽子の質量）の和）で決まるからである．原子番号や，質量数を示すときは，元素記号（原子の記号）の左下に原子番号を，左上に質量数を書く．炭素原子の例を次に示す．

$$^{12}_{6}\mathrm{C}$$

質量数＝陽子数＋中性子数　元素記号　原子番号＝陽子数＝電子数

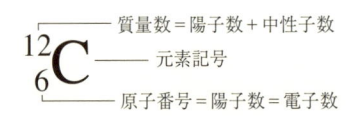

　上で元素という言葉が出たので，元素と原子の違いを明らかにしておこう．**元素**（element）は物質を構成する基本成分として，原子説が出る前に考えられたものである．現在では元素＝原子の集合体と考えてよい．具体的には

3.1 原子の構造 —— 37

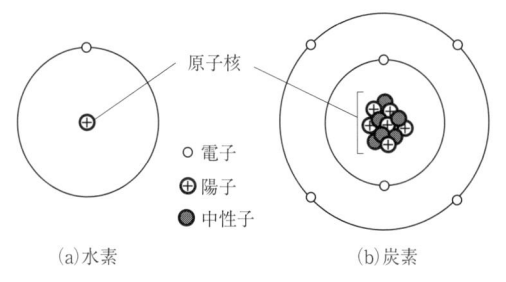

図 3.1 原子の構造
原子核の大きさは原子の大きさの 1/10000 程度であるが，わかりやすくするため大きく描いてある．

(a) 水素　(b) 炭素
○ 電子
⊕ 陽子
● 中性子

個々の粒子を対象にするときには「原子」と言い，まとめてグループを対象とするときには「元素」と言う．元素（原子）記号にはラテン語の頭文字が使われることが多い．例えば，水素 (H, hydrogenium)，炭素 (C, carbonium)，窒素 (N, nitrogenium)，酸素 (O, oxygenium)，ナトリウム (Na, natrium)，硫黄 (S, sulphur)，鉄 (Fe, ferrum) などである．

1章 (p.4) で述べたように，1種類の元素からできている物質を単体，2種類以上の元素からできている物質を化合物という．水素，酸素などの気体は単体，水は化合物である．同じ1種類の元素からできているのに性質が異なる単体を互いに**同素体** (allotrope) という．例えば，酸素 O_2 とオゾン O_3，また，ダイヤモンドと黒鉛（ともに炭素 C からできている）は同素体である．

[**例題 3.1**] ^1_1H, $^{14}_7N$, $^{23}_{11}Na$ および $^{56}_{26}Fe$ の原子番号，陽子数，電子数，質量数，中性子数を求めよ．また，これらの原子の質量の比のおおよその値を述べよ．
[**解**] 上の炭素原子の例から明らかなように，次のようになる．
　^1_1H：原子番号 = 陽子数 = 電子数 = 1，質量数 = 1，中性子数 = 1 − 1 = 0
　$^{14}_7N$：原子番号 = 陽子数 = 電子数 = 7，質量数 = 14，中性子数 = 14 − 7 = 7
　$^{23}_{11}Na$：原子番号 = 陽子数 = 電子数 = 11，質量数 = 23，中性子数 = 23 − 11 = 12
　$^{56}_{26}Fe$：原子番号 = 陽子数 = 電子数 = 26，質量数 = 56，中性子数 = 56 − 26 = 30
原子の質量は質量数で決まるから，質量を M で表すと，質量比の大略値は
$$M(^1_1H) : M(^{14}_7N) : M(^{23}_{11}Na) : M(^{56}_{26}Fe) = 1 : 14 : 23 : 56$$

原子には，陽子の数（= 電子の数）が同じで，中性子の数が違うものがあ

表 3.2 天然に存在する同位体

元素	同位体[a]	存在比 (%)
水素	^1_1H	99.985
	^2_1H	0.015
	^3_1H	微量
炭素	$^{12}_6C$	98.90
	$^{13}_6C$	1.10
	$^{14}_6C$	微量
酸素	$^{16}_8O$	99.762
	$^{17}_8O$	0.038
	$^{18}_8O$	0.200
塩素	$^{35}_{17}Cl$	75.77
	$^{37}_{17}Cl$	24.23

a) ^2_1H を重水素, ^3_1H を三重水素という.

る.このような原子を互いに**同位体**(**アイソトープ** isotope)という.同位体は同じ原子番号(電子数=陽子数)をもち,質量は異なるが,化学的性質は同じである.なぜなら,普通の化学反応では,原子核同士が接触するほど大きいエネルギーは使われない,反応は原子間の電子のふれあいで進行するから,電子の数が同じなら,原子間の反応の性質も同じになるからである.いくつかの同位体を表 3.2 に示す.表で水素原子には3つの同位体 ^1_1H, ^2_1H, ^3_1H がある.

^1_1H は普通の水素原子である.^2_1H は質量がその2倍で(二)**重水素**(デューテリウム,deuterium)と呼ばれ,D とも記される.^3_1H は普通の水素原子の3倍の質量をもち,**三重水素**(トリチウム,tritium)と呼ばれ,記号Tが使われることがある.普通の水 H_2O の ^1_1H を ^2_1H に変えたものが,**重水**(heavy water)D_2O で,原子炉や医療で中性子の減速剤[1]として用いられる.

3.2 電子の軌道

原子中の電子は原子核のまわりでいくつかの層になって存在する.この層は内側から K 殻,L 殻,M 殻,N 殻,……と名付けられている.**各電子殻**

---

[1] 重水中で高速の中性子を走らせると,速度が減る現象を用いる.

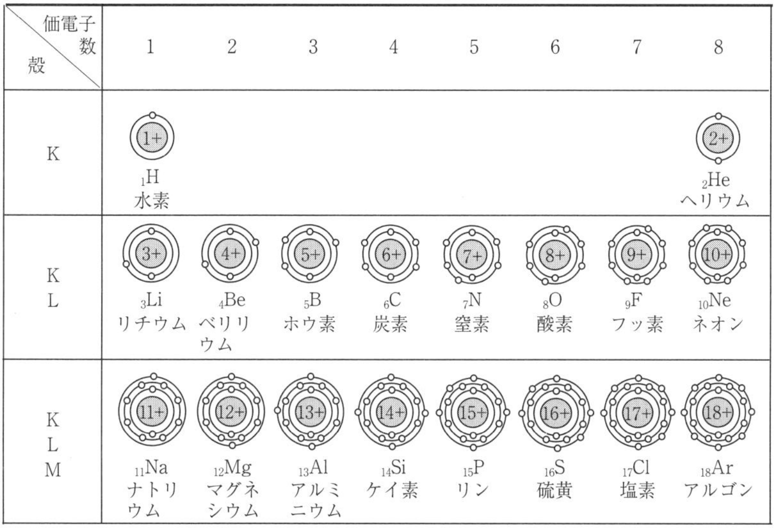

殻＼価電子数	1	2	3	4	5	6	7	8
K	$_1$H 水素							$_2$He ヘリウム
K L	$_3$Li リチウム	$_4$Be ベリリウム	$_5$B ホウ素	$_6$C 炭素	$_7$N 窒素	$_8$O 酸素	$_9$F フッ素	$_{10}$Ne ネオン
K L M	$_{11}$Na ナトリウム	$_{12}$Mg マグネシウム	$_{13}$Al アルミニウム	$_{14}$Si ケイ素	$_{15}$P リン	$_{16}$S 硫黄	$_{17}$Cl 塩素	$_{18}$Ar アルゴン

図 3.2　$_1$H〜$_{18}$Ar 原子の電子配置
1＋，2＋などの数字は原子核の陽子数を示す．

(electronic shell) に収容できる電子の最大数は K 殻から順に 2 個，8 個，18 個，32 個，……である．負電荷をもつ電子は内側の殻にあるほど原子核の正電荷に強く引きつけられて，エネルギーが低い安定な状態にある．そのため，電子は K 殻から順に外側の殻に配置される．$_1$H から $_{18}$Ar までの**電子配置** (electron configuration) を図 3.2 に示す．例えば，$_1$H では 1 個の電子が K 殻に入る（中央の記号 1＋は陽子が 1 個水素の原子核にあるという意味である，以下同様）．$_2$He では電子 2 個が K 殻に入るが，そこで K 殻が満員になるので，$_3$Li では 3 個目の電子は L 殻に入る．以下順に $_3$Li から $_{10}$Ne まで L 殻を 1〜8 個の電子が占める．$_{10}$Ne で L 殻が満員になるので，$_{11}$Na〜$_{18}$Ar では 1〜8 個の電子が M 殻を占有する．このようにして，Ar の 18 個の電子は K 殻に 2 個，L 殻に 8 個，M 殻に 8 個入っている．図 3.2 で最外殻に入っている電子を**価電子** (valence electron) という．価電子は，例えば，$_1$H と $_2$He では K 殻の，$_3$Li〜$_{10}$Ne と $_{11}$Na〜$_{18}$Ar では，それぞれ，L 殻および M 殻の電子である．化学反応は最外殻電子のふれあいで起こるので，後にも述べるように，価電子数が等しい原子は互いによく似た化学的性質を

持つ．なお，$_2$He の最外殻電子数は 2 個であるが，8 個の場合に含めた．

以上は太陽のまわりの地球のように，原子核の引力の下で電子がその周囲を回っているという，古典的な物理学による説明である．20 世紀の初めに，原子・分子のようなミクロな系に適用される新しい物理学である，**量子力学** (quantum mechanics)[1] が導入された．量子力学によると，電子は原子核のまわりの一定の軌道（orbit）を運動しているのではない．原子核のまわりで一定の割合で存在しているのである．より正確には，原子核の周囲で電子がどこにあるか探すと，場所ごとに一定の確率で見出される．この電子を見出す確率の分布を**電子分布**（electron distribution）という．電子分布は，3 種類の整数（n, l, m）で指定される原子軌道関数 $\phi(n, l, m)$ の 2 乗により求められる[2]，n を**主量子数**，l を**方位量子数**，m を**磁気量子数**という．これらの量子数は自由にとれる整数ではなくて，その値には次のような条件がある．

$$n = 1, 2, 3, \cdots \cdots \quad (3.2.1)$$

$$l = 0, 1, 2, \cdots \cdots, n-1 \quad (3.2.2)$$

$$m = 0, \pm 1, \pm 2, \cdots \cdots, \pm l \quad (3.2.3)$$

上の量子数の可能な組み合わせを表 3.3 に示した．例えば，$n = 1$ のときは，$l = 0$, $m = 0$ のみが可能である．この原子軌道関数を **1s 軌道**（orbital）[3] という．$n = 2$ のときは，$l = 0$ または 1 が可能であり，$l = 0$ のときは $m = 0$, $l = 1$ のときは $m = 0, \pm 1$ が可能である．$l = m = 0$ の軌道関数を **2s 軌道**という．また，$l = 1$, $m = 0, \pm 1$ の 3 種類の軌道関数を組み合わせて，3 つの軌道関数 **2p$_x$ 軌道**，**2p$_y$ 軌道**，**2p$_z$ 軌道**ができる．以上の軌道の数字は主量子数 n を表す．表 3.3 に示すように，方位量子数 l が 0, 1, 2, …… にしたがって，s, p, d, f, …… という文字を使う．$n = 3, 4$ のときにも，量子数の組み合

---

[1] マクロな系に適用される古典力学ではエネルギーや運動量の値が連続的に変化すると考えてよいが，ミクロな系ではこの連続性はもはや成り立たない．エネルギーなどの値はとびとびの値をとる．このような現象をエネルギーなどが量子化されているという．これが量子力学の名前の由来である．

[2] $\phi(n, l, m)$ は複素数の場合もあるので，正確には絶対値の 2 乗 $|\phi(n, l, m)|^2$ である．なお，$\phi(n, l, m)$ は量子力学の計算で得られる．

[3] 英語では，太陽のまわりの地球のように，位置と速度のはっきりした道筋を orbit という．これに対し，原子核のまわりの電子の確率分布を与える軌道関数を orbital といって区別している．日本語では orbit と orbital に同じ訳語「軌道」を使っているが両者は別のものである．

表3.3 電子軌道の量子数

量子数			軌道名	軌道数	殻
n	l	m			
1	0	0	1s	1	K
2	0	0	2s	4	L
	1	−1, 0, 1	2p		
3	0	0	3s	9	M
	1	−1, 0, 1	3p		
	2	−2, −1, 0, 1, 2	3d		
4	0	0	4s	16	N
	1	−1, 0, 1	4p		
	2	−2, −1, 0, 1, 2	4d		
	3	−3, −2, −1, 0, 1, 2, 3	4f		

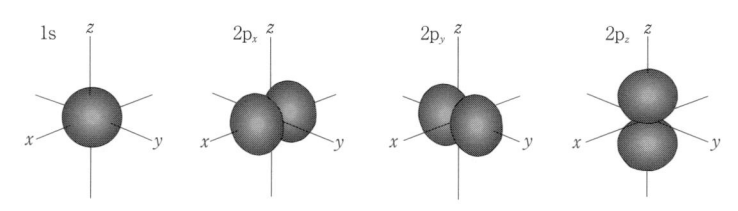

図3.3 1s, $2p_x$, $2p_y$ および $2p_z$ 軌道の電子分布

わせによって,いろいろな原子軌道ができる.なお,初めに述べたK, L, M, N, ……の殻は主量子数 $n=1, 2, 3, 4,$ ……に対応している.$n=1, 2, 3, 4,$ ……に属する軌道の数は1, 4, 9, 16, ……であり,各軌道に2個ずつ電子を収容できるから(後述),K, L, M, N, ……殻の電子収容数は2, 8, 18, 32, ……となるのである.

上で述べた原子軌道関数の2乗により求めた電子分布の模式図を図3.3に示す.図では1s, $2p_x$, $2p_y$,および $2p_z$ 軌道について電子の分布確率が大きい部分が示されている.1s軌道は球対称の分布である.$2p_x$, $2p_y$,および $2p_z$ 軌道はそれぞれ x, y, z 軸方向に団子を2つ重ねたような電子分布をもつ.2s, 3s, ……などの ns 軌道も1s軌道と同様に球対称の電子分布をもつが,主量子数 n の増加とともに次第に外側に広がった分布になる.np_x,

$n\mathrm{p}_y$, $n\mathrm{p}_z$ 軌道についても事情は同じで, n が 3, 4, ……と増加するにつれて, $2\mathrm{p}_x$, $2\mathrm{p}_y$, $2\mathrm{p}_z$ と同様な形で次第に外側に広がった電子分布をもつ. nd, nf などの軌道の電子分布は ns, np 軌道の場合よりも複雑な形をもつが, ここでは省略する. これらの軌道についても主量子数の増加とともに, 電子は次第に外側に分布するようになる.

原子軌道のエネルギーは主量子数 n と方位量子数 l によって決まる. 一般に n が大きいほどエネルギーが大きい (K, L, M, ……殻のエネルギーは次第に高くなる). また, n が同じ場合は l が大きいほどエネルギーが大きくなる. 原子番号が大きくなって, 原子核のまわりの電子の数が増えると, 電子は基本的にはエネルギーの低い順に各軌道を 2 個ずつ占める[1]. 電子が占有する軌道の順序は

   1s | 2s, 2p | 3s, 3p | (4s, 3d), 4p |

   (5s, 4d), 5p | (6s, 4f, 5d), 6p | (7s, 5f, 6d), 7p

である. ただし, ( ) 内の軌道のエネルギーは接近していて, 順序が逆になることもある.

また, 縦線の前後でエネルギーは大きく変化する. 縦線は次節で述べる周期表の周期の境目である. なお, 2p の 3 個の軌道や, 3d の 5 個の軌道のようにエネルギーが同じ軌道には電子はなるべく分かれて入る. これを**フント** (Hund) **の規則**という. 原子番号 1 の水素 H から 10 のネオン Ne までの各軌道への電子の入り方 (電子配置) を図 3.4 に示す. $_6\mathrm{C}$, $_7\mathrm{N}$, $_8\mathrm{O}$ でフントの規則が成り立っていることがわかる.

---

[1] 電子は自転している. 自転には右回りと左回りの 2 つの状態があり, それぞれ **α スピン** (α-spin) および **β スピン** (β-spin) 状態という. α スピンは上向きの矢印で, β スピンは下向きの矢印で示し, それぞれ上向きおよび下向きスピンともいう (図参照). 各軌道で, 電子はこれらの 2 種のスピン状態がとれるので, 各軌道の定員は 2 となる. 結局, 電子は軌道とスピンで区別される状態を 1 個ずつ占めることになる. これを**パウリ** (Pauli) **の原理**という.

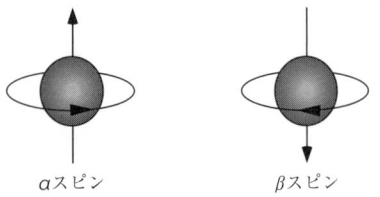

     αスピン βスピン

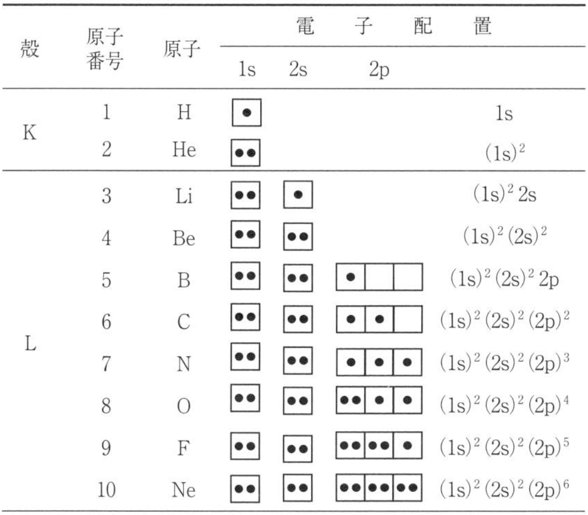

殻	原子番号	原子	電子配置			
			1s	2s	2p	
K	1	H	•			1s
	2	He	••			$(1s)^2$
L	3	Li	••	•		$(1s)^2 2s$
	4	Be	••	••		$(1s)^2 (2s)^2$
	5	B	••	••	•	$(1s)^2 (2s)^2 2p$
	6	C	••	••	• •	$(1s)^2 (2s)^2 (2p)^2$
	7	N	••	••	• • •	$(1s)^2 (2s)^2 (2p)^3$
	8	O	••	••	•• • •	$(1s)^2 (2s)^2 (2p)^4$
	9	F	••	••	•• •• •	$(1s)^2 (2s)^2 (2p)^5$
	10	Ne	••	••	•• •• ••	$(1s)^2 (2s)^2 (2p)^6$

図 3.4 $_1$H〜$_{10}$Ne 原子の電子配置
四角形は軌道を,その中の黒点は電子を表す.

3.3 周期律と周期表

　原子から原子核の引力に逆らって電子を取り去るにはエネルギーが必要である.原子から1個電子を取り去るのに必要なエネルギーを**イオン化エネルギー**(ionization energy)という[1].図 3.5 に $_1$H から $_{36}$Kr までのイオン化エネルギーを示す.図によるとイオン化エネルギーの値は原子番号の変化に伴って周期的に変化していることがわかる.一般に,元素の性質は原子番号とともに周期的に変化する.これを元素の**周期律**(periodic law)という.また,元素の周期律を示す表を**周期表**(periodic table)と呼ぶ(表表紙の見返し参照).この表の縦の列は化学的性質の似た元素の集まりである 1〜18 の各**族**,横の行は 1〜7 の各**周期**である.この表の中に各元素は原子番号順に配置されている.表 3.4 に原子の電子配置の周期表を示す.ただし,内側の核の電子配置は省略してある.表において
第 1 周期($_1$H—$_2$He)$_1$H では 1s 軌道に電子が 1 個入る.次の $_2$He で $1s^2$ とな

---
[1] 原子から電子を抜き取るとイオンを生じるので(3.4節,p.49),イオン化エネルギーという.

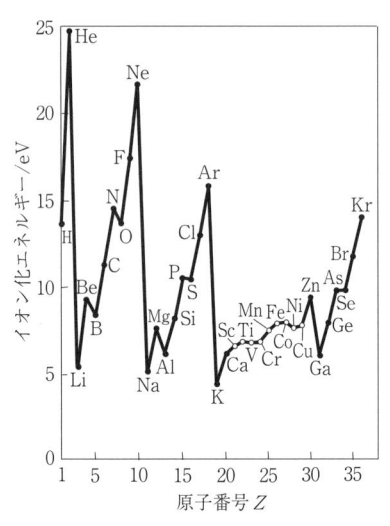

図 3.5 イオン化エネルギーの原子番号依存性（縦軸の eV はエネルギーの単位である（p.227））
●は典型元素，○は遷移元素を表す．

り，$n=1$ の K 殻が満たされる．

第 2 周期（$_3$Li―$_{10}$Ne）はじめに 2s 軌道に，次に 2p 軌道に電子が入っていく．$_{10}$Ne で $2s^22p^6$ となり，L 殻（$n=2$）が満員となる．

第 3 周期（$_{11}$Na―$_{18}$Ar）3s, 3p 軌道を電子が占める．電子配置は第 2 周期と同様である．

第 4 周期（$_{19}$K―$_{36}$Kr）$_{20}$Ca でまず 4s 軌道が満たされた後，$_{21}$Sc から $_{23}$V まで 3d 軌道を 1 個ずつ電子が占め，$4s^23d^3$ となる．次の $_{24}$Cr の電子配置は $4s^23d^4$ ではなく $4s3d^5$ である．これは 4s と 3d の軌道エネルギーが近いため順序が逆になる例で，$_{29}$Cu でも見られる．$_{30}$Zn で 4s と 3d 軌道が満員となった後，4p 軌道を順次電子が占め $_{36}$Kr でこの周期が終わる．3d 軌道は主量子数が 1 つ大きい 4s や 4p 軌道より内側に分布している．したがって，化学的性質は外側にある 4s, 4p 軌道の電子配置で支配される．$_{21}$Sc―$_{29}$Cu の各元素を第一遷移元素という．**遷移元素**（transition element）とは部分的に満たされた d 軌道（または部分的に満たされた ns$(n-1)$d 軌道）をもつ元素で周期表の隣同士で性質がよく似ている．これは原子の化学的性質を支配

3.3 周期律と周期表──45

表 3.4 電子配置の周期表 [a]

族\周期	1	2	3	4	5	6	7	8	9	10	11	12	13	14	15	16	17	18
	s	s^2					遷移元素					$s^2 d^{10}$	$s^2 p$	$s^2 p^2$	$s^2 p^3$	$s^2 p^4$	$s^2 p^5$	$s^2 p^6$
1	$_1$H $1s$																	$_2$He $1s^2$
2	$_3$Li $2s$	$_4$Be $2s^2$											$_5$B $2s^2 2p$	$_6$C $2s^2 2p^2$	$_7$N $2s^2 2p^3$	$_8$O $2s^2 2p^4$	$_9$F $2s^2 2p^5$	$_{10}$Ne $2s^2 2p^6$
3	$_{11}$Na $3s$	$_{12}$Mg $3s^2$											$_{13}$Al $3s^2 3p$	$_{14}$Si $3s^2 3p^2$	$_{15}$P $3s^2 3p^3$	$_{16}$S $3s^2 3p^4$	$_{17}$Cl $3s^2 3p^5$	$_{18}$Ar $3s^2 3p^6$
4	$_{19}$K $4s$	$_{20}$Ca $4s^2$	$_{21}$Sc $3d$ $4s^2$	$_{22}$Ti $3d^2$ $4s^2$	$_{23}$V $3d^3$ $4s^2$	$_{24}$Cr $3d^5$ $4s$	$_{25}$Mn $3d^5$ $4s^2$	$_{26}$Fe $3d^6$ $4s^2$	$_{27}$Co $3d^7$ $4s^2$	$_{28}$Ni $3d^8$ $4s^2$	$_{29}$Cu $3d^{10}$ $4s$	$_{30}$Zn $3d^{10}$ $4s^2$	$_{31}$Ga $3d^{10}$ $4s^2 4p$	$_{32}$Ge $3d^{10}$ $4s^2 4p^2$	$_{33}$As $3d^{10}$ $4s^2 4p^3$	$_{34}$Se $3d^{10}$ $4s^2 4p^4$	$_{35}$Br $3d^{10}$ $4s^2 4p^5$	$_{36}$Kr $3d^{10}$ $4s^2 4p^6$
5	$_{37}$Rb $5s$	$_{38}$Sr $5s^2$	$_{39}$Y $4d$ $5s^2$	$_{40}$Zr $4d^2$ $5s^2$	$_{41}$Nb $4d^4$ $5s$	$_{42}$Mo $4d^5$ $5s$	$_{43}$Tc $4d^5$ $5s^2$	$_{44}$Ru $4d^7$ $5s$	$_{45}$Rh $4d^8$ $5s$	$_{46}$Pd $4d^{10}$	$_{47}$Ag $4d^{10}$ $5s$	$_{48}$Cd $4d^{10}$ $5s^2$	$_{49}$In $4d^{10}$ $5s^2 5p$	$_{50}$Sn $4d^{10}$ $5s^2 5p^2$	$_{51}$Sb $4d^{10}$ $5s^2 5p^3$	$_{52}$Te $4d^{10}$ $5s^2 5p^4$	$_{53}$I $4d^{10}$ $5s^2 5p^5$	$_{54}$Xe $4d^{10}$ $5s^2 5p^6$
6	$_{55}$Cs $6s$	$_{56}$Ba $6s^2$	57~71 *	$_{72}$Hf $4f^{14} 5d^2$ $6s^2$	$_{73}$Ta $4f^{14} 5d^3$ $6s^2$	$_{74}$W $4f^{14} 5d^4$ $6s^2$	$_{75}$Re $4f^{14} 5d^5$ $6s^2$	$_{76}$Os $4f^{14} 5d^6$ $6s^2$	$_{77}$Ir $4f^{14} 5d^7$ $6s^2$	$_{78}$Pt $4f^{14} 5d^9$ $6s$	$_{79}$Au $4f^{14} 5d^{10}$ $6s$	$_{80}$Hg $4f^{14} 5d^{10}$ $6s^2$	$_{81}$Tl $4f^{14} 5d^{10}$ $6s^2 6p$	$_{82}$Pb $4f^{14} 5d^{10}$ $6s^2 6p^2$	$_{83}$Bi $4f^{14} 5d^{10}$ $6s^2 6p^3$	$_{84}$Po $4f^{14} 5d^{10}$ $6s^2 6p^4$	$_{85}$At $4f^{14} 5d^{10}$ $6s^2 6p^5$	$_{86}$Rn $4f^{14} 5d^{10}$ $6s^2 6p^6$
7	$_{87}$Fr $7s$	$_{88}$Ra $7s^2$	89~103 **	$_{104}$Rf $5f^{14} 6d^2$ $7s^2$	$_{105}$Db	$_{106}$Sg	$_{107}$Bh	$_{108}$Hs	$_{109}$Mt	$_{110}$Ds	$_{111}$Rg	$_{112}$Cn	$_{113}$Uut	$_{114}$Fl	$_{115}$Uup	$_{116}$Lv	$_{117}$Uus	$_{118}$Uuo

*ランタノイド	$_{57}$La $5d$ $6s^2$	$_{58}$Ce $4f 5d$ $6s^2$	$_{59}$Pr $4f^3$ $6s^2$	$_{60}$Nd $4f^4$ $6s^2$	$_{61}$Pm $4f^5$ $6s^2$	$_{62}$Sm $4f^6$ $6s^2$	$_{63}$Eu $4f^7$ $6s^2$	$_{64}$Gd $4f^7 5d$ $6s^2$	$_{65}$Tb $4f^9$ $6s^2$	$_{66}$Dy $4f^{10}$ $6s^2$	$_{67}$Ho $4f^{11}$ $6s^2$	$_{68}$Er $4f^{12}$ $6s^2$	$_{69}$Tm $4f^{13}$ $6s^2$	$_{70}$Yb $4f^{14}$ $6s^2$	$_{71}$Lu $4f^{14} 5d$ $6s^2$
**アクチノイド	$_{89}$Ac $6d$ $7s^2$	$_{90}$Th $6d^2$ $7s^2$	$_{91}$Pa $5f^2 6d$ $7s^2$	$_{92}$U $5f^3 6d$ $7s^2$	$_{93}$Np $5f^4 6d$ $7s^2$	$_{94}$Pu $5f^6$ $7s^2$	$_{95}$Am $5f^7$ $7s^2$	$_{96}$Cm $5f^7 6d$ $7s^2$	$_{97}$Bk $5f^9$ $7s^2$	$_{98}$Cf $5f^{10}$ $7s^2$	$_{99}$Es $5f^{11}$ $7s^2$	$_{100}$Fm $5f^{12}$ $7s^2$	$_{101}$Md $5f^{13}$ $7s^2$	$_{102}$No $5f^{14}$ $7s^2$	$_{103}$Lr $5f^{14} 6d$ $7s^2$

[a] 内殻の電子配置は省略してある. 例えば, $_{37}$Rb の電子配置は $1s^2 2s^2 2p^6 3s^2 3p^6 3d^{10} 4s^2 4p^6 5s$ である.

する最外殻（s 軌道）の電子配置が似ているためである．なお，d 軌道も部分的に結合に関与するため，これらの元素は種々の原子価[1]をもつ．

第5周期（$_{37}$Rb—$_{54}$Xe）第4周期と同様に，5s，4d，5p 軌道を電子が占める．$_{39}$Y—$_{47}$Ag が第2遷移元素である．

第6周期（$_{55}$Cs—$_{86}$Rn）$_{58}$Ce から 4f 軌道に電子が入る．$_{57}$La から $_{71}$Lu までの元素は化学的性質が極めてよく似ており，**ランタノイド**（lanthanoid）または**希土類元素**（rare earth element）と呼ばれる[2]．これは，6s 軌道や 5d 軌道に比べて主量子数が小さい 4f 軌道が，6s 軌道はもとより，5d 軌道よりもさらに内部にあるため，電子が 4f 軌道を満たしていく過程で外側の電子分布がほとんど変わらないためである．$_{57}$La—$_{79}$Au が第3遷移元素である．

第7周期（$_{87}$Fr—$_{118}$Uuo）$_{91}$Pa から 5f 軌道を電子が占める．$_{89}$Ac—$_{103}$Lr が**アクチノイド**（actinoid）である．$_{92}$U より重い元素は**超ウラン元素**（transuranic element）と呼ばれ，天然にはほとんど存在しない[3]．また，原子番号が $_{95}$Am 以上の元素は人工のもので，寿命が極めて短い．なお，$_{113}$Uut，$_{115}$Uup，$_{117}$Uus および $_{118}$Uuo の存在は確認されていない．

表3.4 の1行目に遷移元素以外の元素である**典型元素**（main group element）の最外殻の電子配置 s，s^2，……，s^{2}p^6 を示した（ただし，18族の He のみ s^2）．対応する価電子数は12族を除き1～8である．これらの元素は周期表の縦の列の性質の類似が著しいので典型元素と呼ばれる．化学反応による原子間の結合の組み替えは最外殻の電子のふれあいで起こるので，最外殻の電子配置（価電子数）が原子の化学的性質を決めるのである．なお，価電子数は，第1，2族では1，2，第13～18族では3～8で，族番号の1桁の数字に等しい．

図3.6 に原子半径の周期性を示す．原子半径は原子が入っている最外殻の軌道の大きさによって決まる．その大きさは主量子数が増すとともに大きく

---

1) 原子価については，4.2.1項，p.61参照．
2) 希土類元素では7個の 4f 軌道を電子が占めるが，電子はフントの規則によって別々の軌道に分かれてはいるので，電子が1個だけの軌道が生じやすい．このような軌道の電子スピンは微小な磁石の性質をもつ（電子が1対入ると逆向きのスピンが互いに磁性を打ち消す）．このため，希土類原子は磁石の素材として優れている．また，その特性を生かして，LED 照明の蛍光体や超伝導材料としても使われる．
3) $_{92}$U の壊変で生じた $_{93}$Np と $_{94}$Pu がウラン鉱石の中に微量存在する（14.1節，p.225注2））．

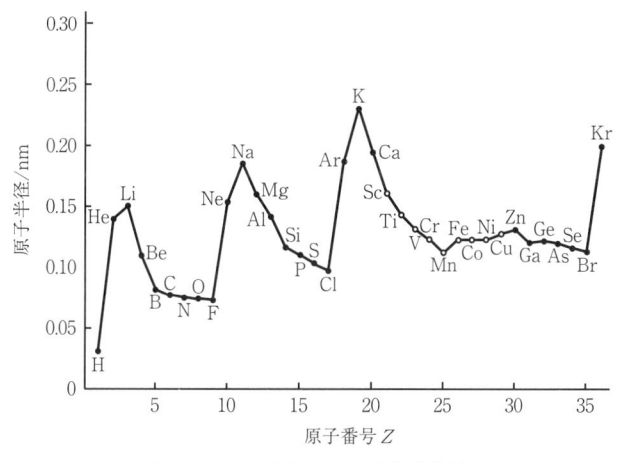

図 3.6 原子半径の原子番号依存性
●は典型元素，○は遷移元素を表す．

なる．また，最外殻が同じ原子では，原子番号が大きいものほど原子核の電荷が増し，電子を引きつける力が大きくなるため，軌道の大きさ（原子半径）が小さくなる[1]．

表 3.5 に人体の元素組成（質量 %）を示す．表の元素は**主要元素**，**主要無機元素（多量ミネラル macromineral）**，**微量無機元素（微量ミネラル micromineral）** に分類される．主要元素のうち O と H が多いのは体重の約 60% を水 H_2O が占めているからである．H，O，C は体重の 10〜20% に相当する脂肪の成分である．また，H，C，O，N はタンパク質の主な構成元素である．なお，この表では質量比の大きい順に元素を示したが，原子数の順にすると H がもっとも多く，H，O，C，N の順になる．主要無機元素 Ca，P，S，K，Na，Cl，Mg のうち，P は核酸の，S はタンパク質の成分である．Ca，Mg，P は骨の無機質である．K，Cl，Na などは細胞内液（K，Mg，Cl など）や外液（Ca，Na，Cl など）に多く含まれている．微量無機元素のうち，Fe はヘモグロビンの成分として，Zn，Cu，Mn，Ni，Mo などは酵素の成分として重要である．F は骨や歯に，Si は骨や毛髪に含まれており，

---

1) 最外殻が満員の 18 族原子は除く．

表 3.5　人体の元素組成

種類	元素記号	質量比 (%)
主要元素	O	61
主要元素	C	23
主要元素	H	10
主要元素	N	2.6
主要無機元素	Ca	1.4
主要無機元素	P	1.1
主要無機元素	S	0.20
主要無機元素	K	0.20
主要無機元素	Na	0.14
主要無機元素	Cl	0.12
主要無機元素	Mg	0.05
微量無機元素	Si	0.026
微量無機元素	Fe	0.006
微量無機元素	F	0.0037
微量無機元素	Zn	0.0033
微量無機元素	Rb, Sr, Br, Pb, Cu, B, Mn, I, Ni, Mo, Cr, Co 他	<0.001

Fは虫歯の予防に，Siは骨の成長に役立つ．また，CoはビタミンB$_{12}$に，Iは甲状腺ホルモン（チロキシン）に存在する．Crは糖質や脂質の代謝に必要な元素である．

3.4　イオン

18族の原子He, Ne, Ar, Kr, Xe, Rnは安定で他の原子とほとんど結合しない，また自分自身とも結合せず単原子の気体として存在する（単原子分子）．最外殻が満員で，他の原子が近づいても影響を受けにくいからである．実際，図3.5でこれら原子のイオン化エネルギーはピークを形成し，電

子を抜き取りにくいことを示している．18族の元素は空気中にほとんどないので，**希ガス**（rare gas）元素と呼ばれる[1]．また，その化学的性質から**不活性気体**ともいう．

これに対し，第1族の元素 Li, Na, K, Rb, Cs のイオン化エネルギーは低く，電子を出しやすい．電子を1個放出すると希ガスの電子配置となるので，安定化するからである．例えば，電子を e^- と記すと

$$Li(1s^22s) \rightarrow Li^+(1s^2) + e^- \qquad He(1s^2)$$
$$Na(1s^22s^22p^63s) \rightarrow Na^+(1s^22s^22p^6) + e^- \qquad Ne(1s^22s^22p^6)$$

ただし，Li^+，Na^+ はプラス1の電気素量をもつ原子で，1価の**陽イオン**（cation）といわれる．なお，**イオン**（ion）とは電荷をもつ原子または原子団を意味する．また，Li^+，Na^+ 等を**イオン式**という．第1族の元素の単体（1種類の元素よりなる物質）は金属で，水に溶けてアルカリ性を示すので，**アルカリ金属**（alkali metal）**元素**と呼ばれる．上と同様に第2族の元素は電子を2個放出すると，希ガス元素と同じ電子配置となる．

$$Be(1s^22s^2) \rightarrow Be^{2+}(1s^2) + 2e^- \qquad He(1s^2)$$
$$Mg(1s^22s^22p^63s^2) \rightarrow Mg^{2+}(1s^22s^22p^6) + 2e^- \qquad Ne(1s^22s^22p^6)$$

等である．Be^{2+} や Mg^{2+} は2価の陽イオンである．第2族の元素は**アルカリ土類金属**（alkaline-earth metal）**元素**と呼ばれる[2]．一般に，1族の元素は1価，2族と12族の元素は2価，13族の元素は3価の陽イオンになりやすい．

第17族の元素は電子が1個付加すると，希ガスの電子配置となり安定化する．例えば

$$F(1s^22s^22p^5) + e^- \rightarrow F^-(1s^22s^22p^6) \qquad Ne(1s^22s^22p^6)$$
$$Cl(1s^22s^22p^63s^23p^5) + e^- \rightarrow Cl^-(1s^22s^22p^63s^23p^6) \qquad Ar(1s^22s^22p^63s^23p^6)$$

である．F^-，Cl^- は1価の陰イオンと呼ばれる．第17族の元素を**ハロゲン**（halogen）**元素**という[3]．一般に，17族の元素は1価，16族の元素は2価の**陰イオン**（anion）になりやすい．なお，原子が電子1個を取り込んで，

---

[1] Ar は希ガス元素ではあるが，空気中に体積比にして0.93%存在する．
[2] 第2族元素のうち，Be と Mg を除く場合もある．
[3] 第17族の元素は第1族や第2族の元素と結合し，塩（えん）を形成する（塩については11.4節，p. 172参照）．ギリシャ語の塩 *alos* とつくる *gennao* を合わせたものが halogen の由来である．

表 3.6 主なイオン

価数	陽イオン[a]	イオン式	陰イオン	イオン式
1価	水素イオン[b]	H^+	フッ化物イオン	F^-
	リチウムイオン	Li^+	塩化物イオン	Cl^-
	ナトリウムイオン	Na^+	臭化物イオン	Br^-
	カリウムイオン	K^+	ヨウ化物イオン	I^-
	ルビジウムイオン	Rb^+	水酸化物イオン	OH^-
	セシウムイオン	Cs^+	シアン化物イオン	CN^-
	銀イオン	Ag^+	硝酸イオン	NO_3^-
	銅(I)イオン	Cu^+	亜硝酸イオン	NO_2^-
	アンモニウムイオン	NH_4^+	炭酸水素イオン	HCO_3^-
			硫酸水素イオン	HSO_4^-
			過マンガン酸イオン	MnO_4^-
			酢酸イオン	$CH_3CO_2^-$ [c]
2価	マグネシウムイオン	Mg^{2+}	硫化物イオン	S^{2-}
	カルシウムイオン	Ca^{2+}	亜硫酸イオン	SO_3^{2-}
	バリウムイオン	Ba^{2+}	硫酸イオン	SO_4^{2-}
	クロム(II)イオン	Cr^{2+}	炭酸イオン	CO_3^{2-}
	鉄(II)イオン	Fe^{2+}	リン酸水素イオン	HPO_4^{2-}
	銅(II)イオン	Cu^{2+}	二クロム酸イオン	$Cr_2O_7^{2-}$
	亜鉛イオン	Zn^{2+}		
	水銀(I)イオン[d]	Hg_2^{2+}		
	水銀(II)イオン	Hg^{2+}		
3価	アルミニウムイオン	Al^{3+}	リン酸イオン	PO_4^{3-}
	鉄(III)イオン	Fe^{3+}		
	クロム(III)イオン	Cr^{3+}		

a) 同じ原子で価数が異なるイオンがあるときは,(　)内にローマ数字で価数を付記する.例:Cu^+は銅(I)イオン,Cu^{2+}は銅(II)イオンとする.
b) 水溶液中では水分子と結合してオキソニウムイオン H_3O^+ として存在する.
c) CH_3COO^- と記すこともある.
d) 水銀2原子からなり,各原子は+1の平均電荷をもつ.

陰イオンになるとき放出されるエネルギーを**電子親和力**(electron affinity)と呼ぶ.ハロゲン原子は特に大きい電子親和力をもつ.

陽イオンでは最外殻の電子が失われるため,半径が小さくなる.これに対し,陰イオンでは最外殻に電子が追加されるため,半径が大きくなる.例えば,Na と Na^+ の半径は 18.6 nm と 11.6 nm,また,Cl と Cl^- の半径は 9.9 nm と 16.7 nm である.

表3.6に主なイオンを示す．イオンには単原子イオンの他に，原子団による多原子イオン，例えば，アンモニウムイオン NH_4^+ や水酸化物イオン OH^- などがある．銅 Cu，クロム Cr，鉄 Fe，水銀 Hg などの遷移金属元素は s 軌道の他に，d 軌道からも電子も失うことがあるので，異なった価数のイオン（Cu^+，Cu^{2+} など）を与える．

[例題 3.2] 周期表を参照して，次の原子から生じるイオンのイオン式，名称および同じ電子配置をとる希ガス原子を記せ．
(1) Ca (2) Al (3) Br (4) S (5) Cs

[解] Ca, Al, Br, S, Cs はそれぞれ 2, 13, 17, 16, 1 族であるから，イオンの価数は 2, 3, 1, 2, 1 である．(1) Ca^{2+}，カルシウムイオン，Ar (2) Al^{3+}，アルミニウムイオン，Ne (3) Br^-，臭化物イオン，Kr (4) S^{2-}，硫化物イオン，Ar (5) Cs^+，セシウムイオン，Xe

3.5 電気陰性度

前節で述べたように，1, 2, 12, 13 族の原子は電子を失って陽イオンになりやすい．また，16, 17 族の原子は電子を受け取って陰イオンになりやすい．一般に周期表の行を左から右に移るに従って，原子は電子を引きつけやすくなる（18 族の希ガス原子は除く）．また同じ族の原子では，列を上から下に移るに従って，原子核のまわりの電子数が増すので，電子間の反発が大きくなって，電子を出しやすくなる．この2つのことをまとめると，周期表の右上にある原子ほど電子を引きつけやすい．また，左下にある原子ほど電子を出しやすいといえる．電子を引きつける相対的な強さを**電気陰性度** (electronegativity) という．ポーリング (Pauling) は，2つの原子の結合において，各原子が電子を引きつける強さが違うため，原子の電荷が一方に偏ることに着目して，電気陰性度を定めることを考えた．表3.7は彼の方法に基づく電気陰性度の値である．その値は右上端の F で最大で，左下端の Cs で最小であることがわかる．電子を出しやすい元素を陽性が強い（陽イオンになりやすい）という．または，金属性が強い元素という．**金属** (metal) の特徴は，光沢があり，電気や熱を伝えやすいことにあるが，これらの特徴は電子を出しやすい原子が固体を形成して，固体内を自由に動き回る電

表 3.7 電気陰性度

族 周期	1	2	3	4	5	6	7	8	9	10	11	12	13	14	15	16	17	18
1	$_1$H 2.20																	$_2$He —
2	$_3$Li 0.98	$_4$Be 1.57											$_5$B 2.04	$_6$C 2.55	$_7$N 3.04	$_8$O 3.44	$_9$F 3.98	$_{10}$Ne —
3	$_{11}$Na 0.93	$_{12}$Mg 1.31											$_{13}$Al 1.61	$_{14}$Si 1.90	$_{15}$P 2.19	$_{16}$S 2.58	$_{17}$Cl 3.16	$_{18}$Ar —
4	$_{19}$K 0.82	$_{20}$Ca 1.00	$_{21}$Sc 1.36	$_{22}$Ti 1.54	$_{23}$V 1.63	$_{24}$Cr 1.66	$_{25}$Mn 1.55	$_{26}$Fe 1.83	$_{27}$Co 1.88	$_{28}$Ni 1.91	$_{29}$Cu 1.90	$_{30}$Zn 1.65	$_{31}$Ga 1.81	$_{32}$Ge 2.01	$_{33}$As 2.18	$_{34}$Se 2.55	$_{35}$Br 2.96	$_{36}$Kr —
5	$_{37}$Rb 0.82	$_{38}$Sr 0.95	$_{39}$Y 1.22	$_{40}$Zr 1.33	$_{41}$Nb 1.6	$_{42}$Mo 2.16	$_{43}$Tc 2.10	$_{44}$Ru 2.2	$_{45}$Rh 2.28	$_{46}$Pd 2.20	$_{47}$Ag 1.93	$_{48}$Cd 1.69	$_{49}$In 1.78	$_{50}$Sn 1.96	$_{51}$Sb 2.05	$_{52}$Te 2.1	$_{53}$I 2.66	$_{54}$Xe —
6	$_{55}$Cs 0.79	$_{56}$Ba 0.89	57〜71 1.0-1.25	$_{72}$Hf 1.3	$_{73}$Ta 1.5	$_{74}$W 1.7	$_{75}$Re 1.9	$_{76}$Os 2.2	$_{77}$Ir 2.2	$_{78}$Pt 2.2	$_{79}$Au 2.4	$_{80}$Hg 1.9	$_{81}$Tl 1.8	$_{82}$Pb 1.8	$_{83}$Bi 1.9	$_{84}$Po 2.0	$_{85}$At 2.2	$_{86}$Rn —

子が多いときに現れるからである（4.4 節，p.74）．一方，電子を引きつけやすい元素を陰性が強い（陰イオンになりやすい），または非金属性が強い元素という．元素の約 80% は**金属元素**で，周期表では $_{13}$Al と $_{84}$Po を結ぶ線の左側にある．それ以外の元素が**非金属**（non-metal）**元素**である（$_1$H を除く）．

元素の誕生と分布

　現在の宇宙論によると，137 億年前，宇宙はインフレーションといわれる急膨張とそれに引き続く**ビッグバン**（big bang）と呼ばれる大爆発によって誕生した．宇宙はビッグバンによる膨張とともに温度が下がる．ビッグバンで発生した大量のエネルギーは，素粒子である**クォーク**（陽子や中性子の構成要素）[a]や**レプトン**（電子やニュートリノ）に転換した．これらの素粒子は最初質量がなかったが，ヒッグス粒子[b]で満ちた状態が出現し，ヒッグス粒子とぶつかることによって質量をもつようになった．10^{-6} s 後，10^{12} K まで温度が下がったとき，クォークがまとまって，陽子・中性子が生まれた．約 3 分後，温度 10^9 K のとき，安定な原子核が生じ，約 38 万年後，温度が 3000 K 程度に下がったとき，ようやく電子が原子核にとらえられて安定な原子（水素とヘリウム）が生じた．このとき，自由に飛び回る電子によって光子が散乱されなくなったので，**宇宙の晴れ上がり**と呼ばれる．その後，水素とヘリウムは中性ガスや電離ガス（イオン化した気体）となって宇宙をさまようが，それらが重力によってまとまって最初の星ができたのが約 2 億年後，星の集団である最初の銀河が生まれたのが約 10 億年後といわれている．

　水素とヘリウムからなる誕生直後の星（恒星）は，重力によって収縮し内部が高温高圧になる．温度が 1000 万 K 程度になると水素のヘリウムへの核融合が起こり，質量の一部が膨大なエネルギーに転換される．これは現在太陽で起こっている現象である（14.5 節，p.240 参照）．放出されたエネルギーで星の中心温度がさらに上昇すると，水素やヘリウムが核融合して原子番号の大きい元素が次々と生み出される．質量が太陽程度の星の内部では，炭素 C（原子番号 6）や酸素 O（原子番号 8）の段階で核融合反応は止まるが，質量が太陽の 8 倍程度以上の星では中心温度がさらに上がるため，核融合反応が進み，外部から内部に向かって，水素，ヘリウム，炭素，ネオン，酸素，ケイ素，鉄（原子番号 26）までの元素の多層構造ができる．核融合反応は安

[a) クォークには，アップ，ダウン，チャーム，ストレンジ，トップ，ボトムの 6 種類がある．アップクォークの電荷は $(2/3)e$，ダウンクォークの電荷は $(-1/3)e$ である．陽子はアップクォーク 2 個，ダウンクォーク 1 個からなり，電荷は e，中性子はアップクォーク 1 個，ダウンクォーク 2 個からなり，電荷 0 である．

b) ヒッグス粒子は，2013 年欧州合同原子核研究機関（CERN）の円形加速器「LHC」で，光速近くまで加速された陽子同士の衝突で生じた粒子の中から発見された．ヒッグス粒子の理論の提唱者イギリスのヒッグス（P. W. Higgs）とベルギーのアングレール（F. Englert）は 2013 年ノーベル物理学賞を受賞した．

定な鉄で止まるが（14.1節，p.229参照），重力による圧縮のため，鉄原子層の内部では，原子がつぶれて中性子に変わり，さらに圧縮が進むと爆発が起こる．これが**超新星爆発**である（突然，新しい星が生まれたように明るく光るので「超新星」と呼ばれる）．超新星爆発で生じた鉄までの原子と中性子が結合して質量数の大きい原子ができるが，それらはβ崩壊（14.3節，p.232）によって，原子番号の大きい原子に変わる．これらの原子のうち，現在自然界に存在するものは寿命の長いウランU（原子番号，92，質量数238）までの原子で，寿命の短い原子は残っていない．

　上で述べたいろいろな質量の星（第1世代の星）は爆発して星間物質（ガスやちり）となるが，それらが集まって第2世代の星を形成する．第2世代の星も内部で核融合が起こり，いずれ爆発する．宇宙ではこれらの星の誕生と爆発が繰り返されている．我々が住む地球は約46億年前星間物質が集まって太陽が誕生したとき，太陽のまわりに残された円盤状の星雲からまず微惑星がつくられ，それらが集合して他の惑星とともにできた．原始地球の表面は，落下してきた微惑星の重力エネルギーによって温度が上昇し，熔けてマグマの海が形成された．その際，重い鉄は中心部に集まり核を形成した．また，気体成分は外部に放出されて原始大気となった．原始大気には大量の水蒸気と二酸化炭素などが存在したが，地球が冷却すると，主成分である水蒸気が凝縮して海が誕生した．

　原始の海には，単純な無機物から生成した炭素を含む複雑な化合物（アミノ酸，糖，脂肪酸，核酸塩基など）が存在していた．これらは原始大気中の物質が紫外線や荷電粒子で活性化されてできたもので，生命の源と考えられている．原始生命体は，深海の熱水噴出口から出る硫化水素H_2Sなどの酸化によりエネルギーを得て，CO_2から糖を同化代謝していたという説が有力である．約30億年前に出現したシアノバクテリアが，海水中のH_2OとCO_2から太陽光のエネルギーで炭水化物と酸素O_2を生成し（光合成），大いに繁殖した．その結果地球大気中のCO_2が消費され，酸素O_2が増加した．さらに太陽の紫外線によりO_2からオゾンO_3が生成し，有害な紫外線を吸収するオゾン層が形成された結果，海中の生物が陸上で生活できるようになった（2.5節，p.30）．このように陸上の生物の起源は海である．

　表3.8に地殻と海水の元素組成を示す．地殻中の酸素とケイ素はケイ酸塩として岩石の中に大量に存在する．Alは長石などのケイ酸塩，酸化物，粘土鉱物などの成分になっている．鉄は地表には酸化物やケイ酸塩として存在するが，多くは地球の中心部にある．なお，原始太陽系は回転していたため，遠心力がはたらき，内側の惑星である水星，金星，地球には鉄，ニッケル，ケイ酸塩などの比較的重い物質が多く集まっており，外側の木星や土星には水素，ヘリウム，アンモニアなどの軽い物質が多い．宇宙全体の組成（重量比）はH，He，Oがそれぞれ73％，25％，0.8％で，残りが他の元素といわれる．

　海水にはH_2Oの構成元素である，HとOが多いのは当然であるが，陽イオンとしては，Na^+，Mg^{2+}，Ca^{2+}，K^+が，陰イオンとしてはCl^-とSO_4^{2-}がほとんどを占める．これらの陰イオンは地球誕生のとき，高温のマグマから蒸発したClやSが，地球の冷却に伴って海水に溶け込んで生成したものである．なお，表3.5と表3.8を比較すると，人体の元素組成は地殻よりも海水に近いことがわかる．これは生物が海で誕生したことを物語っている．

表3.8 地殻と海水の元素組成

元素	地 殻 質量比 (%)	元素	海 水 質量比 (%)
O	46.1	O	83.6
Si	28.2	H	10.5
Al	8.23	Cl	1.90
Fe	5.63	Na	1.05
Ca	4.15	Mg	0.13
Na	2.36	S	0.088
Mg	2.33	Ca	0.040
K	2.09	K	0.039
Ti	0.56	Br	0.0065
H	0.14	C	0.0027
P	0.11	Sr	0.00077
Mn	0.10	B	0.00043
F	0.06	Si	0.00022
Ba	0.04	F	0.00013
C	0.02	N	0.00005

章末問題

3.1 $^{31}_{15}P$ は15族の元素,$^{27}_{13}Al$ は13族の元素,$^{133}_{55}Cs$ は1族の元素である.これらの元素の原子番号,陽子数,電子数,質量数,中性子数および最外殻の電子数を求めよ.

3.2 カルシウム Ca には天然に6種の同位体,^{40}Ca,^{42}Ca,^{43}Ca,^{44}Ca,^{46}Ca,^{48}Ca がある.これらの同位体の概略の質量比を求めよ.

3.3 例にならって,$_{12}Mg$,$_{15}P$ および $_{37}Rb$ の電子配置を記せ.例 $_6C:(1s)^2(2s)^2(2p)^2$.また,$_{15}P$ では図3.4の方式でも電子配置を記せ.

3.4 周期表を参照して,次の原子から生じるイオンのイオン式,名称および同じ電子配置をとる希ガス原子を記せ.
 (1) Mg (2) I (3) Rb

3.5 問3.3の例にならって,次のイオンの電子配置を記せ.
 (1) $_8O^{2-}$ (2) $_{19}K^+$ (3) $_{30}Zn^{2+}$

3.6 次のイオンを半径の小さい順に並べよ.
 F^-,O^{2-},Li^+,S^{2-},Na^+

3.7 周期表を参照して,次の原子を電気陰性度が小さい順に並べよ.
Al,K,O,S,Mg

4 化学結合

　原子やイオンが結合すると分子や結晶が形成される．これらの粒子の間の結合の形式には，イオン結合，共有結合および金属結合がある．本章ではこれらの結合の他に，分子間の相互作用についても解説する．分子間相互作用のうち，水素結合は他の相互作用に比べて強く，生体物質で重要な役割を演じる．

4.1　イオン結合

　Na原子とCl原子が近づいたとき，Naから電子が1個Clに移動すると，Na^+イオンとCl^-イオンが生じる．これらのイオンは希ガスのNe, Arと同じ電子配置をもつため安定である（3.4節，p.49）．食塩（塩化ナトリウム）の結晶はNa^+とCl^-がクーロン力で引き合って規則正しく並んだものである（図4.1）．このように，陽イオンと陰イオンが電気的引力で引き合

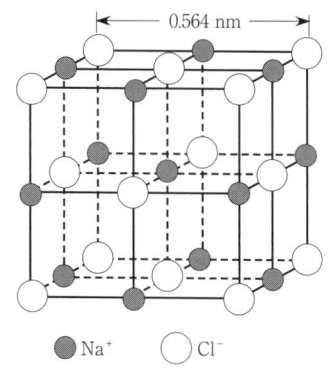

図4.1　塩化ナトリウムの結晶構造.

表 4.1　イオン結合の化合物

陰イオン ＼ 陽イオン	Na^+ ナトリウムイオン	Ca^{2+} カルシウムイオン	Al^{3+} アルミニウムイオン
Cl^- 塩化物イオン	NaCl 塩化ナトリウム	$CaCl_2$ 塩化カルシウム	$AlCl_3$ 塩化アルミニウム
S^{2-} 硫化物イオン	Na_2S 硫化ナトリウム	CaS 硫化カルシウム	Al_2S_3 硫化アルミニウム
PO_4^{3-} リン酸イオン	Na_3PO_4 リン酸ナトリウム	$Ca_3(PO_4)_2$ リン酸カルシウム	$AlPO_4$ リン酸アルミニウム

ってできる結合を**イオン結合**（ionic bond）という．

　一般に，金属元素は電子を出しやすく，非金属元素は電子を受け取りやすいので，両者の間でイオン結合が形成される．表 4.1 にイオン結合による化合物の例を挙げた．これらの化合物は，構成するイオンの割合をもっとも簡単な整数比で示した**組成式**（compositional formula）を用いて表す．ただし，イオンの正負の符号はとる．イオン結晶は全体として中性なので，（陽イオンの価数）×（陽イオンの数）＝（陰イオンの価数）×（陰イオンの数）の関係がある．化合物の名称はイオン名から「（物）イオン」を除き，陰イオン，陽イオンの順に付ける．

　イオン結合は強いので，イオン結晶は一般に硬く，融点が高い．ただし，衝撃を加えると，結晶の特定の面に沿って割れやすい．割れた面の間でイオンの位置がずれると同符号の電荷が互いに反発するためである．結晶状態では電気伝導性はないが，加熱して融解したり，水に溶かしたりすると，陽イオンと陰イオンが自由に動けるようになるので，電気を流すようになる．

[例題 4.1]　次のイオンの組み合わせでできる物質の組成式と名称を記せ．
　(1) Na^+, O^{2-}　(2) Al^{3+}, OH^-　(3) NH_4^+, SO_4^{2-}　(4) Ba^{2+}, PO_4^{3-}
　(5) K^+, H^+, CO_3^{2-}
[解]　(1) Na_2O 酸化ナトリウム　(2) $Al(OH)_3$ 水酸化アルミニウム
　(3) $(NH_4)_2SO_4$ 硫酸アンモニウム　(4) $Ba_3(PO_4)_2$ リン酸バリウム
　(5) $KHCO_3$ 炭酸水素カリウム

4.2 共有結合

4.2.1 共有結合

　希ガス元素以外の非金属原子の間では，互いに価電子を共有して，希ガス原子と同じ安定な電子配置になろうとする傾向がある．価電子を共有した原子間には化学結合ができ，分子を形成する．このように，互いに価電子を共有してできる結合を**共有結合**（covalent bond）という．例えば，2個の水素原子 H が近づくと，互いに相手の価電子を引き寄せ，それぞれの原子がヘリウムと似た電子配置となり安定化する（図4.2）．これが水素分子 H_2 である．図4.2の上は，水素分子形成の際の，軌道を用いた模式図，下は電子1個を1つの点で表した**電子式**（electron formula）である．図では共有されている電子は2個である．これらを**電子対**（electron pair）という[1]．図4.3には，電子分布を考慮した水素分子の結合過程を示す．はじめ，それぞ

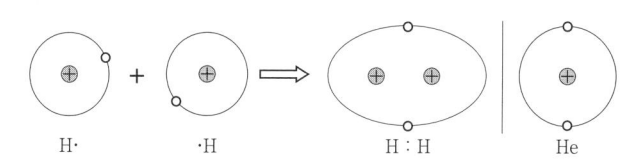

図4.2 2つの水素原子からの水素分子の形成
上は軌道を用いた模式図，下は電子式．

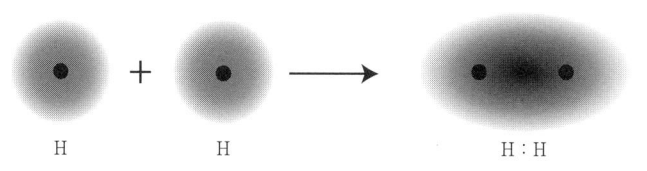

図4.3 2つの水素原子からの水素分子の形成
電子分布による表現．

---

1) 電子対は α スピンと β スピンの電子よりなる（3.2節，p.42，注1）参照）．それを明示するため，結合を H↑↓H のように示すことがある．

60──第4章　化学結合

$$\ddot{\mathrm{O}}\cdot + \cdot\ddot{\mathrm{O}}\colon \longrightarrow \ddot{\mathrm{O}}\colon\colon\ddot{\mathrm{O}}\quad\text{電子式}$$

非共有電子対／共有電子対

$$\mathrm{O}=\mathrm{O}\quad\text{構造式}$$

図4.4　2つの酸素原子からの酸素分子の形成
電子は運動しているので，電子を表す点は元素記号のそばのどこに描いてもよい．

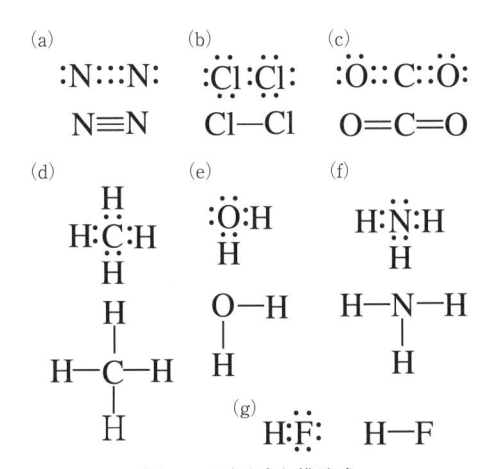

(a) :N:::N:　　(b) :Cl̈:Cl̈:　　(c) :Ö::C::Ö:

　　N≡N　　　　　Cl—Cl　　　　　O=C=O

(d)　　　　　(e)　　　　　(f)
H:C̈:H　　　:Ö:H　　　H:N̈:H
　H　　　　　H　　　　　H

H
｜
H—C—H　　　O—H　　　H—N—H
｜　　　　　｜　　　　　｜
H　　　　　H　　　　　H

(g) H:F̈:　　H—F

図4.5　電子式と構造式
(a)窒素，(b)塩素，(c)二酸化炭素，(d)メタン，(e)水，(f)アンモニア，(g)フッ化水素．

れの水素原子の1s軌道にあった2個の電子は結合が形成されると，2つの原子核のまわりに分布する．その際，結合領域（2つの原子核の中間領域）に高い確率で分布する結果，正電荷をもつ原子核の間に負電荷の領域が生じ，核間の反発を和らげて，分子を安定化させるのである．

2個の酸素原子Oから酸素分子O_2が形成されるときの電子式を図4.4に示す．酸素の価電子は6個である．したがって，2つの酸素原子が2個ずつ電子を出して2組の共有電子対をつくれば，各原子は価電子8個をもつネオンと似た電子配置となり安定化する．図で，酸素原子の価電子のうち，結合に関与しない4個の電子は2個ずつ対をつくっている．このような電子対を

非共有電子対 (unshared electron pair) または孤立電子対 (lone pair) という．一組の共有電子対を1本の線 (**価標**) で示すと，O_2 の結合は図4.4 の下のように表される．このような式を**構造式** (structural formula) という．図4.5 にいろいろな分子の電子式と構造式を示す．水素のまわりの電子数が2個 (He の電子配置に相当)，他の原子のまわりの電子数が8個 (Ne と Ar の電子配置に相当) であることに注意されたい．なお，各原子がつくる共有電子対の数 (価標の数) を**原子価** (valence) という．水素，炭素，窒素，酸素，ハロゲンの原子価はそれぞれ1価，4価，3価，2価，1価である．図4.4 と図4.5 で，塩素 Cl_2，酸素 O_2，窒素 N_2 の各結合はそれぞれ1, 2および3個の共有電子対 (価標) で結ばれている．これらの分子の結合を**単結合** (single bond)，**二重結合** (double bond) および**三重結合** (triple bond) という．

[例題 4.2] 次の分子の電子式と構造式を示せ．
(1) C_2H_4 (2) C_2H_2 (3) SiI_4 (4) CH_3Cl
[解]

(1) H:C::C:H の形（省略）
    H—C=C—H

(2) H:C:::C:H
    H—C≡C—H

(3) I:Si:I （電子式）
    I—Si—I

(4) H:C:Cl: （電子式）
    H—C—Cl

水素イオン H^+ が水 H_2O の非共有電子対を受け入れると，中央の O は He 原子と同じ電子配置となり，安定なイオン H_3O^+ が形成される (図4.6(a))．これを**オキソニウムイオン** (oxonium ion) という．このようにして新たにできた共有電子対は，最初からあった H_2O の共有電子対と同じで区別がつかない．このように一方の原子から提供された非共有電子対に基づく共有結合を**配位結合** (coordinate bond) という．図4.6(b) に示すように，H^+ とアンモニア NH_3 の配位結合によって**アンモニウムイオン**が形成される．

上で述べたイオンと共有結合の電子配置は，「各元素がそのまわりに8個の価電子をもつ電子配置 (希ガス元素の電子配置) になろうとする傾向がある」ことにより説明される[1]．これを**オクテット則** (octet theory) または

---

[1] ただし，第1周期の H と He では価電子2個が安定配置．

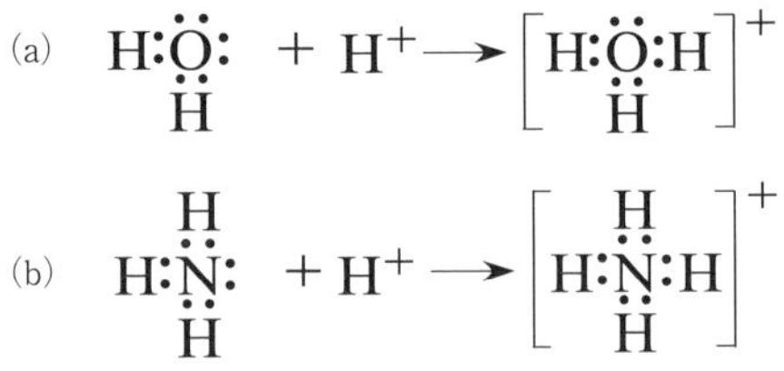

(a) H:Ö: + H⁺ ⟶ [H:Ö:H]⁺
    | |
    H   H

(b) H:N̈: + H⁺ ⟶ [H:N:H]⁺
    | |
    H   H

図 4.6 配位結合の生成
(a) オキソニウムイオン, (b) アンモニウムイオン.

八隅説という．オクテット則で説明できない例も多い．例えば，フッ化ホウ素 BF_3 は B の 3 個の価電子による 3 つの単結合をもつ化合物である．周期表の第 3 周期以降の元素では d 電子が関与してオクテット則の例外となる化合物をつくる．例えば，リンや硫黄の化合物である PCl_5, SF_4, SF_6 などである．これらの化合物では空の 3d 軌道が結合に寄与する．

4.2.2 分子の形

　水素，水，アンモニア，メタンおよび 2 酸化炭素の分子の模式図を図 4.7 に示す．図の (b) は原子と結合を球と棒で示す**球棒モデル**（stick and ball model），(c) は電子分布の広がりを考慮した**空間充填モデル**（space-filling model）である．水素と二酸化炭素は直線状，水は折れ曲がった形，アンモニアは三角錐型，メタンは四面体型である．メタンでは炭素原子が正四面体の中心に，水素原子が 4 つの頂点にあり，HCH の角度（四面体角）は 109.5° である（図 4.8）．なお，図 4.8(c) の描き方は立体分子を平面上に示すときによく使われる．

　このような分子の形は次に述べる**原子価殻電子対反発**（valence shell electron pair repulsion, **VSEPR**）**モデル**で説明される．VSEPR ではメタンの C や水の O のような中心原子がある場合，そのまわりにある電子対間のクーロン反発エネルギーが最小になるという条件で結合角が決まると考える．そして，電子対間の反発エネルギー（反発力）の大きさは

　　孤立電子対間＞孤立電子対—結合電子対間＞結合電子対間　　(4.2.1)

である．この式で孤立電子対間の反発力が強いのは，孤立電子対は 2 つの原子に共有されていないので，中心原子殻の近くに存在するためである．分子

4.2 共有結合 —— 63

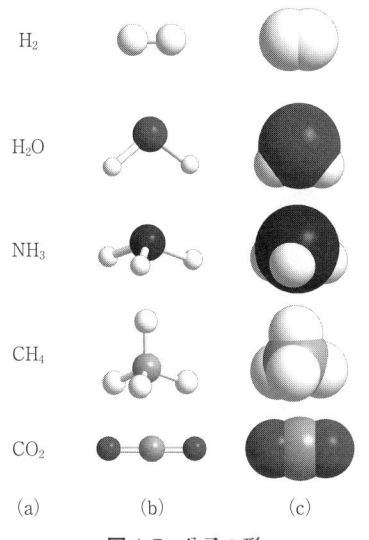

H₂

H₂O

NH₃

CH₄

CO₂

(a)　　　(b)　　　(c)

図 4.7　分子の形
(a) 分子式，(b) 球棒モデル，(c) 空間充填モデル．

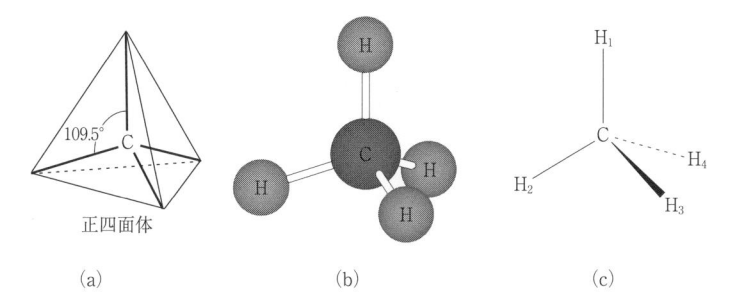

(a)　　　(b)　　　(c)

図 4.8　メタンの分子模型
(a) 四面体による CH 結合の方向の図示，(b) 球棒モデル，(c) 通常の図示の方法．(c) では C, H_1, H_2 原子の中心が紙面内に置いてある．H_3 原子は紙面から突き出しているので，CH 結合を先端が太いくさび形で示す．H_4 原子は紙面の後方にあるので結合を点線で示す．

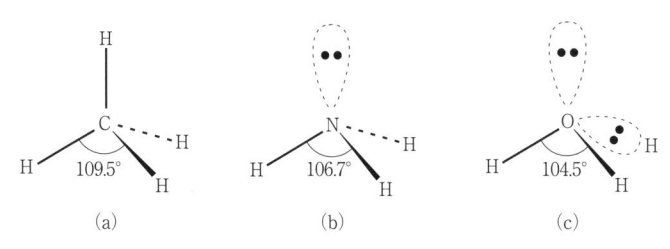

図 4.9 分子の形
(a) メタン, (b) アンモニア, (c) 水. (b), (c) では非結合電子対の電子分布を点線で示す.

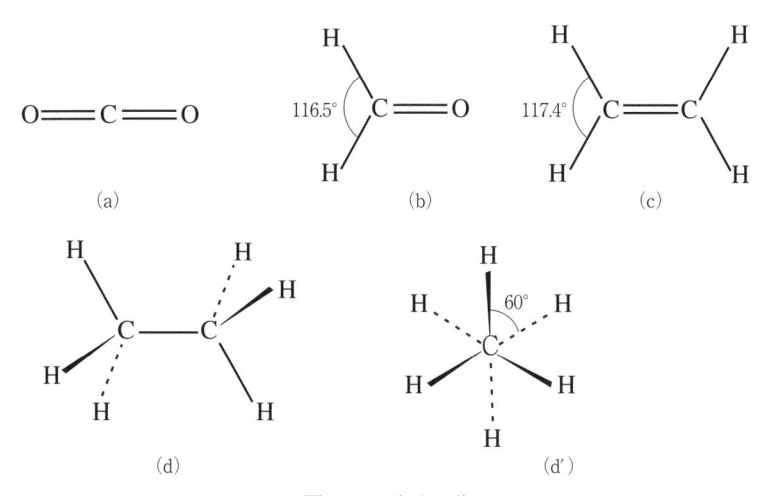

図 4.10 分子の形
(a) 二酸化炭素, (b) ホルムアルデヒド, (c) エチレン, (d) エタン, (d′) エタン (CC 方向からの図).

の形を図 4.9 の場合で説明しよう. (a) のメタンでは, CH 結合の電子対間の反発エネルギーを最小にするためには, 4 つの結合が互いにできるだけ離れた, 正四面体構造をとればよい. このときの結合角は実測値の 109.5° となる. (b) のアンモニアでは, 非結合電子対(点線で示す)と結合電子対の反発の方が, 結合電子対間の反発より強いため, NH 結合が非結合電子対に押されて HNH 結合角が 4 面対角より小さくなる (109.5°→106.7°). (c) の水では非結合電子対が 2 つになるので, 非結合電子対の結合電子対に対する反発効果

がさらに強くなって，より小さい結合角 104.5° となるのである．図 4.10 の分子の形も VSEPR モデルを用いて同様に説明できる．2 つの二重結合をもつ二酸化炭素 CO_2 では，電子対間の反発エネルギーが最小になるためには，分子が直線状になればよい（図 4.10 (a)）．(b) のホルムアルデヒドでは，C のまわりに電子対が 3 つあるため，それらが互いに 120° の角度をなせばよい．ただし，二重結合と単結合の間の反発は単結合間の反発より強いので，HCH の結合角が 120° より少し小さい 116.5° となる．(c) のエチレンでも 2 つの C のまわりの結合角について同様なことがいえる．(d) のエタンでは C のまわりの 4 つの電子対が避けあうと結合角は四面体角となる．さらに 2 つの C のまわりの CH_3 原子団間では図の (d′) のように単結合のまわりの 60° **ねじれた形**（staggered form）が反発エネルギーが最も小さい．ただし，常温ではこの最低エネルギーの配置はとらず，熱エネルギーによって CH_3 原子団は単結合のまわりで相互に自由に回転している．

[**例題 4.3**] オキソニウムイオンとアンモニウムイオンの構造を推定せよ．
[**解**] 図 4.6 からわかるように，オキソニウムイオンは 1 つの非結合電子対と 3 つの結合電子対をもつので，アンモニアと同様な三角錐型，アンモニウムイオンは 4 つの結合電子対をもつのでエタンと同様な正四面体型となる．

炭素，ケイ素などは共有結合で無限につながって結晶を形成する．共有結合は強いので，これらの結晶は融点が高く，硬い．ダイヤモンドは炭素が 4 本の単結合でつながった巨大分子である（図 4.11）．二酸化ケイ素 SiO_2 も

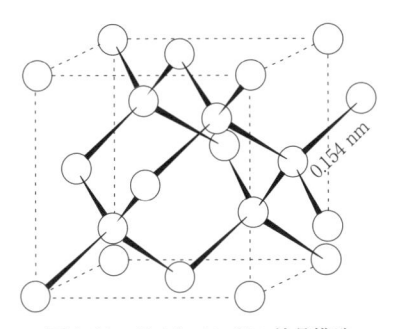

図 4.11 ダイヤモンドの結晶構造

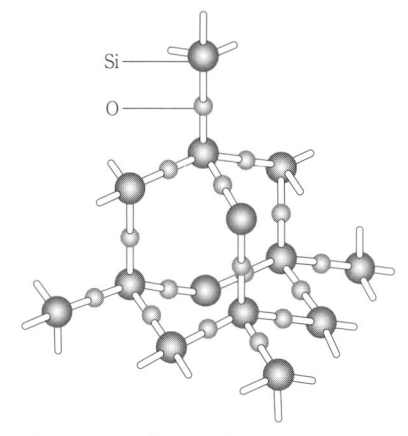

図 4.12 二酸化ケイ素 SiO_2 の結晶構造

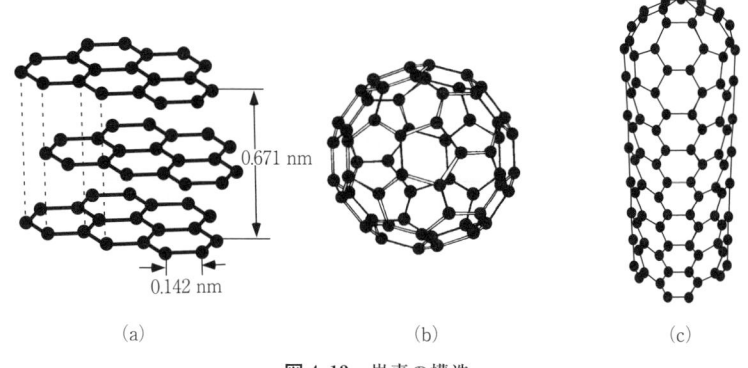

図 4.13 炭素の構造
(a) 黒鉛, (b) フラーレン C_{60}, (c) カーボンナノチューブ.

　ケイ素原子と酸素原子が交互に共有結合した結晶構造をもつ（図 4.12）．炭素には，ダイアモンドの他に，炭素の正六角形の骨組みをもつ平面層が多数重なった構造の黒鉛（グラファイトともいう，すすや炭の主成分）やサッカーボール形のフラーレン C_{60}, 筒型のカーボンナノチューブがある（図 4.13）．最近，黒鉛の 1 層からなるグラフェンも見出された．

4.2.3 結合の極性

水素 H_2 や塩素 Cl_2 のように同じ原子からなる分子では共有結合に寄与している電子対は両原子に均等に共有されている．これに対し，異なった原子間に共有されている電子対は電気陰性度の大きい原子の方に引き寄せられる．例えば，塩化水素 HCl では Cl の電気陰性度が 3.16，H のそれが 2.20 であるから（表 3.7），電子対は Cl 原子の方に偏り，次のように H 原子がいくらか正の，Cl 原子がいくらか負の電荷をもつようになる．

$$^{\delta+}H—Cl^{\delta-}$$

ただし，$\delta+$ と $\delta-$ は部分的な正負の電荷を表す記号である[1]．このように，結合に電荷の偏りが生じるとき，結合は**極性**（polarity）をもつという．また，HCl のように極性をもつ分子を**(有)極性分子**（polar molecule），H_2 や Cl_2 のように極性をもたない分子を**無極性分子**（non-polar molecule）と呼ぶ．

2つ以上の結合をもつ分子では，結合の極性があってもそれらの向きによって，分子全体として極性をもたないことがある．図 4.14(a) の二酸化炭素

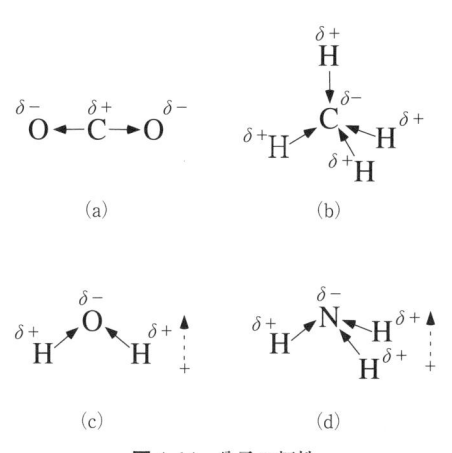

図 4.14 分子の極性
実線の矢印は電子の移動の方向を，点線の矢印は正味の極性を表す．
(a) 二酸化炭素, (b) メタン, (c) 水, (d) アンモニア．

---

1) δ はギリシャ文字でデルタと読む．この場合 $\delta+$ と $\delta-$ は $\pm 0.18\,e$ 程度，すなわち単位電荷の約 1/5 が H から Cl の方に移っていると見なされる．

では2つの結合の極性の向きが反対であるため，それらが互いに打ち消しあい，分子全体として極性をもたない．(b)のメタンも同様で，4つの結合の極性が打ち消しあい分子は極性をもたない．これらの分子は無極性分子である．これに反し，(c)，(d)の水やアンモニアでは，結合の極性は打ち消しあうことがなく正味の極性の方向は点線の矢印のようになる（矢印の下端の＋は，矢印が正電荷から負電荷の方に向いていることを示す）．これらの分子は有極性分子である．

なお，上では，HClを極性をもつ共有結合と考えた．一方，塩化ナトリウムNaClの場合，NaとClの電気陰性度の差が大きいので電子はほぼ完全にNaからClに移動して，それぞれがNa^+とCl^-を形成し，イオン結合となると述べた．しかし，分子としてのNaClの場合，$\delta\pm = 0.7$程度と見積もられる．このようにイオン結合は極性の極めて強い共有結合と考えることもできる．

[例題4.4] 次の化合物の形を推定し，極性分子については，正味の極性の方向を示せ．
(1) H_2S (2) SiS_2 (3) NF_3 (4) CH_3Cl

[解] 極性分子はH_2S，NF_3，CH_3Clである．図4.15に点線の矢印で正味の極性の方向を示す．

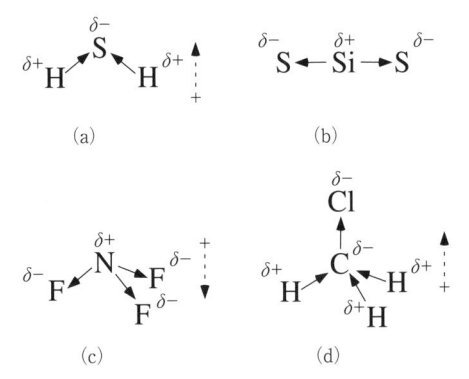

図4.15 分子の極性
実線の矢印は電子の移動の方向を，点線の矢印は正味の極性を表す．
(a)硫化水素，(b)二硫化ケイ素，(c)三フッ化窒素，(d)モノクロロメタン．

4.3 分子間相互作用

　気体を冷却したり，加圧したりすると液体になる．これは気体の分子間に引力がはたらくためである．このような分子間に作用する力を**分子間力**（inter-molecular force）という．分子間力の主な原因としては，次の述べる双極子—双極子相互作用，分散力，水素結合などがある．水素結合による力を除いて，分子間に働く力を**ファン・デル・ワールス力**（van der Waals force）という．

4.3.1 双極子—双極子相互作用

　双極子（dipole）とは，微小距離 l を隔てて存在する正負の電荷 $\pm q$ を指す[1]．そして，$\mu = ql$ を**双極子モーメント**（dipole moment）という．極性分子は正に帯電した原子と負に帯電した原子をもつので，双極子モーメントをもつ[2]．図 4.16 に示すように，極性分子では分子間で双極子の正負の電荷の間にクーロン相互作用がはたらくため，無極性分子の場合より分子間相互作用が強い．実際，同じような重さ（分子量）の分子の間で大気圧における沸点[3]を比較すると，無極性の分子である窒素（分子量 $N_2 = 28.01$）と酸素（$O_2 = 32.00$）の沸点は -195.79 ℃ と -182.95 ℃ であるのに対し，一酸化窒素（$NO = 30.01$）のそれは -151.74 ℃ である．

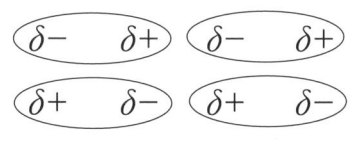

$$\boxed{\delta-\quad\delta+}\ \boxed{\delta-\quad\delta+}$$
$$\boxed{\delta+\quad\delta-}\ \boxed{\delta+\quad\delta-}$$

図 4.16 双極子—双極子相互作用

---

[1] 双極子には，ここで挙げた電気双極子の他に，磁気双極子がある．単に双極子というときは電気双極子を意味する．

[2] 正電荷と負電荷が複数の位置にあるときは，正電荷と負電荷がそれぞれの重心に集中しているものとして双極子モーメントを求める．図 4.14(c), (d) では双極子モーメントの向きは点線の矢印で示されている．

[3] 沸点や融点は圧力によって変わる．大気圧（1 atm）における沸点と融点をそれぞれ**通常沸点**および**通常融点**とよぶ．本書で示す沸点や融点の数値は，特に指定しない限り，通常沸点や通常融点の値である（6.2 節，p.96，注 1）参照）．

4.3.2 分散力

分散力（dispersion force）は無極性分子の間ではたらく弱い力である．その原因を，2原子分子を例にして，図4.17で説明する．図4.17(a)の2個の分子のうち，(b)に示すように，一方の分子の中で電子の電荷分布にゆらぎが起こって，双極子が一時的に生じると，それが他方の分子に双極子を誘起して，その結果，両方の分子の間に引力がはたらくのである．

分散力は非常に弱く，双極子—双極子相互作用による力の1/10程度である．分散力は一般に分子が大きくなるとともに増大する．これは大きい分子ほどより多くの電子が移動し，分子の極性が大きくなるためである．表4.2に無極性分子の融点と沸点を示す．同種分子では，分子量が大きくなるにつれて，融点と沸点が上昇する傾向があることがわかる．

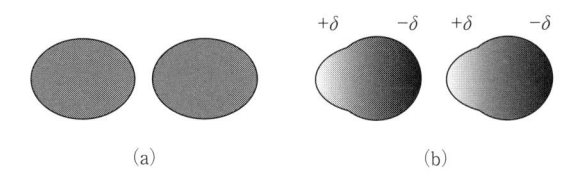

図4.17 分散力の生成
(a)電子分布に偏りがない場合，(b)一方の分子の電子分布が偏ると一時的に双極子が生じ，隣の分子の双極子を誘起して，分子間に分散力が生じる．

表4.2 無極性分子の融点と沸点

分　　子		分子量	融点/℃	沸点/℃
ヘリウム	He	4.00	—	－268.93
ネオン	Ne	20.18	－248.59	－246.08
アルゴン	Ar	39.95	－189.35	－185.85
クリプトン	Kr	83.80	－157.38	－153.22
キセノン	Xe	131.29	－111.79	－108.12
水素	H_2	2.02	－259.34	－252.87
窒素	N_2	28.01	－210.00	－195.79
酸素	O_2	32.00	－218.79	－182.95
メタン	CH_4	16.04	－182.4	－161.5
エタン	C_2H_6	30.07	－182.8	－88.6
プロパン	C_3H_8	44.10	－187.6	－42.1

4.3.3 水素結合

酸素,窒素,フッ素のような陰性の強い原子に結合した水素原子は正電荷を帯びる.このような正電荷をもつ水素原子が陰性の強い原子の非共有電子対に近づくと,図4.18で点線で示すような結合ができる.このように水素原子を挟んだ結合を**水素結合**(hydorgen bonding)という.水素結合は双極子—双極子相互作用による結合の特殊な例であるが,水素原子が非常に小さいので,他の分子中の非共有電子対が接近できるため,結合が強くなる.その強さは,通常の分子間力の10倍程度,共有結合の1/5〜1/10程度である.

水素結合は図4.18に示す水やアンモニアの他にフッ化水素HFの分子間にも形成される.第2周期の水素化物の融点と沸点を表4.3に示す.NH_3,H_2O,HFの値がB_2H_6やCH_4の値に比べてはるかに高いことがわかる.

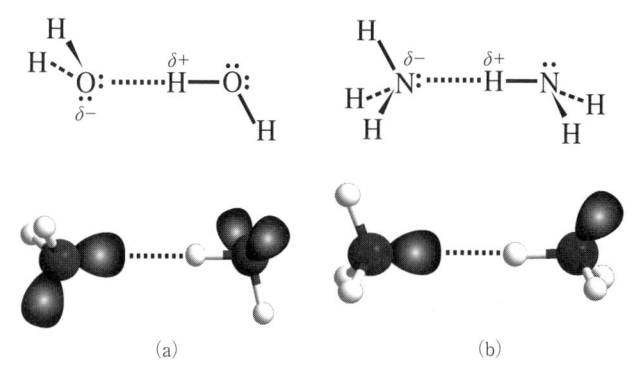

図4.18 水素結合(点線)
(a)水分子間,(b)アンモニア分子間.

表4.3 第2周期水素化物の融点と沸点

分　　子		分子量	融点/℃	沸点/℃
ジボラン	B_2H_6	27.67	−166.5	−92.4
メタン	CH_4	16.04	−182.4	−161.5
アンモニア	NH_3	17.03	−77.74	−33.33
水	H_2O	18.02	0.00	100.0
フッ化水素	HF	20.01	−83.36	20

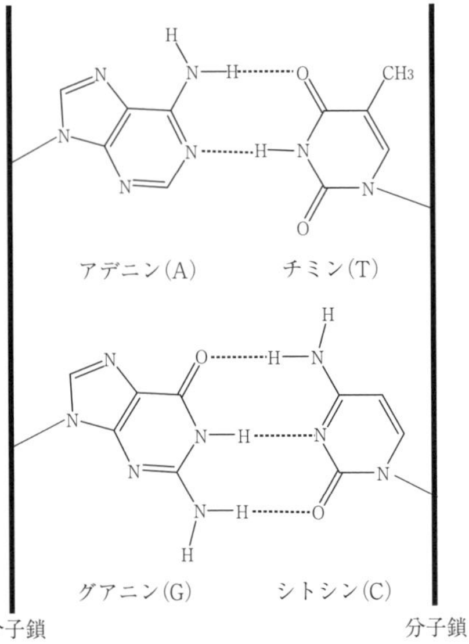

図 4.19 DNA 鎖の塩基間の水素結合（点線）

1.1 節，p.2 で述べたように，水の異常な性質（氷の密度は水の密度より小さく，水の密度は4℃で最大となること）は水素結合に基づく．水素結合は－NH，－OH などの原子団と N，O などの陰性の強い原子間にも形成される．例えば，エタノール C_2H_5OH では，水の場合と同様に，分子間で一方の－OH の H と他方の－OH の O の間で水素結合ができる．このため，エタノール（分子量 46.07）の沸点 78.3℃ は，同じような重さのプロパン C_3H_8（分子量 44.10）の沸点 －42.1℃ に比べてはるかに高い．1.2 節，p.7 で述べた DNA の場合には，一方の塩基の－NH の H と他方の塩基の N や O の間に水素結合が形成され二重らせんの構造となるのである（図 4.19）．

　水素結合をつくる物質同士は混ざりやすい．例えば，水とエタノールはともに－OH 原子団をもつので水素結合をつくり，任意の割合で混合する．図 4.20 に 15℃ におけるエタノール水溶液の濃度（容積 %）と密度の関係を示す．この関係から，アルコールを醸造する際に比重計により密度を測り，エタノールの濃度を知ることができる．図において，同じ体積の純水と純エタノールを混ぜると，体積が変わらなければ，15℃ における溶液の密度は

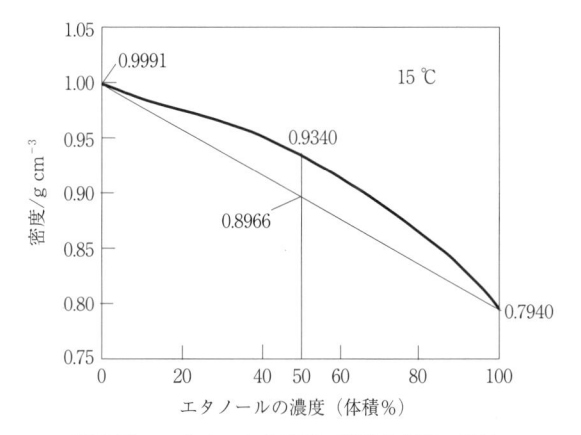

図 4.20 エタノール水溶液の濃度と密度の関係

$(0.9991+0.7940)\ \mathrm{g\ cm^{-3}}/2 = 0.8966\ \mathrm{g\ cm^{-3}}$ になるはずであるが,実際にはその密度は $0.9340\ \mathrm{g\ cm^{-3}}$ である.図の曲線は両端を結ぶ直線(体積の収縮がないときの密度の線)の上あることに注意されたい.これはエタノールと水の混合によって水素結合がより緊密なネットワーク形成するためである[1].

生体反応の触媒である酵素はタンパク質で,$-NH_2$ や $-COOH$ などの多数の原子団をもっている.これらの原子団とまわりの水分子との水素結合が酵素の触媒作用に強い影響を与える.触媒作用は酵素の立体的な形に左右されるからである(13.7 節, p. 220).

4.3.4 分子結晶

ファン・デル・ワールス力による結晶の例として二酸化炭素の結晶構造を図 4.21 に示す.この種の結晶は分子間の引力が弱いため,一般に融点が低く軟らかい.また昇華[2]しやすいものが多い.二酸化炭素は $-78.4℃$ で昇華するので,ドライアイスと呼ばれる.ナフタレン $C_{10}H_8$ など多くの有機化合物も分子結晶である.

---

1) ウイスキーや酒には,ポリフェノールや酢酸,乳酸などの不純物が含まれている.酒類の熟成はこれらの不純物がアルコールと水の水素結合を長期間でより安定化させエタノールの舌への刺激を和らげることによるといわれている.
2) 固体から液体を経ないで直接気体になること(6.1 節, p. 94).

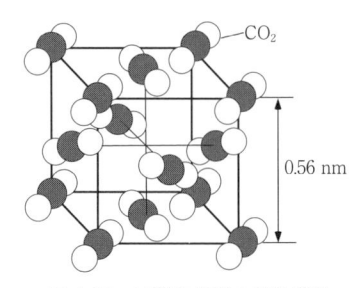

図 4.21 二酸化炭素の結晶構造

水素結合はファン・デル・ワールス結合より強いので，前に述べたように，その結晶は融点・沸点とも高い．氷の構造については，図 1.2 に示した．

4.4 金属結合

金属元素は最外殻の電子を放出して陽イオンになりやすい．金属の固体では，原子核と内核の電子からなる陽イオンが規則正しく配列して，その間に多数の最外殻の電子がある．これらの電子は固体内を自由に動くので**自由電子**（free electron）と呼ばれる．陽イオンと自由電子との間のクーロン力に基づく結合を**金属結合**（metal bond）という（図 4.22 参照）．

自由電子があるため，金属は光沢があり，電気や熱をよく伝える．また，自由電子を媒介とする結合であるため，イオン結晶や共有結合結晶と異なり，原子間の結合に方向性がない．外力を加えて変形させたとき，イオン結晶や共有結合結晶が割れるのに対し，金属が割れず，展性（広がる性質）や延性（延びる性質）があるのはこのためである．

代表的な金属の物理的性質を表 4.4 に示す．1 族のナトリウム Na は金属結合に関与する電子が 1 原子当たり 1 個しかないので，融点・沸点が低い．これに対し遷移金属では d 電子も金属結合に加わるので，融点・沸点とも高くなる．タングステン W は単体の金属の中で最高の沸点と融点をもつ．12 族の水銀 Hg は金属のうち，唯一液体である．12 族の元素の電子配置は $nd^{10}ns^2$ で，d 軌道，s 軌道とも満たされているので，金属結合に寄与する電子が少なく，融点・沸点が低くなる（融点は同族の亜鉛が 419.5℃，カドミ

陽イオン　自由電子

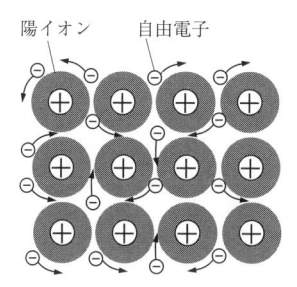

図 4.22　金属の固体の模式図

表 4.4　金属の性質

族	元素	融点/℃	沸点/℃	密度/g cm^{-3}	構造
1 族	Na	97.8	883	0.97	体心立方
2 族	Ca	842	1484	1.54	面心立方
遷移金属	Au	1064.18	2856	19.3	面心立方
	Cu	1084.62	2562	8.96	面心立方
	Fe	1538	2861	7.87	体心立方
	Pt	1768.4	3825	21.5	面心立方
	W	3422	5555	19.3	体心立方
12 族	Hg	−38.83	356.73	13.53	液体

ウム Cd が 321.1℃). 水銀の融点・沸点が特に低いのは，原子核の電荷が大きいので外殻電子が強く引きつけられているためである．

金属の結晶は，通常，**面心立方構造** (face-centered cubic structure), **体心立方構造** (body-centered cubic structure), **六方最密構造** (hexagonal closest packed structure) のどれかをもつ (表 4.4). 図 4.23 にこれらの構造を示した．図の (a) において面心立方構造では立方体 (単位格子) の 8 個の頂点に各 1/8 個の原子が，6 つの面の中心 (面心) に各 1/2 個の原子があるので，単位格子の中に計 4 個の原子があることになる．(b) の体心立方構造では，立方体の中心 (体心) に 1 個，8 個の頂点に各 1/8 個の原子があるので，単位格子に 2 個の原子が含まれる．(c) の六方最密構造では図の単位格子の 4 個の頂点に 1/12 個の原子が，4 個の頂点に 1/6 個の電子が，中心部に 1 個の電子があるので，計 2 個の原子が単位格子に存在する．

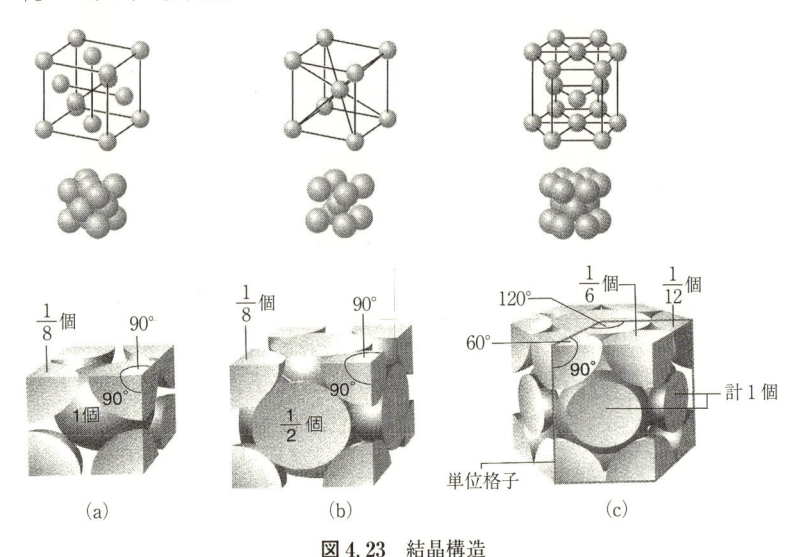

図 4.23 結晶構造
(a) 面心立方構造（立方最密構造），(b) 体心立方構造，(c) 六方最密構造．

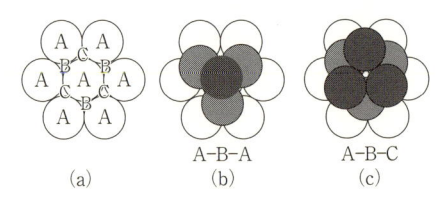

図 4.24 最密充填構造
(a) 第1層，(b) 六方最密構造（第1〜3層），(c) 立方最密構造（第1〜3層）．

　六方最密構造と立方最密構造は球型の原子を隙間なく積み重ねた構造（最密充填構造）に基づく（図 4.24）．図の(a)で，球を平面上に隙間なく並べると原子の第1層ができる．この図で球の位置をAとする．次に，第1層のBの位置に原子を隙間なく並べると第2層ができる．この層の上に第3層の原子を置く方法は2通りある．図の(b)は第1層と同じAの位置に，(c)は第1層のCの位置に原子を置いた場合である．原子を積み重ねていくと，各層の原子の位置は(b)では，A—B—A—B……となる．一方，(c)ではA—B—C—A—B—C……の原子配置が実現する．(b)が六方最密構造の原子

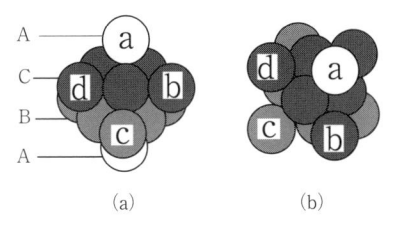

図 4.25 立方最密構造（面心立方構造）
(a) 第1〜4層, (b) (a) を斜め上方から見た図

配置である（図 4.23(c) の構造参照）．一方，(c) の原子配置は**立方最密構造**と呼ばれている．立方最密構造をあらためて図 4.25 に示す．これが面心立方構造に相当することは図 4.25(b) の構造が図 4.23(a) の中央の構造と一致していることからわかる．

上では，金属結晶の構造について述べたが，希ガス原子も球形で，Ne，Ar，Kr および Xe の結晶は面心立方構造（立方最密構造）をもつ．

[例題 4.5] 結晶中で各粒子にもっとも近い粒子の数を**配位数**（coordination number）という．面心立方構造，体心立方構造および六方最密構造の配位数を求めよ．

[解] 面心立方構造（立方最密構造）および六方最密構造の配位数は図 4.24(a) から，同じ層状で 6 である．(b)，(c) から，1つ上と下の層で各 3 であるから，計 12 となる．体心立方構造の配位数は，図 4.23(b) の中心原子に着目すると，8 となる．

[例題 4.6] 銀の結晶は1辺が 0.4086 nm の面心立方構造からなる．銀の密度は 10.50 g cm^{-3} である．銀原子1個の質量を求めよ．

[解] 面心立方格子中には4個の原子が含まれている．よって，銀原子1個の質量は

$$\frac{(4.086\times 10^{-8}\,\text{cm})^3 \times 10.50\,\text{g cm}^{-3}}{4} = \underline{1.791\times 10^{-22}\,\text{g}}$$

窒素の化学

1777年スコットランドの化学者ラザフォード（Rutherford）は空気中でろうそくやリンを燃焼させた後，残った気体から二酸化炭素を吸収させて除き，初めて窒素を単離した．窒素を元素として最初に認めたのはフランスのラヴォアジエ（Lavoisier）で，その中では生物が生きられないので，ギリシア語の ázōt（= lifeless）に因んで azote という名前をつけた．日本語の窒素はドイツ語の Stickstoff（＜sticken（窒息させる）＋stoff（物質））の訳である．なお，英語の nitrogen は硝石（nitrum）と gen（〜を生じるもの）に由来する．

窒素 N_2 は空気中に体積比で約 78% 存在する．N_2 は三重結合 $N≡N$ から予想されるように安定で，その結合エネルギー（結合を切って 2 個の N 原子にするために必要なエルギー）は 945 kJ mol^{-1} である．この値は酸素 O_2 の結合エネルギー 498 kJ mol^{-1} の 2 倍に近い．

植物は空気中の窒素をそのままでは利用できない．植物は窒素気体が他の窒素化合物（アンモニアや硝酸塩など）に変換（これを**窒素固定**という）された後に肥料として吸収する．窒素固定は土壌内の窒素固定細菌が行う．例えば，窒素はマメ科植物の根粒に共生するバクテリアによってアンモニアに還元される．アンモニアは肥料として植物が吸収し，バクテリアは植物から炭水化物を受け取る．窒素固定は雷による放電によっても起こる（生成した窒素酸化物が雨水に溶けて地中で硝酸塩となる）．アンモニアや硝酸塩は植物に吸収されてアミノ酸や核酸などの有機化合物に変換され，さらにそれを動物が取り込む．動植物が死ぬと腐食動物や細菌・菌類などが死体の有機物を分解し，アンモニアや硝酸塩に戻して，植物が利用できる形にする．硝酸塩の一部は細菌によって窒素気体に変化する．以上が地球上における窒素の循環である．

窒素循環の状況を劇的に変えたのが，20 世紀初めの窒素と水素によるアンモニアの合成

$$N_2 + 3H_2 \rightarrow 2NH_3$$

である（10.3 節 p.157 参照）．この方法（開発者の名前をとって，**ハーバー・ボッシュ法**と呼ばれる）では，液体空気の分留で得た窒素とコークスに水蒸気を通じてつくった水性ガス（$CO + H_2$）から液化分離した水素とが使われた．また，アンモニアの酸化でつくられた硝酸が肥料の材料とされた．現在，1 年間の窒素固定量（アンモニアの質量）は生物によるものが約 1.8 億トン，人工のものが 1.6 億トンと推定されている．人類は自然環境が処理できる以上の窒素固定を行っている．過剰の施肥による無機窒素化合物，生活排水や家畜の排泄物による有機窒素化合物などは，河川に流れ込み富栄養化に基づくアオコの繁殖や赤潮の発生などを起こし環境問題となっている．

窒素の酸化物には N_2O，NO，N_2O_3，NO_2，N_2O_4，N_2O_5 などがある．これらは環境問題に関連して NO_x（ノックス）と総称される．石炭や石油などを燃焼させると燃料中の窒素や空気中の窒素が高温で酸化されて一酸化窒素 NO となり，さらに NO が大気中で酸化されて NO_x を生じる．NO_x は水と反応して硝酸を含む生成物となり，酸性雨の原因となる．一酸化二窒素 N_2O は笑気ガスと呼ばれる麻酔剤である．名前の由来は麻酔にかかって筋肉が弛緩した顔の表情が笑っているように見えるからという．N_2O の温室効果（地球を温暖化する効果，第 9 章コラム，p.151 参照）は二酸化炭素の約 300 倍といわれ，現在では麻酔剤としてほとんど使われない．NO はヒトの体の中で情報伝達，免疫応答，循環器調節などの生理作用に関係している．狭心症の発作のとき服用されるニトログリセリンの効果は体内で生じる NO の血管拡張作用に基づく．四酸化二窒素 N_2O_4 は気相と液相では，NO_2 と平衡状態で存在する（$2NO_2$(褐色) $\rightleftarrows N_2O_4$(無色)）．

窒素の水素化物ヒドラジン H_2N-NH_2 はエタン H_3C-CH_3 に比べて極めて不安定な化合物で引火性があり，宇宙ロケットの燃料として使われる．不安定な理由は窒素の非共有電子対間の反発のためである（図 4.26）．したがって，炭素が C-C 結合のネットワークをつくり，多種多様の有機化合物をつくるのに対し，N-N 結合のネッ

非共有電子対

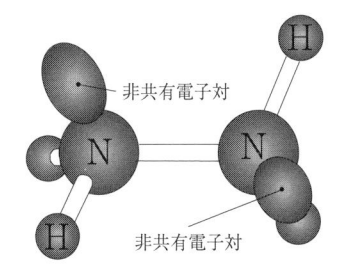

図 4.26 ヒドラジン H₂N—NH₂ における N 原子の非共有電子対

トワークはできない.

ヒトはタンパク質代謝の結果生じたアンモニアを無害な尿素 $(H_2N)_2CO$ に変えて排泄する.これに対し,硬骨魚類はアンモニアのままで水中に放出する.鳥類と爬虫類は尿酸 $C_5H_4N_4O_3$(有機酸)の形で排泄する.ヒトは進化の過程で難溶性の尿酸を分解する酵素である尿酸オキシダーゼの活性を失っているため,高尿酸血症の患者は主に足の関節に尿酸の結晶が析出し激烈な痛みに襲われる.これが痛風の発作である.

章末問題

4.1 次のイオンの組み合わせでできる物質の組成式と名称を記せ.
　(1) Pb^{2+}, Cl^-　(2) Al^{3+}, SO_4^{2-}　(3) NH_4^+, CO_3^{2-}
　(4) Ca^{2+}, PO_4^{3-}　(5) Na^+, H^+, SO_3^{2-}

4.2 次の化合物の化学式を記せ.
　(1) 亜硝酸カリウム　(2) 酸化鉄(Ⅲ)　(3) シアン化水素
　(4) リン酸マグネシウム　(5) 過マンガン酸カリウム

4.3 次の分子の電子式と構造式を示せ.
　(1) エタン C_2H_6　(2) 硫化水素 H_2S　(3) シアン化メタン CH_3CN
　(4) 酢酸 CH_3COOH

4.4 亜酸化窒素 N_2O は配位結合をもつ化合物である.電子式と構造式を示せ.

4.5 次の化合物の形を推定せよ.
　(1) フッ化ホウ素 BF_3　(2) ホスフィン PH_3　(3) ジクロロエチレン $Cl_2C=CH_2$
　(4) 硫酸イオン SO_4^{2-}　(5) 五塩化リン PCl_5　(6) 六フッ化硫黄 SF_6

4.6 次の化合物の形を推定し,極性分子については,正味の極性の方向を示せ.
　(1) $BeBr$　(2) BCl_3　(3) SiO_2　(4) SO_2

4.7 次の分子間の主な相互作用を述べよ．
(1) メチルアミン CH_3NH_2 (2) 四塩化炭素 CCl_4 (3) シアン化水素 HCN
(4) 酢酸 CH_3COOH (5) エタン C_2H_6 (6) 塩化メタン CH_3Cl

4.8 ナトリウムの結晶は体心立方構造をもち，単位格子の1辺の長さは 0.429 nm である．
(1) 最隣接の原子間の距離はいくらか．(2) ナトリウム結晶の密度は 0.971 g cm^{-3} である．ナトリウム原子1個の質量を求めよ．

5 物質の量と化学反応式

　原子・分子の質量はきわめて小さいし，日常扱う物質の中には無数の原子・分子が含まれているので，通常の単位を使うのは不便である．そこで，原子・分子の質量を表現する原子量・分子量および個数を表す「モル」の考え方が導入された．この章ではこれらについて説明した後，化学反応における物質の質量や気体の体積などの量的関係を論じる．

5.1　原子量・分子量・式量

5.1.1　原子量

　原子1個の質量（絶対質量）はきわめて小さいので，kg単位で表すのは不便である．そこで「**質量数12の炭素原子 ^{12}C の質量を12とし，これを基準にして各原子の相対質量を求める**」ことが国際的に決められた．これを**相対原子質量**（relative atomic mass）という．例えば，^{1}H と ^{12}C の質量はそれぞれ 1.67353×10^{-27} kg と 19.92647×10^{-27} kg であるから

$$^{1}H \text{ の相対質量} = 12 \times \frac{1.67353 \times 10^{-27} \text{ kg}}{19.92647 \times 10^{-27} \text{ kg}} = 1.00782$$

となる．表5.1に水素，炭素，酸素および塩素の同位体の質量と相対質量を示す．表からわかるように，相対質量の値は質量数に近い[1]．

　天然の物質中の元素には，ほとんど同位体が存在する．同位体の存在比はほぼ一定である．元素中の同位体の相対質量と存在比から求めた，平均の相対原子質量を**原子量**（atomic weight）という．原子量は相対値であるから，

---

[1]　電子の質量は無視できるので，^{12}C の質量はその原子核の質量で近似できる．^{12}C の原子核は陽子6個と中性子6個からなり，陽子と中性子の質量はほぼ等しいので，相対質量の数値は陽子または中性子の質量を約1としたことに相当する．

表5.1 同位元素の相対質量

同位元素	質量 /10^{-27} kg	相対質量
^{1}H	1.67353	1.00782
^{2}H	3.34449	2.01410
^{3}H	5.00827	3.01605
^{12}C	19.92647	12（基準）
^{13}C	21.59258	13.00335
^{14}C	23.25293	14.00324
^{16}O	26.56018	15.99491
^{17}O	28.22772	16.99913
^{18}O	29.88831	17.99916
^{35}Cl	58.0671	34.96885
^{37}Cl	61.38332	36.96590

単位がないことに注意されたい．各元素の原子量の値は表表紙見返しの周期表に記してある．

[例題5.1] 表3.2と表5.1のデータを用いて，塩素の原子量を求めよ．
[解] 表3.2から^{35}Clと^{37}Clの存在比は75.77%と24.23%であるから，100個の塩素原子中に^{35}Clが75.77個，^{37}Clが24.23個存在する．よって，表5.1の相対質量の値を用いて
$$塩素の原子量 = 34.9689 \times (75.77/100) + 36.9659 \times (24.23/100) = 35.45$$

5.1.2 分子量

原子量と同じ基準で求めた分子の相対質量を**分子量**（molecular weight）という．分子量は分子を構成する原子の原子量の和として求められる．例えば，水とメタンの分子量は
$$H_2O\text{の分子量} = 1.008 \times 2 + 15.999 = 18.015$$
$$CH_4\text{の分子量} = 12.011 + 1.008 \times 4 = 16.043$$

5.1.3 式量

一般に，化学式中の原子量の総和を**式量**（formula weight）という．原子量や分子量は式量に含まれる．イオンでは，イオンを構成する原子の和から，式量が求められる．例えば，炭酸イオンの式量は
$$CO_3^{2-}\text{の式量} = 12.011 + 15.999 \times 3 = 60.008$$
である．食塩のように，分子を単位としない物質では組成式から式量が求め

られる．
$$\text{NaCl の式量} = 22.990 + 35.453 = 58.443$$
金属の単体では原子量がそのまま式量となる．

[例題 5.2] 次の物質の式量または分子量を求めよ．ただし，原子量は，H = 1，C = 12，O = 16，N = 14，Na = 23，S = 32 とする．
(1) 硫酸イオン SO_4^{2-} (2) 硝酸ナトリウム $NaNO_3$ (3) グルコース $C_6H_{12}O_6$
[解] (1) $32 + 16 \times 4 = 96$ (2) $23 + 14 + 16 \times 3 = 85$ (3) $12 \times 6 + 1 \times 12 + 16 \times 6 = 180$

5.2 物質量

物質中に含まれる原子，分子，イオンなどの数は膨大であるから，それを普通の単位で表すのは不便である．そこで，「**炭素原子 ^{12}C の 12 g 中に含まれる ^{12}C 原子の数をアボガドロ数**（Avogadro's number）**とし，アボガドロ数個の粒子の集団を 1 mol（モル）とする**」ことが国際的に決められた．^{12}C 1 個の質量は 19.92647×10^{-27} kg であるから

$$\text{アボガドロ数} = \frac{12 \text{ g}}{19.92647 \times 10^{-24} \text{ g}} = 6.02214 \times 10^{23}$$

である．例えば，6.02214×10^{23} 個の水分子の集団が水 1 mol である．mol は，鉛筆 12 本を 1 ダースというように，ダースと同様な単位であるから，炭素原子 1 mol や電子 1 mol はそれぞれアボガドロ数個の炭素原子や電子を含む．

[例題 5.3] 水分子 1 個の質量は 2.9915×10^{-23} g である．水 1 mol の質量を求めよ．
[解] 水 1 mol 中にはアボガドロ数の水分子が含まれているから
$$2.9915 \times 10^{-23} \text{ g} \times 6.0221 \times 10^{23} = \underline{18.015 \text{ g}}$$
これは水の分子量に g をつけた値に等しい．逆に 18.015 g 中にはアボガドロ数個の水分子が含まれる．

一般に，原子量や分子量に単位 g をつけた質量中には，アボガドロ数個の原子や分子が含まれる[1]．モル単位で表した物質の量 n を**物質量**

---

[1] 原子量・分子量は ^{12}C の質量を 12 としたときの相対値であるから，例えば，分子 A について，A の分子量 = $\frac{\text{A の質量}}{^{12}\text{C の質量}} \times 12$ である．よって，$\frac{\text{A の分子量 g}}{\text{A の質量}} = \frac{12 \text{ g}}{^{12}\text{C の質量}}$ となる．この式の左辺は，A の分子量に単位 g をつけた質量中の A の粒子数，右辺はアボガドロ数である．

(amount of substance）という．また，1 mol 当たりの粒子数をアボガドロ定数とよび，記号 N_A で表す．すなわち

$$N_A = 6.02214 \times 10^{23} \text{ mol}^{-1}$$

である．粒子数を N とし，[ ]内に単位を記すと，物質量は次のようになる．

$$n[\text{mol}] = \frac{N}{N_A[\text{mol}^{-1}]} \tag{5.2.1}$$

物質量を用いるときは，構成粒子の種類を明示する必要がある．例えば，水分子 1 mol の中には水素原子 2 mol が含まれており，着目する粒子によって，物質量が変わるからである．ただし，単に「水 1 mol」というときは，水分子 1 mol を指す．

物質 1 mol 当たりの質量 M を**モル質量**（molar mass）という．質量の単位を g とすると，モル質量の単位は g mol^{-1} である．例えば，水の分子量は 18.015，水 1 mol は 18.015 g であるから，水のモル質量は $M = 18.015$ g mol^{-1} である．一般に，原子量，分子量の値に g mol^{-1} をつけると，モル質量の値が得られる．物質の質量を w とすると，物質量は次式で与えられる．

$$n[\text{mol}] = \frac{w[\text{g}]}{M[\text{g mol}^{-1}]} \tag{5.2.2}$$

[**例題 5.4**] メタン CH_4 について次の問に答えよ．原子量は H = 1，C = 12，アボガドロ定数は $N_A = 6 \times 10^{23}$ mol^{-1} とする．
(1) メタン 240 g の物質量は何 mol か．
(2) メタン 240 g 中に存在するメタン分子の数，および原子の総数を求めよ．
(3) メタン分子 1 個の質量を求めよ．

[**解**] (1) メタンの分子量は $12 + 1 \times 4 = 16$ であるから，そのモル質量は $M = 16$ g mol^{-1} である．(5.2.2) より，メタンの物質量 $n = w/M = 240$ g$/(16$ g mol$^{-1}) = \underline{15 \text{ mol}}$．
(2) (5.2.1) より，メタンの分子数 $N = nN_A = 15$ mol $\times 6 \times 10^{23}$ mol$^{-1} = \underline{9 \times 10^{24}}$．原子の総数はこの 5 倍であるから，$\underline{4.5 \times 10^{25}}$．
(3) メタン 1 mol（16 g）中に 6×10^{23} 個の分子が含まれているから
分子 1 個の質量 = 16 g$/(6 \times 10^{23}) = \underline{2.7 \times 10^{-23} \text{ g}}$．

アボガドロ数は膨大な数である．それを実感するため，2 つの例を挙げる．海からカップ 1 杯（180 cm^3）の海水をくみとった後，海に戻してかきまぜ均一にしたとする．その後で，もう一度海水をカップ 1 杯くみとると，その

中に最初のカップに含まれていた水分子が数百個入っているのである（次の例題参照）．また，アボガドロ数の米粒は世界の米生産量（4.5×10^8 t/y）の3000万年分に相当する（章末問題5.3）．

[**例題 5.5**] 上で述べた水分子の数を求めよ．ただし，海水の密度を 1.0 g/cm^3 とする．なお，海水の体積は13.7億 km^3 と推定されている．
[**解**] 水のモル質量は 18 g/mol であるから，カップ1杯の海水 180 g の中には 10 mol の水分子が含まれている．ゆえに水分子の数は 6×10^{24} である．1 km^3 = $(10^5$ cm$)^3$ = 10^{15} cm^3 であるから，海水の体積 = 13.7 億 km^3 = $13.7 \times 10^8 \times 10^{15}$ cm^3 = 1.37×10^{24} cm^3．最初にくみとった海水は次にくみとったときは 180 cm^3/$(1.37 \times 10^{24}$ cm$^3) \cong 1.31 \times 10^{-22}$ に薄められることになる．
　よって，求める分子数は $6 \times 10^{24} \times 1.31 \times 10^{-22} \cong \underline{790}$ となる．

5.3　気体の体積

　1811年，アボガドロ（Avogadro）は気体の反応を説明するため，「**すべての気体は，同温・同圧のとき同体積中に同数の分子を含む**」という仮説を立てた．これは現在**アボガドロの法則**と呼ばれている．この法則をいい換えると，同温，同圧では，同物質量の（同数の分子を含む）気体は，気体の種類に関わらず同体積を占めることになる．

　例えば，気体のモル体積（1 mol の体積）V_m は，0℃，1 atm（$= 1.01325 \times 10^5$ Pa）の状態（**標準状態**（standard state）という）で，気体の種類にかかわらず 22.414 dm^3/mol（$= 22.414$ L/mol）である．気体の体積を V とすると，物質量は

$$n[\mathrm{mol}] = \frac{V[\mathrm{dm}^3]}{V_m[\mathrm{dm}^3\,\mathrm{mol}^{-1}]} \tag{5.3.1}$$

　酸素分子の場合，その 1 mol（$= 32$ g）は標準状態で約 22.4 dm^3 の体積を占め，その中に含まれる分子数は 6.02×10^{23} 個である．気体のモル質量 M，モル体積 V_m，アボガドロ定数 N_A の関係を図5.1に示す．次の例題からわかるように，物質量（n），質量（w），体積（V），分子数（N）のうちの1つを知れば，他の量を求めることができる．

[**例題 5.6**] メタン CH_4 について次の問に答えよ．ただし，原子量は $H = 1$，$C = 12$，ア

```
┌─────────────────────┐    ┌─────────┐    ┌──────────────────────────────┐
│ アボガドロ定数 $N_A$  │◄──►│ 物質量   │◄──►│ モル体積(標準状態の気体)$V_m$  │
│ $6.02×10^{23}$ mol$^{-1}$ │    │ 1 mol   │    │ 22.4 dm$^3$ mol$^{-1}$        │
└─────────────────────┘    └────┬────┘    └──────────────────────────────┘
                                │
                           ┌────┴────┐
                           │ モル質量 $M$ │
                           │ 分子量 g  │
                           └─────────┘
```

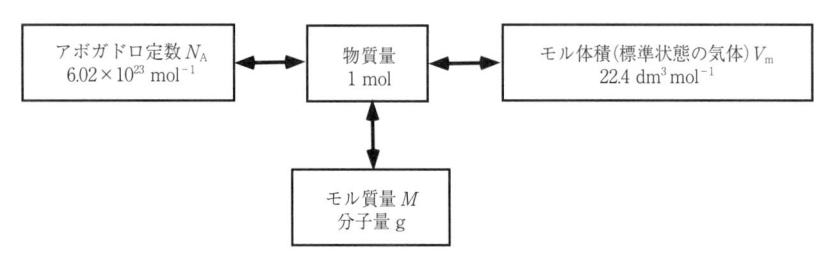

図 5.1 気体のモル体積,モル質量,アボガドロ定数の関係

アボガドロ定数は $6.02×10^{23}$ mol^{-1} とする.
(1) 標準状態で 5.6 dm^3 のメタンの物質量は何 mol か.
(2) メタン分子 $6.02×10^{21}$ 個の質量は何 g か.
(3) メタン分子 24 g の占める体積は標準状態で何 dm^3 か.

[解] (1) (5.3.1) より
$$n = \frac{V}{V_m} = \frac{5.6 \text{ dm}^3}{22.4 \text{ dm}^3/\text{mol}} = \underline{0.25 \text{ mol}}$$

(2) (5.2.1),(5.2.2) より
$$w = Mn = M\frac{N}{N_A} = \frac{(12+1×4) \text{ g mol}^{-1} × 6.02×10^{21}}{6.02×10^{23} \text{ mol}^{-1}} = \underline{0.16 \text{ g}}$$

(3) (5.3.1),(5.2.2) より,有効数字は 2 桁であるから
$$V = V_m n = V_m \frac{w}{M} = \frac{22.4 \text{ dm}^3 \text{mol}^{-1} × 24 \text{ g}}{16 \text{ g mol}^{-1}} \cong \underline{34 \text{ dm}^3}$$

[例題 5.7] 炭素と酸素からなる気体分子の密度を,標準状態で測定したところ,1.25 g dm^{-3} であった.この気体の分子量を求め,分子式を推定せよ.ただし,原子量は C=12,O=16 とする.

[解] この気体のモル質量は $M = 1.25$ g dm^{-3} × 22.4 dm^3 mol^{-1} = 28 g mol^{-1} であるから,分子量は 28 である.よって気体の分子式は CO である.

5.4 化学反応式

第 1 章でもふれたように,化学反応は原子の結合の組み替えに伴って起こる.水素と酸素が反応して水ができる式は

$$2H_2 + O_2 \rightarrow 2H_2O$$

である.このように,化学式を用いて化学反応を表す式を**化学反応式**という.ここで,左辺の H_2 や O_2 のように反応前の物質を**反応物**(reactant),H_2O のように反応後の物質を**生成物**(product)という.上式では各元素の原子

数が左辺と右辺で等しくなるように化学式の前に係数がつけられている．これは通常の化学反応では，原子は壊れたり，新しくできたりせず，反応の前後で原子の結合の組み替えが起こるだけだからである[1]．なお，係数は簡単な整数比になるようにする．

5.4.1 化学反応式の書き方

プロパン C_3H_8 が酸素 O_2 と反応して二酸化炭素 CO_2 と水 H_2O が生じる反応（C_3H_8 の完全燃焼反応[2]）を例にして，化学反応式の書き方を，説明しよう．

(a) 反応物と生成物の化学式を係数をつけないで書き，変化の向きを示す矢印で結ぶ．

$$C_3H_8 + O_2 \rightarrow CO_2 + H_2O$$

(b) C_3H_8 の係数を 1 とすると，CO_2 と H_2O の係数が次のように決まる（係数1は省略する）．O_2 の係数は空欄にしておく．

$$C_3H_8 + (\quad)O_2 \rightarrow 3CO_2 + 4H_2O$$

(c) 右辺の係数から求めた O 原子の数から，左辺の O_2 の係数が 5 となるので，次式が得られる．

$$C_3H_8 + 5O_2 \rightarrow 3CO_2 + 4H_2O$$

なお，反応の前後で変化しなかった物質（触媒，溶液中の水など）は反応式中に書かない．

[例題5.8] 次の化学変化を化学反応式で示せ．
(1) 窒素 N_2 と水素 H_2 が反応するとアンモニア NH_3 が生成する．
(2) エタン C_2H_6 が完全燃焼すると二酸化炭素と水を生じる．
(3) アンモニアと酸素が反応すると一酸化窒素 NO と水が生じる．
[解] (1) $N_2 + H_2 \rightarrow NH_3$ で，N_2 の係数を 1 とし，右辺の係数を求めると，$N_2 + (\quad)H_2 \rightarrow 2NH_3$ となる．左辺の H_2 の係数は 3 となるので，$\underline{N_2 + 3H_2 \rightarrow 2NH_3}$．
(2) 上と同様に，$C_2H_6 + O_2 \rightarrow CO_2 + H_2O$ で，C_2H_6 の係数を 1 とすると，$C_2H_6 + (\quad)O_2 \rightarrow 2CO_2 + 3H_2O$．$O_2$ の係数は 7/2 となるので，$C_2H_6 + (7/2)O_2 \rightarrow 2CO_2 + 3H_2O$ を得る．このままでもよいが，両辺を 2 倍すると，$\underline{2C_2H_6 + 7O_2 \rightarrow 4CO_2 + 6H_2O}$ とな

---

1) 核反応（原子核が壊れる反応）では膨大なエネルギーが関与する（14.1節，p.228）．
2) 一般に炭化水素が完全燃焼すると CO_2 と H_2O が発生する．

り，係数がすべて整数となる．
(3) $NH_3 + O_2 \rightarrow NO + H_2O$ で，NH_3 の係数を 1 とすると $NH_3 + (\ )O_2 \rightarrow NO + (3/2)H_2O$．$O_2$ の係数を求めると，$NH_3 + (5/4)O_2 \rightarrow NO + (3/2)H_2O$．この式の両辺を 4 倍すると，$\underline{4NH_3 + 5O_2 \rightarrow 4NO + 6H_2O}$．

複雑な反応，例えば，銅 Cu に硝酸 HNO_3 を加えると，一酸化窒素 NO，硝酸銅 $Cu(NO_3)_2$ および水 H_2O が生成する反応のような場合

$$aCu + bHNO_3 \rightarrow cNO + dCu(NO_3)_2 + eH_2O$$

のように，係数を a, b, c, d, e とおき，方程式を使って係数を求める．両辺で原子数が等しいので，次式が成り立つ．

Cu 原子について	$a = d$	(5.4.1)
H 原子について	$b = 2e$	(5.4.2)
N 原子について	$b = c + 2d$	(5.4.3)
O 原子について	$3b = c + 6d + e$	(5.4.4)

これらの式で $a = 1$ とおくと，式 (5.4.1), (5.4.3), (5.4.4) より

$a = d = 1$	(5.4.5)
$c = b - 2$	(5.4.6)
$3b = c + 6 + e$	(5.4.7)

式 (5.4.7) に式 (5.4.2), (5.4.5), (5.4.6) を代入して

$$6e = 2e - 2 + 6 + e$$

これを解いて $e = 4/3$．e の値を式 (5.4.2) に入れて，$b = 8/3$，この値から式 (5.4.6) より $c = 2/3$ を得る．以上の結果

$$Cu + \frac{8}{3}HNO_3 \rightarrow \frac{2}{3}NO + Cu(NO_3)_2 + \frac{4}{3}H_2O$$

となる．この式の両辺を 3 倍して次式が得られる．

$$3Cu + 8HNO_3 \rightarrow 2NO + 3Cu(NO_3)_2 + 4H_2O$$

5.4.2 イオン反応式

硝酸銀 $AgNO_3$ の水溶液に食塩 NaCl の水溶液を加えると，塩化銀が沈殿する反応は

$$AgNO_3 + NaCl \rightarrow NaNO_3 + AgCl\downarrow$$

と書ける．ただし，↓は沈殿を意味する．水溶液中では AgCl 以外はイオン

に分かれているので，上式は次のように表すことができる．

$$Ag^+ + NO_3^- + Na^+ + Cl^- \rightarrow Na^+ + NO_3^- + AgCl\downarrow$$

この式の両辺から反応に関与しないイオンを消去すると

$$Ag^+ + Cl^- \rightarrow AgCl\downarrow$$

となる．このように，反応に関与するイオンだけを用いた式を**イオン式**という．イオン式では，各原子の数だけでなく電荷の総和も両辺で等しい．

[**例題 5.9**] 希塩酸（塩化水素 HCl の薄い水溶液）に亜鉛 Zn を加えると，次の反応で水素が発生する．

$$2HCl + Zn \rightarrow ZnCl_2 + H_2\uparrow \quad (\uparrow は気体としての発生を意味する)$$

HCl も $ZnCl_2$ も水溶液中でイオンに分かれている．イオン式を記せ．

[**解**] イオンに分かれた式を書くと

$$2H^+ + 2Cl^- + Zn \rightarrow Zn^{2+} + 2Cl^- + H_2\uparrow$$

両辺から $2Cl^-$ を消去して，次式を得る．

$$2H^+ + Zn \rightarrow Zn^{2+} + H_2\uparrow$$

5.4.3 化学反応式の量的関係

化学反応式は反応物と生成物の量的関係も示す．窒素と水素からアンモニアが生成する反応

$$N_2 + 3H_2 \rightarrow 2NH_3$$

を例にとると，この反応式は窒素1分子と水素3分子が反応して，水2分子ができることを意味している．これをアボガドロ数の単位で考えると，窒素 1 mol（6.02×10^{23} 個）と水素 3 mol（$6.02 \times 10^{23} \times 3$ 個）が反応して，アンモニア 2 mol（$6.02 \times 10^{23} \times 2$ 個）ができることに対応する．mol 数と質量および mol 数と気体の体積の関係を考慮すると，アンモニアの生成反応の量的関係は図 5.2 のようになる．

化学式	N_2	$+$	$3H_2$	$\rightarrow$	$2NH_3$
分子模型					
分子数	1		3		2
物質量	1 mol		3 mol		2 mol
質量	28 g		6 g		34 g
体積（標準状態）	22.4 dm^3		67.2 dm^3		44.8 dm^3

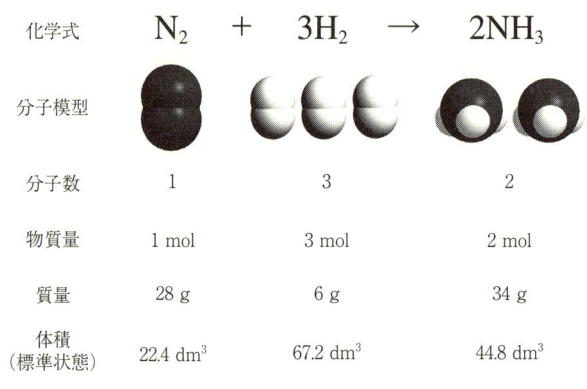

図 5.2 窒素と水素からのアンモニアの生成における量的関係

[例題 5.10] メタン CH_4 4.0 g を完全燃焼させるには何 mol の酸素が必要か．またそのとき発生する二酸化炭素の標準状態における体積と水の質量を求めよ．ただし，原子量は，H = 1，C = 12，O = 16 とする．

[解] メタンの分子量は $CH_4 = 12 + 1 \times 4 = 16$ であるから，4.0 g は 0.25 mol に相当する．完全燃焼の式から

$$CH_4 + 2O_2 \rightarrow CO_2 + 2H_2O$$

1 mol	2 mol	1 mol	2 mol
0.25 mol	0.5 mol	0.25 mol	0.5 mol

の関係が得られる．したがって，必要な酸素は 0.5 mol である．発生する二酸化炭素は 0.25 mol であるから，その体積は 22.4 dm^3 mol^{-1} × 0.25 mol = 5.6 dm^3，水（0.5 mol）の質量は 18 g mol^{-1} × 0.5 mol = 9.0 g である．

化学の基本法則

以下に，化学の発展の歴史の中で提唱された主な法則をまとめておく．

(a) 質量保存の法則

18 世紀の初め，**フロギストン**（phlogiston, 燃素ともいう）という元素があり，物質が燃えるとき，または焼いて灰にするとき，フロギストンが放出されるという説が提唱された．この説では，例えば，金属を焼くと

$$\text{金属} \rightarrow \text{金属灰} + \text{フロギストン}$$

となる．この説が正しいとすると，金属灰の質量が金属より大きいので，フロギストンの質量は負でなければならない．フランスのラヴォアジェ（Lavoisier）は，水銀を空気中で燃やすと，空気中の酸素が結合して酸化水銀ができると考えた．現在の表記では

$$2Hg + O_2 \rightarrow 2HgO$$

である．また，この反応後残った空気の成分（窒素）を azote と名付けた（第 4 章，

コラム，p.77).1774年ラヴォアジェは「化学反応の前後において，物質全体の質量は変化しない」と述べて，質量保存の法則を確立した．なお，核反応などでは反応の前後で質量が変化するが，エネルギーを質量と等価とみなして含めれば，広い意味でこの保存則は成立する (14.1節, p.228).

(b) **定比例の法則** 1799年フランスの化学者プルースト (Proust) は「1つの化合物中の成分元素の質量比はつねに一定である」という法則を提案した．現在では，この法則の例外として，結晶中の原子配列の乱れに基づく，不安定比化合物が見出されている．

(c) **倍数比例の法則** 1803年イギリスのドルトンは上の2つの法則を説明するため，**原子説**を提唱し，「物質は分割不可能な原子からできており，原子は生成も消滅もせず，化学変化は原子の組み合わせの変化である」と述べた．そして，「2種の元素が化合して2種以上の化合物をつくるとき，一方の元素の一定量と化合する他方の元素の質量の間には，簡単な整数比がある」とした．これを倍数比例の法則という．なお，ドルトンは1801年気体について，分圧の法則を発表している (7.3節, p.110 参照).

(d) **気体反応の法則** 1808年フランスのゲー・リュサック (Gay-Lussac) は「等温，等圧のもとで反応する気体の体積と生成する気体の体積の間には簡単な整数比がある」という法則を見出した．なお，**ゲー・リュサックの法則**には第1法則と第2法則があり，第1法則は「一定の圧力の下で，気体の熱膨張率が一定である」というもので，シャルルの法則に相当する (7.1節, p.103 参照).第2法則が気体反応の法則である．

(e) **アボガドロの法則** 1811年イタリアのアボガドロは，気体反応の法則を説明するため，「気体はいくつかの原子が結合した分子という粒子から成る」という**分子説**を前提として，「同温，同圧のもとでは，同体積のすべての気体は同数の分子を含む」という法則[a]を提出した．彼の功績を記念して，物質1mol中の分子数がアボガドロ定数と呼ばれている．

---

a) この法則の前に，スウェーデンのベルセーリウス (Berzelius) は同数の分子の代わりに同数の原子を含むと仮定したが，実験結果と矛盾した．例えば，窒素と水素からアンモニアが生成する反応では窒素，水素，アンモニアの体積比は 2:3:2 となる．これは分子説では $2N_2+3H_2 \rightarrow 2NH_3$ により説明できるが，$2N+3H \rightarrow 2NH_3$ では H の原子数が反応の前後で異なる．

章末問題

5.1 ネオンは天然に3種類の同位体が存在する．それらの相対質量と存在比は次の通りである．^{20}Ne 19.9924 (90.48%)，^{21}Ne 20.9938 (0.27%)，^{22}Ne 21.9914 (9.25%)．ネオンの原子量を求めよ．

5.2 アンモニア分子1個の質量を求めよ．ただし，原子量を H=1, N=14 とす

る.また,アボガドロ定数を $6 \times 10^{23}\,\text{mol}^{-1}$ とする.

5.3 玄米1粒の質量は約 0.022 g である.また,世界の米の年間生産量は 4.5×10^8 t/y である(y は年:year を表す).アボガドロ数個の米粒は米の生産量の何年分に相当するか.

5.4 次の化学反応式に係数をつけよ.
(1) $KI + Cl_2 \rightarrow KCl + I_2$
(2) $CH_4O + O_2 \rightarrow CO_2 + H_2O$
(3) $KClO_3 \rightarrow KCl + O_2$
(4) $MnO_2 + HCl \rightarrow MnCl_2 + H_2O + O_2$
(5) $K_2Cr_2O_7 + H_2 + H_2SO_4 \rightarrow K_2SO_4 + Cr_2(SO_4)_3 + H_2O$

5.5 アセチレン C_2H_2 1.30 g を完全燃焼させた.原子量を $H=1$, $C=12$, $O=16$,アボガドロ定数を $6.0 \times 10^{23}\,\text{mol}^{-1}$ として次の問に答えよ.
(1) 化学方程式を書け.
(2) アセチレンと反応する酸素の物質量はいくらか.また,その中に含まれる酸素の原子数を求めよ.
(3) 生成する二酸化炭素は標準状態で何 dm^3 か.
(4) 生成する液体の水の体積は何 cm^3 か.ただし,水の密度を $1\,\text{g cm}^{-3}$ とする.

5.6 塩化バリウム $BaCl_2$ 水溶液と硫酸ナトリウム Na_2SO_4 水溶液を混合すると硫酸バリウムが沈殿する.
(1) この変化を化学反応式とイオン式で示せ.
(2) 1 dm^3 中に 0.30 mol の $BaCl_2$ を含む水溶液(0.30 mol/dm^3 水溶液)10 cm^3 と Na_2SO_4 水溶液 20 cm^3 がちょうど反応した.Na_2SO_4 水溶液 1 dm^3 中に含まれている Na_2SO_4 の物質量を求めよ.
(3) 沈殿した $BaCl_2$ の物質量と質量を求めよ.ただし,原子量は $Ba=137$, $S=32$, $O=16$ とする.

5.7 標準状態で 72.0 g のグルコース $C_6H_{12}O_6$ と 67.2 dm^3 の酸素を混合し,グルコースを完全燃焼させた.原子量 $H=1$, $C=12$, $O=16$ として,次の問に答えよ.
(1) この反応を化学方程式で示せ.
(2) 反応せずに残った酸素の質量を求めよ.
(3) 生じた二酸化炭素は標準状態で何 dm^3 か.また生じた水の質量を求めよ.

6 物質の状態

圧力や温度が変わると,物質を構成する原子・分子の集合状態が変化する.それに伴って,物質は固体,液体,固体の3つの状態をとる.また,固体では異なった平衡状態もありうる.この章ではこれらの状態の相違や状態変化に伴う熱量の出入りを原子・分子の運動エネルギーとそれら粒子間にはたらく力をもとにして考察する.

6.1 物質の三態

物質がとる,**固体** (solid),**液体** (liquid),**気体** (gas) の状態を物質の**三態**という.また,物質の性質が一様な部分を**相** (phase) と呼び,三態それぞれに対応して,固相,液相,気相という.図6.1に三態の間の状態変化を示した.物質中の粒子は不規則な熱運動をしており,温度が高くなるほど運動は激しくなる.固体では熱運動に比べて粒子間の引力の作用が強いため,粒子は規則的に配列した位置を中心として振動・回転の運動をしている.このため固体は一定の形を保つ.温度が高くなって熱運動がはげしくなると,粒子は引力を振り切って定位置を離れ流動性をもつようになり,液体状態に変わる.その際,体積が10%程度増加する[1].この現象が**融解** (melting, fusion) である.逆に液体から固体への変化を**凝固** (freezing, solidification) という.さらに温度が上がると,粒子は自由に飛び回れるようになり気体に移行して,体積は1000倍程度になる.これが**蒸発** (vaporization) であり,逆の気体から液体への変化を**凝縮** (condensation) という.気体では,分子間に引力がほとんどはたらかないので,容器に入れておかないと**拡散** (dif-

---

[1] 第1章に述べたように,水は例外で融解に伴って体積が9%程度減少する.

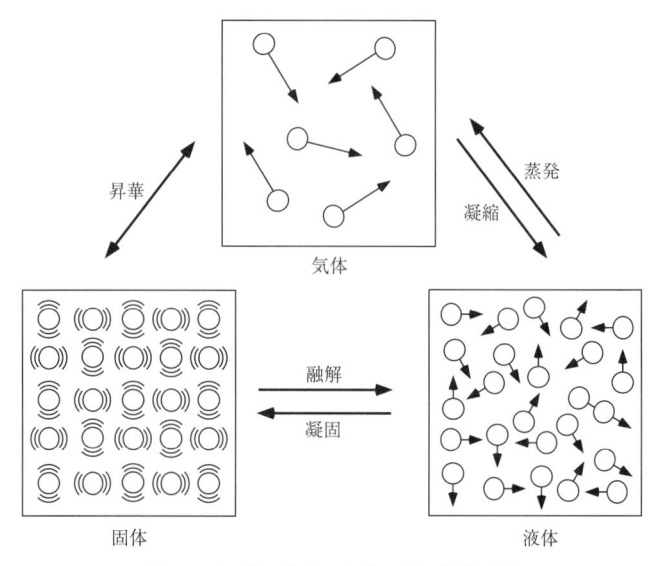

図 6.1 固体，液体，気体の間の状態変化

fusion) してしまう．固体から直接気体へ変化する場合もある．この変化およびその逆の気体から固体への変化を**昇華**（sublimation）と呼ぶ．以上の三態の間の状態変化を**相変化**（phase change）または**相転移**（phase transition）という．純物質では，一定の圧力の下で状態変化の温度が決まっている．固体が融解する温度を**融点**（melting point），液体が沸騰する温度を**沸点**（boiling point）という．また，液体が凝固する温度を**凝固点**（freezing point）と呼ぶ．融点と凝固点は等しい．液体を急激に冷却すると，凝固点以下の温度になっても凝固しないことがある．この現象を**過冷却**（supercooling）といい，不安定な状態である．この状態から安定な状態（固体状態）に移る際に熱を発生し凝固点の温度になる．

　純物質の固体を加熱していくと，融点で融解が始まってから固体が完全に液体になるまで温度は一定に保たれる．その際に必要な熱エネルギーを**融解熱**（heat of fusion）という．この熱エネルギーによって，分子が定位置を離れて運動できるようになる．逆に凝固点で液体が凝固するときは融解熱と等しい熱（**凝固熱**（heat of condensation））を放出する．純物質の液体を加熱していくと，沸点において，温度一定で液体から気体に移る．その際に，吸

収される**蒸発熱**（heat of vaporization）によって，粒子が自由に空間を運動できるようになる．気体が凝縮するときは，蒸発熱に等しい熱（**凝縮熱**（heat of condensation））が放出される[1]．

図 6.2 は 1 atm で氷を加熱して水蒸気にする際の加熱時間と温度 t の関係を表す模式図である．水の融点は 0℃ でモル融解熱は 6.01 kJ mol^{-1}，沸点は 100℃ でモル蒸発熱は 40.65 kJ mol^{-1} である．蒸発熱は融解熱よりはるかに大きいことがわかる．表 6.1 にいろいろな結晶の 1 atm における融点と沸点および融点，沸点における 1 mol 当たりの融解熱と蒸発熱を示す[2]．分子結晶のうち，分子量が近い物質の間で，無極性物質（Ne，N$_2$，CH$_4$），極性物質（NO），水素結合性物質（NH$_3$，H$_2$O）の順に各数値が大きくなっていることがわかる．金属やイオン結晶では粒子間の結合が強いので，融点，沸点とも高い．イオン結晶の融解熱が大きいことに注目されたい．

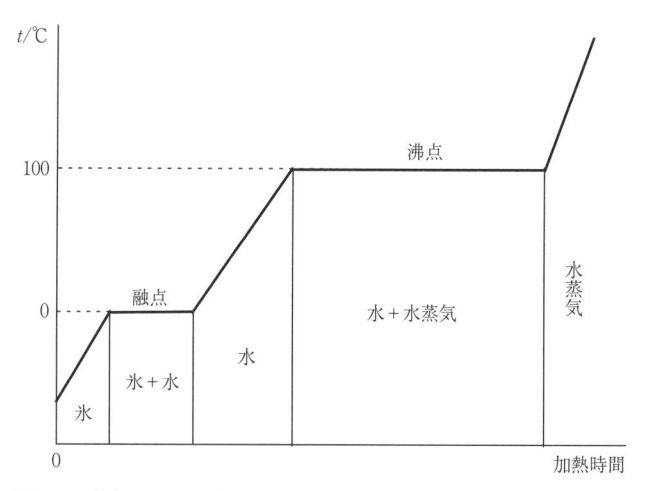

図 6.2 大気圧の下，氷を加熱して水蒸気にする際の加熱時間と温度の関係

---

1) 調理で「蒸す」操作は水蒸気の凝縮熱で食品を加熱することに相当する．熱湯中で「茹でる」のに比べて栄養成分を失わないという利点がある．
2) 沸点，融点については 4.3 節，p.70，71，75 も参照されたい．

表 6.1 融解熱と蒸発熱

結晶	物質 （分子量または式量）	融点/℃	融解熱 kJ/mol	沸点/℃	蒸発熱 kJ/mol
分子結晶	ネオン Ne (20.18)	−248.59	0.328	−246.08	1.71
	窒素 N₂ (28.01)	−210.00	0.71	−195.79	5.57
	メタン CH₄ (16.04)	−182.4	0.94	−161.5	8.19
	一酸化窒素 NO (30.01)	−163.6	2.3	−151.74	13.83
	アンモニア NH₃ (17.03)	−77.74	5.66	−33.33	23.33
	水 H₂O (18.02)	0.00	6.01	100.0	40.65
金属	金 Au (196.97)	1064.18	12.55	2856	324
イオン結晶	フッ化リチウム LiF (25.94)	848.2	27.09	1673	147

6.2 蒸気圧

液体中の分子のうち，運動エネルギーが大きいものは周囲の分子の引力に打ち勝って表面から飛び出す．これが蒸発である．逆に凝縮では蒸気中の分子が液体中に戻る．密閉した容器中で，単位時間当たり蒸発する分子数と凝縮する分子数が等しいときは，蒸発が起こらないように見える．このような状態を**気液平衡**（gas-liquid equilibrium）という．

気液平衡にあるときの蒸気の圧力を，その液体の**飽和蒸気圧**（saturated vapor pressure）または単に**蒸気圧**という．温度が高くなると，液体中で運動エネルギーが大きい分子の割合が増えるので，液体の蒸気圧は高くなる．液体の温度と蒸気圧との関係を示す曲線（**蒸気圧曲線**）の例を図 6.3 に示す．

一定圧力の下で液体を加熱していくと，はじめは液体の表面から蒸発が起こるが，温度が上がり蒸気圧が外圧に等しくなると，液体の内部からも激しく蒸発が起こるようになる．これが**沸騰**（boiling）の現象で，沸騰の起こる温度が沸点である．特に外圧が大気圧（$1\,\mathrm{atm} = 1.013 \times 10^5\,\mathrm{Pa}$）のときの沸点を**通常沸点**（normal boiling point）という[1]．図 6.3 からわかるように，

---

[1] 融点も外圧によって変わる．外圧が大気圧のときの融点を**通常融点**（normal melting point）という．また，外圧が 1 bar（$10^5\,\mathrm{Pa}$）のときの沸点と融点をそれぞれ**標準沸点**（standard melting point），**標準融点**（standard melting point）とよぶ．通常沸点と標準沸点の差は無視できない．水の場合，通常沸点は 100.00℃，標準沸点は 99.63℃ である．通常融点と標準融点の差は無視してよい．

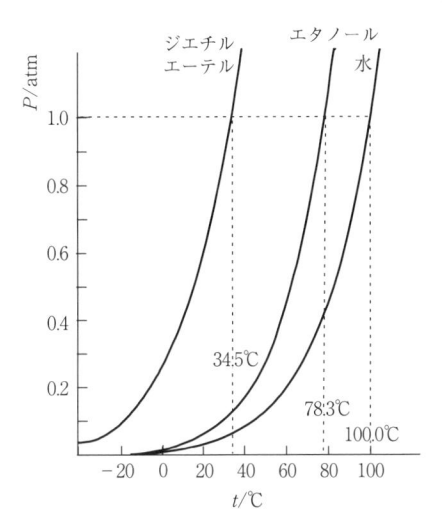

図 6.3 ジエチルエーテル, エタノールおよび水の蒸気圧曲線

水, エタノール, ジエチルエーテルの通常沸点はそれぞれ 100.0℃, 78.3℃ および 34.5℃ である. 一般に外圧が高いほど沸点は高くなる.

[例題 6.1] 富士山頂の気圧は 0.64 atm 程度である. 水の沸点は約何度か.
[解] 図 6.3 の水の蒸気圧曲線から蒸気圧が 0.64 atm になる温度を読みとると約 88℃ となる.

6.3 固体の転移

同じ物質でも異なった結晶構造をとるものがある. 例えば, 硫黄の固体には斜方硫黄と単斜硫黄がある. どちらも S_8 分子(図 6.4)からなる分子結晶であるが, 結晶構造がそれぞれ斜方晶系と単斜晶系に属する[1]. 1 atm の下, 常温では斜方硫黄が安定であるが, 95.4℃ で単斜硫黄に変化する. 逆に単斜硫黄を冷却すると同じ温度で斜方硫黄に戻る. この現象が固体の相転移

---

1) 単斜硫黄を加熱すると, 119.6℃ で液体になる. 液体硫黄を加熱すると S_8 分子の結合が切れて鎖状になる. この状態の硫黄を水中に入れて急冷すると弾性をもつゴム状硫黄が得られる.

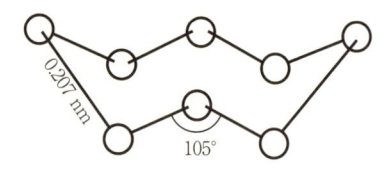

図 6.4 斜方硫黄と単斜硫黄における
S_8 分子の構造

である．また，一定の圧力の下，2つの固体が平衡にある温度を**転移点**（transition temperature）という．上例では転移点は 95.4℃ である（図 6.8，章末問題 6.4 参照）．固体が低温で安定な相から高温で安定な相に転移するとき熱を吸収する．これを**転移熱**（heat of transition）という．1 atm における斜方硫黄から単斜硫黄への転移熱は 0.40 kJ mol^{-1} である．

炭素では，黒鉛とダイヤモンドのうち，常温常圧では黒鉛が安定である．しかし，ダイヤモンドから黒鉛に転移するには，C—C 結合の組み替えが必要であるため，常温ではその速度が極めて遅い．したがって，常温常圧では事実上ダイヤモンドは黒鉛に転移することがない．ただし，常温で 1.5×10^4 atm 以上の圧力の下ではダイヤモンドの方が安定になる．ダイヤモンドが深い地底で産出するのはそのためである．

6.4　状態図

純物質がどのような状態になるかは，温度と圧力によって決まる．図 6.5 に水の**状態図**（phase diagram，相図ともいう）を示す．図で横軸は温度 t [℃]，縦軸は圧力 P [atm] で，S，L および G の領域は水がそれぞれ固体（氷），液体，気体（水蒸気）として安定に存在する領域である．曲線 OA，OB，OC 上では，それぞれ固相と気相，固相と液相および液相と気相が共存する．O 点（温度 0.01℃，圧力 611.7 Pa = 6.037×10^{-3} atm）は，気相，液相，固相が共存する点で **3 重点**（triple point）と呼ばれる．液相と気相の共存曲線 OC に沿って温度を上げると，液体の膨張に伴ってその密度は次第に減少し，C 点で気体の密度と一致し，液相と気相の区別がつかなくなる．こ

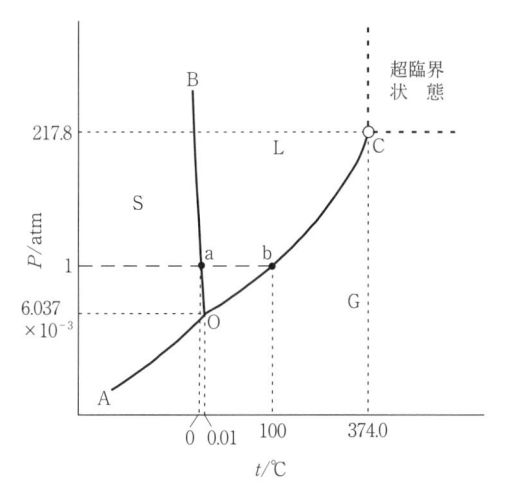

図 6.5 水の状態図（模式図）
わかりやすくするため，縦軸と横軸の目盛は適当に伸縮してある．

の点を**臨界点**（critical point）と呼び，その点の温度と圧力を**臨界温度** T_C および**臨界圧力** P_C という．温度が臨界温度より高く，また圧力が臨界圧力より高いときは液相と気相の区別がつかない．このような状態（図の右上の範囲）を**超臨界状態**（super critical state）と呼ぶ．

　図 6.5 の横軸に平行な破線で示したように，大気圧（1 atm）において，氷を加熱すると，a 点（0℃）で氷は融解して液体の水になり，b 点（100℃）で液体の水は沸騰して水蒸気になる．すなわち，a 点と b 点の温度が通常融点と通常沸点である．なお，液相と気相の共存曲線 OB は右下がりになっており，圧力が上がると融点が下がる．これは水に特徴的な挙動で，通常の物質では圧力の増加とともに融点が上昇する（図 6.6 参照）．

　図 6.6 に二酸化炭素の状態図を示す．3 重点の温度と圧力は −56.6℃ と 5.1 atm，臨界点の温度と圧力は 31.0℃ と 72.8 atm である．大気圧の下で固体（ドライアイス）を加熱すると，a 点（−78.4℃）で昇華する．防虫剤として用いるナフタレンや p-ジクロロベンゼンも大気圧の下で昇華する物質である．

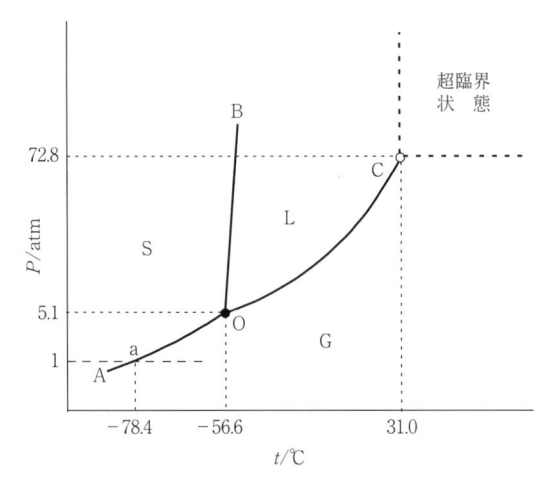

図 6.6 二酸化炭素の状態図

===== 超臨界状態 =====

　本文で述べたように，超臨界状態では物質は臨界点以上の温度と圧力をもち，気体と液体の区別がつかない．図 6.7 に超臨界状態における分子分布のある瞬間におけるスナップショットの模式図を示す．図からわかるように，特定の大きさや形をもたない分子集合体が乱雑に分布している．この状態では，温度が高いため気体のように分子運動が活発で，また，圧力が高いため平均の分子密度は液体に近い．したがって，ものをよく溶かす．後述するように，その特異な性質を使って化学反応の溶媒としても使われる．超臨界状態の物質としてもっともよく利用されているのは，二酸化炭素と水である．どちらも自然界に豊富に存在し，安定な物質であるから，無害である．
　二酸化炭素は低い温度（臨界温度 $T_C = 31.0℃$）で超臨界状態になり，低温でも有機物の溶解度が大きい．この性質を用いて，例えば，脱カフェインのコーヒーがつくられる．従来，コーヒー豆からアルコールや塩化メチレンなどの溶剤でカフェインを抽出していたが，コーヒーの香味が失われることや溶剤が残るのが問題であった．これに対し超臨界状態の二酸化炭素を用いると，低温でカフェインを抽出した後，温度を T_C 以下にすると，二酸化炭素が気体として完全に回収されるので，これらの問題が生じない．また，植物からの特殊な香味成分や薬用成分の抽出，半導体の製造プロセスで基板の洗浄などにも使われる．
　超臨界状態の水は通常の水における水素結合のネットワークが壊されているので，有機物もよく溶かす．また，分子の一部は水素イオン H^+ と水酸化物イオン OH^- に分解しており，酸や塩基を触媒とする反応が触媒なしで進む．例えば，超臨界水中で，セルロースなどのバイオマス（生物由来の有機資源）を分解して，バイオマス燃料（バイオアルコール，バイオメタンなど）をつくることができる．超臨界水は酸素と

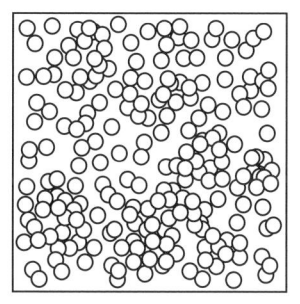

図6.7 超臨界状態の分子分布のスナップショットの模式図

もよく混じり，強い酸化力を示す．このため，ダイオキシンやPCBなどの有害有機物の分解にも使われる．

　図6.5や図6.6からわかるとおり，T_C以上の温度で気体に圧力をかけても，超臨界状態になるだけで液化することはない．1860年代まで，臨界温度の概念は知られていなかった．当時の最低到達温度は$-77℃$（エチルエーテルとドライアイスの混合物の温度）で，臨界温度がこの温度より低い気体は液化できなかった．そのため，空気中の窒素（$T_C = -147.0℃$，$P_C = 33.5$ atm）や酸素（$T_C = -118.6℃$，$P_C = 49.8$ atm）は永久気体と呼ばれていた．

章末問題

6.1 1 atmの下で，$-10℃$，100 gの氷を$100℃$の水蒸気にするために必要な熱量をcal単位で計算せよ．ただし，水のモル融解熱とモル蒸発熱を6.01 kJ mol^{-1}と40.65 kJ mol^{-1}，氷の比熱を0.49 cal/(g℃)，水の比熱を1.00 cal/(g℃)，1 cal = 4.184 Jとする．また，原子量はH = 1.01，O = 16.0とする．

6.2 次の2つの物質のうち，沸点が高い方の物質はどれか．理由も述べよ．ただし，（　）内の数値は概略の分子量である．
(1) O_2(32)，N_2(28)　　(2) NH_3(17)，CH_4(16)　　(3) NO(30)，Ar(40)
(4) C_2H_5OH(46)，CH_3OCH_3(46)

6.3 図6.3において，次の問に答えよ．
(1) 3つの物質を分子間力の小さい順に並べよ．
(2) 蒸発熱が最も小さい物質はどれか．
(3) エタノールの沸点を$60℃$にするためには，外圧を何atmにすればよいか．

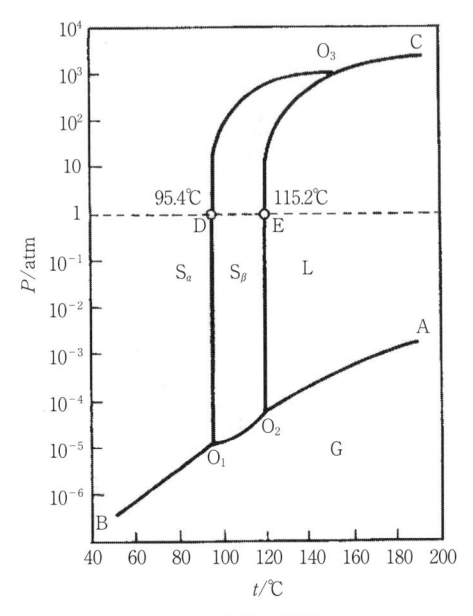

図 6.8 硫黄の状態図

6.4 図 6.8 は硫黄の状態図で，S_α，S_β はそれぞれ斜方硫黄および単斜硫黄の存在する領域である．次の問に答えよ．
(1) 曲線 O_1B，O_1O_2，O_1O_3，O_3C，O_2O_3 はそれぞれ何を表すか．
(2) O_1，O_2，O_3 はそれぞれ何を表すか．
(3) 1 atm の下で斜方硫黄をゆっくり加熱すると，どのような変化が起こるか．
(4) 点 D, E はそれぞれどのような点か．

7 気体

 分子の大きさとそれらの間にはたらく力が無視できる気体が理想気体である．この章では，まず理想気体の温度，圧力，体積の間の関係を表す状態方程式を示す．次に，この状態方程式を分子のミクロな運動に基づいて導く．最後に理想気体の混合物について考察した後，実在気体の状態方程式の代表的な例として，ファン・デル・ワールスの式を導入する．

7.1 理想気体

 「一定の温度で，一定量の気体の体積 V は圧力 P に反比例とする」．これを**ボイル** (Boyle) **の法則**（1662年）という．定数を a とすると，この法則は次式で表される．

$$V = \frac{a}{P} \qquad 定温 \tag{7.1.1}$$

温度一定で，気体の体積を2倍にすると，単位体積中に含まれる粒子数は 1/2 になり，容器の壁に衝突する粒子数も 1/2 になる．圧力は器壁への衝突頻度に比例するので，体積が2倍になると，圧力は 1/2 になるのである．式 (7.1.1) の関係を図 7.1 に示す．温度一定で気体の圧力と体積が P_1, V_1 から P_2, V_2 に変わるとき，$P_1 V_1 = P_2 V_2$ が成り立つ．

 「一定の圧力で，一定量の気体の体積 V は温度 t [℃] が 1℃ 上がるごとに 0℃ のときの体積 V_0 の 1/273.15[1] ずつ増加する」．これを**シャルル** (Charles) **の法則**（1787年）という．これを式で書くと

---

1) シャルルは 1/273 の値を用いたが，ここではより正確な値に変えた．

$$P_1V_1 = P_2V_2 = a$$

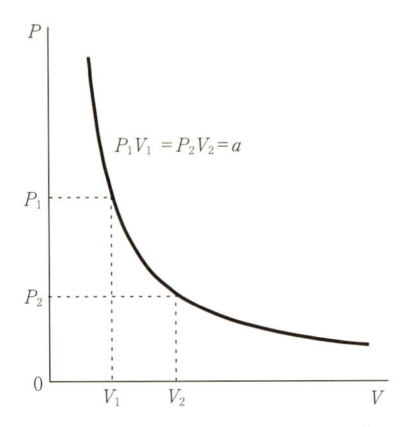

図7.1 定温における理想気体の体積と圧力の関係

$$V = V_0 + \frac{V_0 t}{273.15℃} = V_0\left(1 + \frac{t}{273.15℃}\right) \quad 定圧 \quad (7.1.2)^{1)}$$

となる.この式によると,$t = -273.15℃$ で $V = 0$ となる(図7.2).そこで,この温度を原点としてセルシウス温度と同じ目盛り間隔をもつ温度を定義し,**絶対温度**(absolute temperature)と呼ぶ.なお,この温度は熱力学を基にして決められる温度と同一で,熱力学的温度ともいわれ,単位は K(ケルビン(Kelvin))である(裏表紙見返し,SI 基本単位参照).絶対温度 T とセルシウス温度 t の関係は

$$T/K = t/℃ + 273.15 \quad (7.1.3)$$

である.絶対温度を用いると (7.1.2) は次式のようになる.

$$V = V_0 \frac{T}{273.15 \text{ K}} \quad 定圧 \quad (7.1.4)$$

したがって,シャルルの法則は「**一定の圧力で,一定量の気体の体積 V は絶対温度 T に比例する**」と言い換えることができる.図7.2に示すように,圧力一定で気体の温度と体積が T_1, V_1 から T_2, V_2 に変わるとき,$V_1/T_1 = V_2/T_2$ が成り立つ.温度が上昇すると,容器内の分子の運動が激しくなる(2.3節,p.22 で述べたように,温度は分子の無秩序な運動の激しさを示す

---

1) t を℃ 単位で表しているから,この式の分母を 273.15℃ としなければならない.

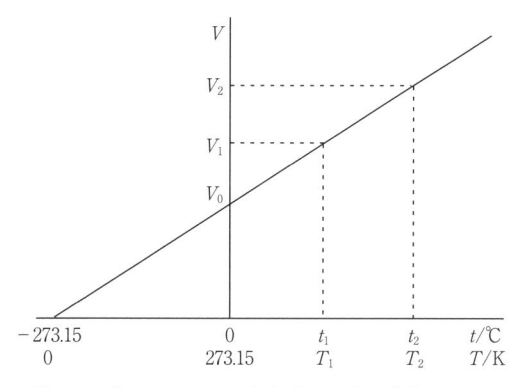

図 7.2 定圧における理想気体の温度と体積の関係

尺度である).よって,外圧が一定ならば,温度上昇とともに気体の体積は膨張して,気体の圧力は外圧と釣り合うようになるのである.

ボイルの法則とシャルルの法則をまとめると「**一定量の気体の体積 V は絶対温度 T に比例し圧力 P に反比例する**」ということになる.すなわち,定数を b として

$$V = b\frac{T}{P} \tag{7.1.5}$$

気体の物質量を n,モル体積を V_m とすると,$V = nV_m$ であるから

$$PV_m = (b/n)T$$

となる.上式で,$P = 1\,\text{atm}$,$T = 273.15\,\text{K}$(標準状態)とすると,$V_m = 22.414\,\text{dm}^3\,\text{mol}^{-1}$ であるから

$$\begin{aligned}R &\equiv \frac{b}{n} = \frac{PV_m}{T} = \frac{1\,\text{atm} \times 22.414\,\text{dm}^3\,\text{mol}^{-1}}{273.15\,\text{K}} \\ &= 8.2057 \times 10^{-2}\,\text{dm}^3\,\text{atm}\,\text{K}^{-1}\,\text{mol}^{-1}\end{aligned} \tag{7.1.6}$$

である.よって,$PV_m = RT$ の両辺を n 倍して

$$PV = nRT \tag{7.1.7}$$

が得られる.7.4 節で述べるように,実際の気体では高圧や低温になると,この式は成り立たなくなる[1].この式があらゆる圧力・温度範囲で成り立つ

---

[1] 常温では,圧力が 1〜10 atm までなら,多くの気体で理想気体の式からの誤差が極めて小さい.

気体を**理想気体**（ideal gas）と呼ぶ．また，この式を理想気体の**状態方程式**（equation of state），R を**気体定数**（gas constant）という．

理想気体において，温度 T_1，T_2 における PV を $(PV)_1$，$(PV)_2$ とすると，式（7.1.7）から

$$\frac{T_2}{T_1} = \frac{(PV)_2}{(PV)_1}$$

となる．国際単位系（SI 単位系）では，この式を用いて絶対温度の目盛りを定める．すなわち，水の3重点（6.4節，p.98）を基準点に選び，その温度を 273.16 K とする．このように規約すると，上式から

$$T = 273.16 \text{ K} \frac{(PV)_T}{(PV)_{3\text{重点}}} \quad \text{理想気体} \quad (7.1.8)$$

となり，絶対温度の目盛は1つの基準点だけで決定される．また，セルシウス温度は（7.1.3）とは逆に絶対温度から次式で決定される．

$$t/\text{℃} = T/\text{K} - 273.15 \quad (7.1.9)$$

なお，このように絶対温度とセルシウス温度を決めると，水の融点の温度は 273.15 K（0℃）にきわめて近い．

[**例題 7.1**] 気体定数 R を SI 単位で表せ．
[**解**] （2.4.3），（2.4.2），（2.3.2）より
$$1 \text{ atm dm}^3 = 1.01325 \times 10^5 \text{ Pa dm}^3 = 1.01325 \times 10^5 \text{ N m}^{-2} \times 10^{-3} \text{ m}^3$$
$$= 1.01325 \times 10^2 \text{ N m} = 1.01325 \times 10^2 \text{ J}$$

であるから，（7.1.6）より
$$R = 8.2057 \times 10^{-2} \times 1.01325 \times 10^5 \text{ Pa dm}^3 \text{ K}^{-1} \text{ mol}^{-1}$$
$$= \underline{8.3144 \times 10^3 \text{ Pa dm}^3 \text{ K}^{-1} \text{ mol}^{-1}} \quad (7.1.10)$$

または，次のようになる．
$$R = 8.2057 \times 10^{-2} \times 1.01325 \times 10^2 \text{ J K}^{-1} \text{ mol}^{-1} = \underline{8.3144 \text{ J K}^{-1} \text{ mol}^{-1}}. \quad (7.1.11)$$

[**例題 7.2**] 27℃，5.0×10^5 Pa で体積が 1.7 dm³ の理想気体の物質量は何 mol か．
[**解**] （7.1.7），（7.1.10）より
$$n = \frac{PV}{RT} = \frac{5.0 \times 10^5 \text{ Pa} \times 1.7 \text{ dm}^3}{8.31 \times 10^3 \text{ Pa dm}^3 \text{ K}^{-1} \text{ mol}^{-1} \times (273+27)\text{K}} = \underline{0.34 \text{ mol}}$$

気体の質量を w，モル質量を M とすれば物質量は $n = w/M$ である．この式を（7.1.7）に代入して

$$M = \frac{wRT}{PV} \tag{7.1.12}$$

を得る．この式は分子量を求めるために使われる（次の例題参照）．

[**例題 7.3**] 大気圧の下にある 27°C の気体の密度が 3.50 g/dm^3 であった．この気体の分子量を求めよ．
[**解**] この気体は 1 atm, 27°C で，1 dm^3 の体積の質量が 3.50 g である．(7.1.12) を用いて

$$M = \frac{wRT}{PV} = \frac{3.50 \text{ g} \times 8.21 \times 10^{-2} \text{ dm}^3 \text{ atm K}^{-1} \text{ mol}^{-1} \times (27+273) \text{ K}}{1 \text{ atm} \times 1 \text{ dm}^3} = 86 \text{ g mol}^{-1}$$

ゆえに，分子量は 86 である．

7.2 気体分子運動論

容器の中で無数の気体分子は複雑な運動をしている．これら個々の分子の運動に古典力学を適用して理想気体のマクロな性質を導き出す理論を**気体分子運動論**（kinetic theory of gases）という．この理論で，理想気体とは分子の大きさと分子間力が無視できる気体である．実際，気体の圧力が十分低くなると，容器の体積に比べて分子全体の体積が無視できるようになるし，分子間の平均距離が大きくなるので，分子間力も無視できるようになり，理想気体に近づく．

分子は容器の壁に衝突して，図 7.3 のように，速さ（速度の大きさ）u を変えずに跳ね返されるとする（鏡面反射）．このとき分子は容器の壁の垂直方向に力 $\boldsymbol{F}$ を及ぼし，作用反作用の法則で $-\boldsymbol{F}$ の力を受ける．気体の圧力は無数の粒子が壁の単位面積当たりに及ぼす力の統計的平均と解釈される．

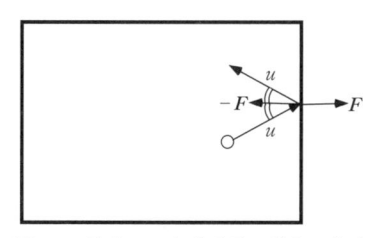

図 7.3 速度 u の気体分子の壁との衝突

分子の大きさと分子間力を無視すると次式が導かれる[1].

$$P = \frac{1}{3}\left(\frac{N}{V}\right)m\overline{u^2} \tag{7.2.1}$$

ただし，N と m は分子数と分子の質量，$\overline{u^2}$ は分子の速さの2乗の平均値

$$\overline{u^2} = \frac{1}{N}(u_1^2 + u_2^2 + \cdots + u_N^2) = \frac{1}{N}\sum_{i=1}^{N} u_i^2 \tag{7.2.2}$$

である．(7.2.1) は次のように解釈される．(N/V) は分子密度で，この値が大きくなると衝突頻度が増す，また m, $\overline{u^2}$ が大きくなると1回の衝突で壁に与える力が増すので，圧力 P はそれらの値に比例して増加するのである．分子1個当たりの運動エネルギーの平均値は

$$\overline{\varepsilon_k} = \overline{\frac{1}{2}mu^2} = \frac{1}{2}m\overline{u^2} \tag{7.2.3}[2]$$

となる．(7.2.1)，(7.2.3) から次式が得られる．

$$PV = \frac{2}{3}N\overline{\varepsilon_k} \tag{7.2.4}$$

上式と理想気体の状態方程式 $PV = nRT$ を組み合わせると

$$\overline{\varepsilon_k} = \frac{3}{2}\frac{nR}{N}T = \frac{3}{2}k_BT \tag{7.2.5}$$

を得る．ただし，アボガドロ定数を N_A として

$$k_B = \frac{nR}{N} = \frac{n}{nN_A}R = \frac{R}{N_A} = \frac{8.314 \text{ JK}^{-1}\text{mol}^{-1}}{6.022 \times 10^{23} \text{ mol}^{-1}} = 1.381 \times 10^{-23} \text{JK}^{-1} \tag{7.2.6}$$

である．$k_B = R/N_A$ は分子1個当たりの気体定数に相当し，**ボルツマン定数**（Boltzmann constant）と呼ばれる．(7.2.5) によると，分子の平均運動エネルギーは絶対温度に比例しており，温度の目安を与えることがわかる．逆に，2.3節，p.22 で述べたように，ここでも温度は分子の無秩序な運動の激しさを表すことがわかる．

(7.2.1) で $N = N_A$（1 mol）とすると，$PV = N_A m\overline{u^2}/3$ となる．この式の左辺を RT とおくと

$$\sqrt{\overline{u^2}} = \sqrt{\frac{3RT}{N_A m}} = \sqrt{\frac{3RT}{M}} \tag{7.2.7}$$

---

[1] 巻末参考書9, 10参照.
[2] 一般に A, B の平均値をそれぞれ $\overline{A}$, $\overline{B}$，また，c を定数とすれば，$\overline{cA} = c\overline{A}$，$\overline{A+B} = \overline{A} + \overline{B}$ が成り立つ．

となる．ただし，M はモル質量である．$\sqrt{\overline{u^2}}$ は分子の速さの一種の平均値[1]で，**根平均2乗速度**（root mean square velocity）と呼ばれる．この式からその値は温度が高いほど，また分子量が小さいほど大きいことがわかる．

[**例題 7.4**] 27℃における窒素分子 N_2 の根平均2乗速度を求めよ．ただし，窒素の原子量は N = 14 とする．
[**解**]　（7.2.7）より
$$\sqrt{\overline{u^2}} = \sqrt{\frac{3 \times 8.31 \text{ JK}^{-1} \text{ mol}^{-1} \times 300 \text{ K}}{14 \times 2 \times 10^{-3} \text{ kg mol}^{-1}}} = \sqrt{2.67 \times 10^5 \text{J kg}^{-1}} = 517 \text{ ms}^{-1}$$
ただし，J kg^{-1} = N m kg^{-1} = (kg ms^{-2}) m kg^{-1} = m^2 s^{-2} を用いた．

　熱運動によって飛び回っている分子は，互いに衝突して，刻々と運動の向きと速さを変えている．ただし，熱平衡の状態では分子の速さの分布は一定となることが示される．図7.4に窒素分子の4つの温度における速さの分布を示す．図から温度が高くなると分子数の最大の位置が速さ u の大きい方にずれるとともに，その分布が広がっていることがわかる．このような熱平衡状態における分子の速度の分布を，研究者の名前に因んで**マクスウェル-ボルツマン**（Maxwell-Boltzmann）**の速度分布**という．

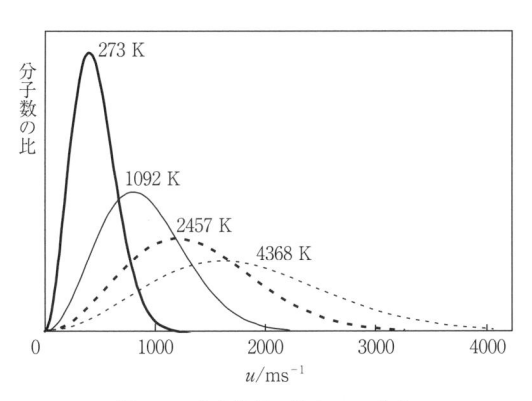

図 7.4 窒素分子の速さ u の分布

---
1) $\overline{u^2} \neq \overline{u} \cdot \overline{u}$ であるから，平均の速さ $\overline{u}$ は $\sqrt{\overline{u^2}}$ と異なる．詳しい計算によると $\overline{u} = \sqrt{8/(3\pi)}\sqrt{\overline{u^2}} \cong 0.921\sqrt{\overline{u^2}}$ である（巻末参考書11参照）．

7.3 混合気体

一定の温度 T, 一定の圧力 P の下で, 2種の理想気体 A, B を混合するものとする. 気体 A, B の体積と物質量をそれぞれ V_A, n_A; V_B, n_B とすれば, 混合前の気体について次式が成立する.

$$PV_A = n_A RT \qquad PV_B = n_B RT \tag{7.3.1}$$

気体分子 A と B の間に相互作用がなければ, 混合後の全物質量は $n_A + n_B$ となるので, 混合気体の体積を V として

$$PV = (n_A + n_B)RT \tag{7.3.2}$$

が成り立つ. (7.3.1) の両辺の和をとって, (7.3.2) と比較すると

$$V = V_A + V_B \tag{7.3.3}$$

を得る. すなわち, 混合気体の体積は混合前の各気体の体積の和である. 上式が成り立つ気体を**理想混合気体** (ideal gas mixture) という. また, (7.3.2) の圧力 P を理想混合気体の**全圧** (total pressure) という. これに対し, 成分気体 A, B が, それぞれ単独で, 混合気体と同じ温度 T, 同じ体積 V のとき示すべき圧力 p_A, p_B を A, B それぞれの**分圧** (partial pressure) という. このとき

$$p_A V = n_A RT \qquad p_B V = n_B RT \tag{7.3.4}$$

が成り立つ. (7.3.4) の両辺の和をとって, (7.3.2) と比較すると

$$P = p_A + p_B \tag{7.3.5}$$

となる. すなわち, 分圧の和は全圧に等しい. これをドルトンの**分圧の法則** (1801年) という.

次に, (7.3.2) から $RT/V = P/(n_A + n_B)$ が成り立つ. この式と (7.3.4) から次式を得る.

$$p_A = \frac{n_A}{n_A + n_B} P \qquad p_B = \frac{n_B}{n_A + n_B} P \tag{7.3.6}$$

また次式が成り立つ.

$$\frac{p_A}{p_B} = \frac{n_A}{n_B} \tag{7.3.7}$$

すなわち, 混合気体の分圧の比は物質量の比となる.

一般に，混合物において成分の物質量が n_1, n_2, ……, n_i, ……のとき，成分 i の物質量の全物質量に対する割合

$$x_i = \frac{n_i}{n_1 + n_2 + \cdots} = \frac{n_i}{\sum_i n_i} \quad (7.3.8)$$

を**モル分率**（mole fraction）という．この記号を使うと，(7.3.6) は

$$p_A = x_A P \qquad p_B = x_B P \quad (7.3.9)$$

となる．すなわち，各成分の分圧はその成分のモル分率と全圧の積である．なお，(7.3.8) より

$$\sum_i x_i = x_1 + x_2 + \cdots = 1 \quad (7.3.10)$$

すなわち，モル分率の和は 1 である．

[例題 7.5] 1.0 atm，600 cm^3 の理想気体 A と 3.0 atm，400 cm^3 の理想気体 B を体積 800 cm^3 の容器の中で混合した．混合気体の全圧，各成分気体の分圧およびモル分率を求めよ．ただし，温度は一定とする．
[解] 温度一定であるから，圧力は体積に反比例する．よって，気体 A，B の分圧と全圧は

$p_A = 1.0 \text{ atm} \times (600 \text{ cm}^3/800 \text{ cm}^3) = \underline{0.75 \text{ atm}}$ $\qquad p_B = 3.0 \text{ atm} \times (400 \text{ cm}^3/800 \text{ cm}^3) = \underline{1.5 \text{ atm}}$

$$P = p_A + p_B = \underline{2.25 \text{ atm}}$$

モル分率は (7.3.9) より

$x_A = P_A/P = 0.75 \text{ atm}/2.25 \text{ atm} = \underline{0.33} \qquad x_B = P_B/P = 1.5 \text{ atm}/2.25 \text{ atm} = \underline{0.67}$

[例題 7.6] 空気は窒素と酸素が 4:1 の体積比で混合した気体である．空気の平均分子量を求めよ．ただし，原子量は N = 14.0，O = 16.0 とする．
[解] 空気を理想混合気体とすると，(7.3.1) から体積の比は物質量の比に等しいから，空気は窒素と酸素が 4:1 の物質量比で混合した気体である．よって，5 mol の空気中には 4 mol の窒素と 1 mol の酸素が含まれる．5 mol の空気の質量は

$$W = 14.0 \times 2 \times 4 + 16.0 \times 2 = 144 \text{ [g]}$$

平均モル質量は

$$\overline{M} = 144 \text{ g}/5 \text{ mol} = 28.8 \text{ g mol}^{-1}$$

よって，平均分子量は $\underline{28.8}$ となる．

7.4 実在気体

7.2 節で述べたように，理想気体では分子間力と分子の大きさが無視されている．現実の気体である，**実在気体**（real gas）では，分子間力のため圧

縮を続けると液体や固体になる．また，分子に大きさがあるため，液体や固体になると急に圧縮し難くなる．

実在気体の状態方程式はいろいろ提案されているが，その中で最もよく使われるのがファン・デル・ワールス (van der Waals) によるものである．この方程式では，実在気体で問題となる上の2つの効果を考慮して，次のように理想気体の式 $PV=nRT$ を補正する．

(1) 分子の大きさによる補正 分子が大きさをもつと，その分だけ分子が容器内で運動できる空間が減るはずである．この体積の減少を1 mol 当たり b とすると，理想気体の式 $PV=nRT$ は次のようになる．

$$P = \frac{nRT}{V-nb} \tag{7.4.1}$$

(2) 分子間力による補正 上式にこの補正を追加すると次式が得られる．

$$P = \frac{nRT}{V-nb} - a\left(\frac{n}{V}\right)^2 \tag{7.4.2}$$

理由は次の通りである．分子が容器の壁に衝突するとき，まわりの分子から内向きの力を受けるので（図7.5），その速度が減少して壁に与える衝撃が小さくなる．その結果，分子間力がない場合に比べて有効圧力が減る．この圧力の減少 ΔP は「分子1個当たりにはたらく力」と「単位時間に壁の単位

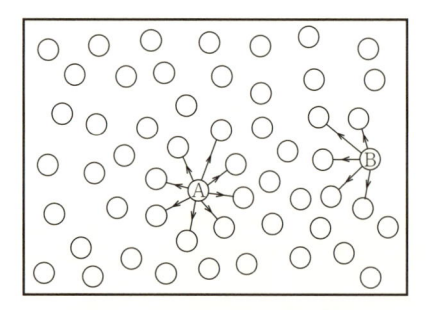

図7.5 分子間相互作用の効果
容器の内側にある分子 A では，まわりの分子からの引力は釣り合っている．一方，壁近くの分子 B では，引力の合力は内向きにはたらく．

表7.1 ファン・デル・ワールス定数

気体	a bar dm^6 mol^{-2}	b dm^3 mol^{-1}	気体	a bar dm^6 mol^{-2}	b dm^3 mol^{-1}
He	0.0346	0.0238	CO_2	3.658	0.0429
Ne	0.208	0.0167	Cl_2	6.343	0.0542
H_2	0.2452	0.0265	H_2O	5.537	0.0305
N_2	1.370	0.0387	NH_3	4.225	0.0371
O_2	1.382	0.0319	CH_4	2.303	0.0431
CO	1.472	0.0395	C_6H_6	18.82	0.1193

1 bar = 10^5 Pa
SI 単位系への換算：1 bar dm^6 mol^{-2} = 0.1 Pa m^6 mol^{-2}, 1 dm^3 mol^{-1} = 0.001 m^3 mol^{-1}

面積に衝突する分子数」の積に比例すると考えられる．それらがそれぞれ分子密度 n/V に比例するとすれば，比例定数を a として

$$\Delta P = a\left(\frac{n}{V}\right)^2$$

となる．(7.4.1) の P からこの ΔP を引いたものが，(7.4.2) である．(7.4.2) を書き直すと

$$\left[P + a\left(\frac{n}{V}\right)^2\right](V - nb) = nRT \tag{7.4.3}$$

を得る．この式を**ファン・デル・ワールスの状態方程式**という．この式で $a = b = 0$ とすると，分子間力と分子の大きさを無視することになるので，理想気体の状態方程式 $PV = nRT$ が得られる．表7.1 にファン・デル・ワールス定数 a, b の値を示す．液化しやすい気体（塩素 Cl_2, 水 H_2O, アンモニア NH_3, ベンゼン C_6H_6 など）では a の値が大きく，大きい分子（Cl_2, 二酸化炭素 CO_2, メタン CH_4, C_6H_6 など）では b の値が大きい．

呼吸

呼吸（respiration）は肺での空気と血液の間のガス交換である**外呼吸**と細胞内で有機物を分解してエネルギーを取り出す**内呼吸**（**細胞呼吸**）に分けられる．
　外呼吸では吸気の際，横隔膜と外肋間筋が収縮して胸郭の容積が増加する．その結果，空気が肺に流入する．呼気の際には逆の過程で空気が押し出される．空気中の酸

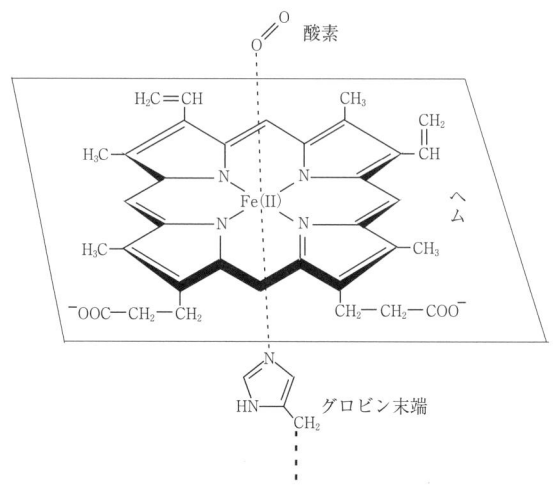

図7.6 オキシヘモグロビンの分子構造（模式図）

素と窒素の容積比は1：4であるから，酸素の分圧はほぼ$760 \times 1/5$ Torr $\cong 150$ Torr（150 mmHg）である．肺におけるガス交換は何百万個もある肺房（総面積は$60 \sim 70$ m^2）と肺房を取り巻く毛細血管の間で起こる．その際，気体分子は肺房壁（厚さ0.5 μm 以下）と毛細血管壁を通って拡散する．動脈血液における酸素分圧は100 Torr 程度である．

酸素はヘモグロビンによって運ばれる．酸素分圧が100 Torrのとき，酸素は血液1 dm^3 中に3 cm^3 しか溶けないのに対し，血液1 dm^3 には150 gのヘモグロビンがあり，209 cm^3 の酸素と結合することができる．ヘモグロビンはタンパク質鎖（グロビン）とヘム分子が結合したサブユニット4個から構成されている（II（巻末参考書2）8.2節, p.83）．ヘムは有機環式化合物プロトポルフィリンIXの中央にFe(II)が結合した分子である（図7.6）．図に示すように，ヘモグロビンに酸素がついたオキシヘモグロビンでは，Fe(II)の上下に酸素分子とグロビンの末端が配位結合をしている．

図7.7に酸素分圧$p(O_2)$ とヘモグロビンの酸素飽和度の関係を示す．肺で100 Torrの分圧で酸素を飽和した血液は体の各組織に送られる．組織では代謝に伴って酸素が使われて二酸化炭素が生成しているので，酸素分圧が低下してオキシヘモグロビンから酸素が遊離する．血漿（血液から細胞成分を除いた部分）中で，二酸化炭素は炭酸水素イオンHCO_3^- と次の平衡にある．

$$CO_2 + H_2O \rightleftarrows H^+ + HCO_3^- \qquad (1)$$

赤血球中の酵素カルボニックアンヒドラーゼがこの平衡を促進し，組織で発生した二酸化炭素のほとんどはHCO_3^- の形で運ばれる．なお，上の反応で血液が酸性になる（H^+ 濃度が増す）と，ヘモグロビンの立体構造が変わり，解離曲線は右に移動し

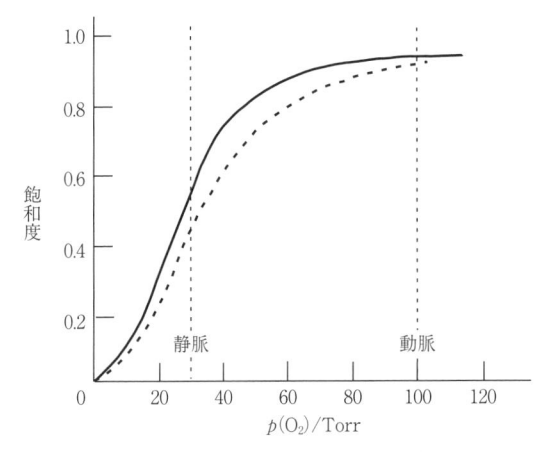

図 7.7 ヘモグロビンにおける酸素分圧と酸素飽和度の関係．実線は pH = 0.74，点線は血液が酸性になった場合．

（図 7.7 の実線から点線の方向に移り）酸素を離しやすくなる．これを**ボーア効果**（Bohr effect）という[a]．組織の代謝産物である 1,3-ビスホスホグリセリン酸（II 11.2 節，p.195）や CO_2 もヘモグロビンに結合して，同様の効果を及ぼし，ヘモグロビンの酸素に対する親和性を下げる[b]．静脈中の酸素分圧は約 30 Torr である．HCO_3^- の形で肺に戻った CO_2 は拡散により毛細血管から肺房に移り外部に排出される．

ヘムの Fe(II) に酸素が結合すると明るい赤色に，酸素が離れると暗赤色になる．これが動脈と静脈の色である．筋肉中にはヘムとグロビンが結合した**ミオグロビン**がある．ミオグロビンはヘモグロビンのサブユニット 1 個分に相当する分子で，低い酸素分圧まで酸素と結合する性質がある．筋肉の赤色はオキシミオグロビンの色である．ヘモグロビンやミオグロビンの Fe(II) が酸化されて Fe(III) になると，酸素は結合できない．乾いた血液や古い肉の茶色はこの状態の色である．

一酸化炭素 CO はヘモグロビンの Fe(II) と強く結合し，酸素の運搬を阻害する．これが一酸化炭素中毒の原因である．

---

[a] 発見者のクリスティアン・ボーア（C. Bohr）は水素原子のボーアモデルの提案者ニールス・ボーア（N. Bohr）の父である．

[b] 酸素が不足する高地では，数週間経つと，赤血球の数や赤血球中のヘモグロビンの量が増加して体が適応する．短期間では，血中の 1,3-ビスホスホグリセリン酸が急上昇し，オキシヘモグロビンから酸素が離れやすくなり，高地に適応する．

章末問題

7.1 27℃, 2.00 bar で 5.00 dm^3 を占める理想気体の体積は標準状態で何 dm^3 か.

7.2 15.0 g の二酸化炭素は 27℃, 圧力 740 mmHg で何 dm^3 の体積を占めるか. またそのときの密度を求めよ. ただし, 原子量は C = 12, O = 16 とする.

7.3 炭素 46.2% を含む炭素と窒素から成る分子の気体がある. その密度は標準状態で 2.34 g dm^{-3} である. この化合物の分子式を求めよ. 原子量は C = 12, N = 14 とする.

7.4 5.0 atm, 10 dm^3 の理想気体に含まれている分子の運動エネルギーの総和 E を J 単位で求めよ.

7.5 300 K における酸素分子の根平均2乗速度および 1 mol 当たりの運動エネルギーを求めよ. 原子量は O = 16 とする.

7.6 1.26 g の一酸化炭素と 2.74 g の二酸化炭素の混合気体がある.
(1) この気体は 50℃, 2.50 atm で何 dm^3 の体積を占めるか. 原子量は C = 12, O = 16 とする.
(2) 各成分のモル分率を求めよ.
(3) 各成分の分圧を求めよ.

7.7 水素などの水に溶けない気体は, 図 7.8 のように管で導いて, 水上で空気を置換して捕集することができる. その際, 気体は水蒸気が飽和した混合気体になる. 27℃, 大気圧の下で, 気体を水上捕集したところ, その体積は 518 cm^3 であった. 27℃における水蒸気の飽和蒸気圧は 3.57 kPa である. 捕集した気体の物質量を求めよ.

7.8 アンモニア 20.0 g が 87℃ で 3.56 dm^3 の体積を占めるときの圧力をファン・デル・ワールスの状態方程式を用いて計算し, 理想気体の場合と比較せよ. ただし, 表 7.1 の値を用いよ. また, 原子量は H = 1, N = 14 とする.

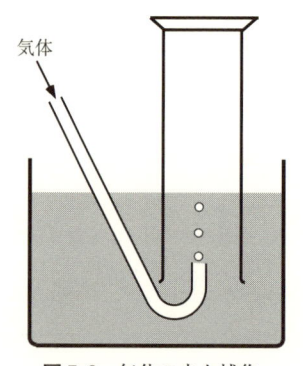

図 7.8 気体の水上捕集

8 溶液

　溶解は液体（溶媒）に他の物質（溶質）が溶けて均一な混合物（溶液）になる現象である．この章では，まず，いろいろな物質の溶解の仕組みを考える．次に溶液の濃度の表し方と溶解度について述べた後，希薄溶液で普遍的に成り立つ性質について解説する．最後に，大きい粒子（1～100 nm）が他の物質中に分散した系（コロイド）の性質を述べる．

8.1　溶解

　図 8.1 に示すように，塩化ナトリウム（食塩）NaCl の結晶を水に入れると，結晶の表面から Na^+ イオンや Cl^- イオンが水中に拡散していき，やがて均一な**溶液**（solution）になる．この現象が**溶解**（dissolution）で，他の物質を溶かす物質を**溶媒**（solvent），溶けた物質を**溶質**（solute）という．NaCl が水に溶けやすいのは，Na^+ や Cl^- が極性をもつ水分子に囲まれて，静電気的引力（クーロン引力）で結びつき，安定化するためである（図 8.2,

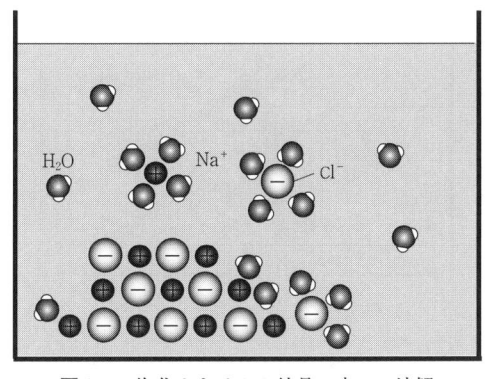

図 8.1　塩化ナトリウム結晶の水への溶解

Na^+ の場合).この状態を**水和**(hydration)と呼ぶ.NaCl のように,水に溶けたときイオンに分かれる物質を**電解質**(electrolyte),電解質が水中でイオンに分かれる現象を**電離**(electrolytic dissociation)という.

エタノール C_2H_5OH やスクロース(ショ糖,砂糖)$C_{12}H_{22}O_{11}$[1]のような**非電解質**(non-electrolyte)も水によく溶ける.これらの分子は極性をもつヒドロキシ基(またはヒドロキシル基)-OH が水和物をつくるからである(図 8.3).-OH 基や-NH_2 基のように水和しやすい基を**親水基**(hydrophilic group),C_2H_5-基のように極性をもたない基を**疎水基**(hydrophobic group)という.アミノ酸やタンパク質が水中で安定に存在するのは,-OH 基や-NH_2 基のような親水基をもつからである.

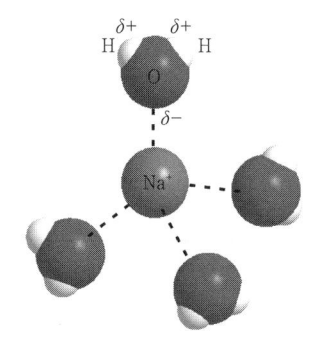

図 8.2 ナトリウムイオンの水和

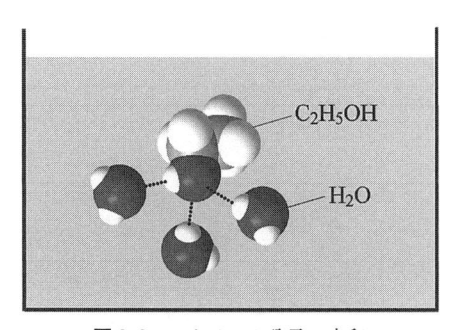

図 8.3 エタノール分子の水和

[1) 分子中に 8 個の-OH 基を含む.分子構造については II 6.5 節,p. 23 参照.

塩化ナトリウムやスクロースと異なり，ベンゼン C_6H_6 やヘキサン C_7H_{16} などの分子はほとんど水に溶けない．これらの分子は極性がない（疎水性をもつ）ので，水分子との間の引力が，分子同士の引力や水分子同士の引力より弱いからである．これに対し，ベンゼンとヘキサンはともに無極性で互いによく混じり合う．

一般に極性の大きい物質同士，極性の小さい物質同士は溶け合って溶液をつくるが，極性の大きい物質と小さい物質とはほとんど混じり合わず溶液をつくり難い．

8.2 濃度と溶解度

溶液中に溶けている溶質の割合は**濃度**（concentration）で表される．よく使われる濃度には次の3つがある．

(i) 溶液（溶媒＋溶質）中に含まれている溶質の質量をパーセントで表したものを**質量パーセント濃度**という．

$$\text{質量パーセント濃度} = \frac{\text{溶質の質量}}{\text{溶液の質量}} \times 100 \; [\%] \quad (8.2.1)$$

(ii) 溶液 $1 \, \text{dm}^3$ 中に含まれている溶質のモル数を**モル濃度**という．

$$\text{モル濃度} = \frac{\text{溶質の物質量 [mol]}}{\text{溶液の体積 [dm}^3\text{]}} \quad (8.2.2)$$

(iii) 溶媒 $1 \, \text{kg}$ 中に含まれている溶質のモル数を**質量モル濃度**という．

$$\text{質量モル濃度} = \frac{\text{溶質の物質量 [mol]}}{\text{溶媒の質量 [kg]}} \quad (8.2.3)$$

[**例題 8.1**] 食塩 $20 \, \text{g}$ を $250 \, \text{cm}^3$ の水に溶かした．この溶液の重量パーセント濃度と質量モル濃度を求めよ．ただし，原子量は $\text{Na} = 23$, $\text{Cl} = 35.5$ とする．

[**解**] 水の密度は $1 \, \text{g/cm}^3$ であるから，水の質量は $250 \, \text{g}$ である．よって

$$\text{重量パーセント濃度} = \frac{20 \, \text{g}}{(20+250) \, \text{g}} \times 100\% = \underline{7.4\%}$$

である．食塩 NaCl の式量は $23 + 35.5 = 58.5$ であるから，食塩の 1 mol は $58.5 \, \text{g}$ である．食塩は水 $250 \, \text{g}$ 中に $20 \, \text{g}$ 溶けているから，$1 \, \text{kg}$ 中には $20 \, \text{g} \times 1000/250 = 80 \, \text{g}$ 溶けていることになる．これは $(80/58.5)$ mol = 1.4 mol に相当する．よって，質量モル濃度は $\underline{1.4 \, \text{mol/kg}}$．

[**例題 8.2**] 濃度 96.0% の濃硫酸の密度は $1.84 \, \text{g/cm}^3$ である．この濃硫酸のモル濃度を求

めよ．ただし，原子量はH=1，O=16，S=32とする．
[解] この濃硫酸1 dm^{3}の質量は1.84 g/cm^3×1 dm^3=1840 gである．硫酸の分子量はH_2SO_4=98であるから，濃硫酸1 dm^{3}に溶けている硫酸のモル数は

$$\frac{1840 \text{ g} \times 0.96}{98 \text{ g/mol}} = 18.0 \text{ mol}$$

である．よって，モル濃度は18.0 mol/dm^3．

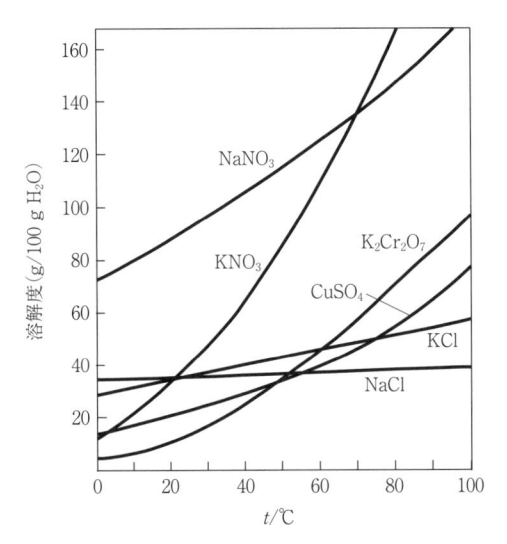

図8.4 イオン化合物の溶解度曲線

　一定の温度で一定量の溶媒に溶ける溶質の量には限度がある．この限度に達した溶液を**飽和溶液**（saturated solution）という．飽和溶液における溶質の濃度をその物質の**溶解度**（solubility）と呼び，通常溶媒100 g中の溶質の質量[g]の数値（無名数）で表す．一般に温度が上がると溶解度は上昇する．図8.4にいくつかのイオン化合物の溶解度曲線を示す．
　硝酸カリウムKNO_3のように温度とともに溶解度が大きく増加する物質では，高温の飽和溶液を冷やすとたやすく結晶が析出する．その物質中に少量存在する不純物は，その濃度が小さいので析出しないため，純度の高い結晶が得られる．このようにして物質を精製する方法を**再結晶**（recrystallization）（法）という．

[例題 8.3] 80℃の硝酸ナトリウム $NaNO_3$ 飽和水溶液 500 g がある．この水溶液を 20℃ まで冷却すると，$NaNO_3$ が何 g 析出するか．ただし，$NaNO_3$ の 80℃ と 20℃ における溶解度はそれぞれ 147.5 と 87.3 である．
[解] 80℃における溶液 $(100+147.5)$ g = 247.5 g を 20℃ まで冷却すると，$(147.5-87.3)$ g = 60.2 g の $NaNO_3$ が析出する．ゆえに，500 g の溶液を冷却するとき，析出する $NaNO_3$ の質量を x とすると，次式が成り立つ．

$$\frac{247.5 \text{ g}}{60.2 \text{ g}} = \frac{500 \text{ g}}{x} \quad \therefore x = \frac{500 \times 60.2}{247.5} \text{ g} = \underline{121.6 \text{ g}}$$

炭酸飲料のびんの栓を抜くと，二酸化炭素の泡が出る．これは気体の圧力が小さくなると溶解度が減るためである．「一定温度では，溶解度が小さい気体[1]の溶解度はその気体の分圧に比例する」．これを**ヘンリー（Henry）の法則**という．なお，気体の溶解度は，溶媒と接している気体の圧力（分圧）が 1 atm のとき，溶媒の単位体積中に溶ける気体の体積を，標準状態（0℃，1 atm）に換算した値で表す．これを**ブンゼン吸収係数**（Bunsen absorption coefficient）という．体積の単位は通常 dm^3 である．

温度が上昇すると，溶液に溶けている気体分子の運動が活発になり，溶液から飛び出しやすくなるため，溶解度が減少する（図 8.5）．

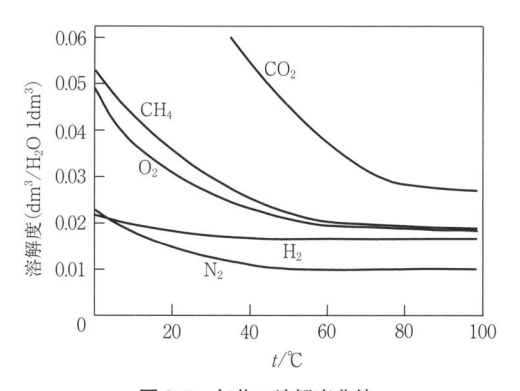

図 8.5 気体の溶解度曲線

---

[1] アンモニア NH_3 や塩化水素 HCl のように溶解度の大きい気体にはこの法則は当てはまらない．

[**例題 8.4**] 20℃における窒素と酸素の水に対するブンゼン吸収係数はそれぞれ 0.015 dm³, 0.031 dm³ である. 水 0.50 dm³ が 1.00 atm の空気(窒素と酸素の体積比は 4:1)に接している. 水に溶けている窒素と酸素の体積は標準状態でそれぞれ何 dm³ か.

[**解**] 窒素と酸素の分圧は, $p(N_2) = 1\,\text{atm} \times (4/5) = 0.8\,\text{atm}$, $p(O_2) = 1\,\text{atm} \times (1/5) = 0.2\,\text{atm}$. ヘンリーの法則より窒素と酸素の溶解量は

$$0.015\,\text{dm}^3 \times \frac{0.8\,\text{atm}}{1.00\,\text{atm}} \times \frac{0.50\,\text{dm}^3}{1\,\text{dm}^3} = \underline{6.0 \times 10^{-3}\,\text{dm}^3},$$

$$0.031\,\text{dm}^3 \times \frac{0.2\,\text{atm}}{1.00\,\text{atm}} \times \frac{0.50\,\text{dm}^3}{1\,\text{dm}^3} = \underline{3.1 \times 10^{-3}\,\text{dm}^3}.$$

8.3 希薄溶液の性質

およそ 0.1〜0.2 mol/dm³ 以下の濃度の薄い溶液(**希薄溶液** dilute solution)には, 溶質の種類に依らず, 濃度だけに依存する共通の性質がある. これを希薄溶液の**束一的性質**(colligative property)という. 以下, この性質を述べる.

8.3.1 蒸気圧降下と沸点上昇

溶媒に揮発しにくい物質を溶かすと, 溶媒の蒸気圧が下がる. これが**蒸気圧降下**(vapor pressure depression)の現象である. 図 8.6 に示すように, 不揮発性の溶質分子があると, 溶液の単位体積中の溶媒分子数が減るため, 溶液から蒸発する溶媒分子の割合が減り, 平衡状態で気体中の溶媒分子の数も減少する. ゆえに蒸気圧が下がるのである. 溶液中の溶媒および溶質の物

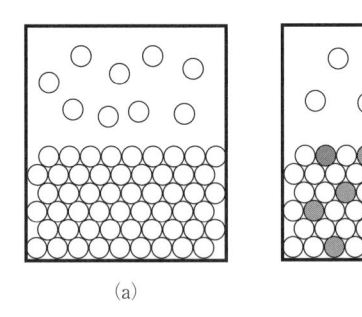

図 8.6 蒸気圧降下の模式図
(a)純溶媒, (b)溶液.

質量を n_A, n_B とすると,溶液中の溶媒分子の割合(溶媒分子のモル分率)は $x_A = n_A/(n_A+n_B)$ となる.純溶媒の蒸気圧 P^* がこの割合で下がるとすれば,溶液の蒸気圧は

$$P = x_A P^* \tag{8.3.1}$$

となる.蒸気圧降下を ΔP とすると[1],上式から $\Delta P = P^* - P = (1-x_A)P^* = x_B P^*$ となるので,

$$\frac{\Delta P}{P^*} = x_B \tag{8.3.2}$$

すなわち,蒸気圧降下の割合は溶質のモル分率に等しい.この式を使う例については章末問題 8.4 を参照されたい.

図 8.7 からわかるように,蒸気圧降下のため,溶液の蒸気圧曲線が純溶媒の蒸気圧曲線より下がり,溶液の蒸気圧が大気圧(1 atm)に達する温度(沸点)が上昇する.この現象を**沸点上昇**(boiling-point elevation)という.溶液と純溶媒の沸点をそれぞれ $T_b + \Delta T_b$, T_b として,その差 ΔT_b を**沸点上昇度**という.この値は沸点 P_b における蒸気圧降下 ΔP_b に比例すると考えられるから,比例定数を c として上式から,$\Delta T_b = c\Delta P_b = cx_B P_b$ となる.希

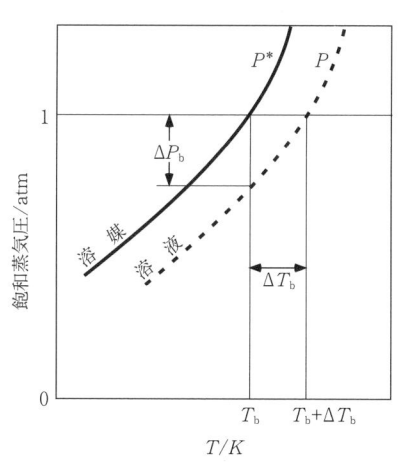

図 8.7 溶媒と溶液の飽和蒸気圧

---

1) Δ(デルタ)はギリシャ文字で差を表す記号である.

表 8.1 沸点[a]とモル沸点上昇係数

溶 媒	$T_b/°C$	$K_b/\text{K kg mol}^{-1}$
水	100.0	0.51
二硫化炭素	46	2.37
エタノール	78.3	1.23
アセトン	56.1	1.80
ジエチルエーテル	34.5	2.20
ベンゼン	80.1	2.53

a) 通常沸点（外圧 1 atm における沸点）

薄溶液では溶質の質量モル濃度を m，溶媒の質量とモル質量を w_A, M_A とすれば，$x_B = \dfrac{n_B}{n_A+n_B} \cong \dfrac{n_B}{n_A} = \dfrac{n_B}{w_A/M_A} = M_A m$ となるので，$\Delta T_b \cong c M_A P_b m$ が得られる．したがって

$$\Delta T_b = K_b m \tag{8.3.3}$$

ただし，$K_b = c M_A P_b$ は溶媒に特有な定数である．上式から，希薄溶液の沸点上昇度は，溶質の種類に無関係に，溶液の質量モル濃度（溶媒 1 kg 中に溶けている溶質のモル数）m に比例する．なお，K_b は質量モル濃度 $m=1$ のときの沸点上昇度に相当し，**モル沸点上昇係数**と呼ぶ．表 8.1 にいくつかの溶媒の K_b の値を示す．

8.3.2 凝固点降下

大気圧の下，純水の凝固点は 0°C であるが，海水の凝固点は -1.8°C である．このように，溶液の凝固点（融点）が純溶媒より低くなる現象を**凝固点降下**（freezing-point depression）という．溶媒の凝固点では単位時間に凝固する溶媒分子と融解する溶媒分子の数が釣り合っている．溶媒に溶質分子が加わると凝固する溶媒分子の数が減るため，固体が溶けてしまう．より低温になると，固体の分子運動が緩慢になり，単位時間に融解する分子数が減るため，凝固する分子数との釣り合いがとれるようになる．これが凝固点降下の原因である．

純溶媒の凝固点 t_f と純溶媒の凝固点を $T_f - \Delta T_f$ の差 ΔT_f を**凝固点降下度**と呼ぶ．沸点上昇の場合と同様に，希薄溶液の凝固点降下度は溶液の質量モ

表 8.2 凝固点とモル凝固点降下係数

溶 媒	T_f/℃	K_f/K kg mol^{-1}
水	0.00	1.86
酢酸	16.6	3.90
ベンゼン	5.5	5.12
シクロヘキサン	6.6	20.8
ショウノウ	178.8	37.8

ル濃度 m だけに比例する.すなわち

$$\Delta T_f = K_f m \tag{8.3.4}$$

である.K_f は質量モル濃度 $m=1$ のときの凝固点降下度で**モル凝固点降下係数**と呼ばれる.表8.2にいくつかの溶媒の凝固点とモル凝固点降下係数を示す.

(8.3.3)および(8.3.4)は非電解質の場合の式である.電解質の水溶液では,電離して溶けたイオンが独立に溶質粒子として振る舞うため,溶質の物質量が増加したことになる.例えば,1 mol の NaCl を水に溶かすと,溶けたイオンの物質量は 2 mol になる.したがって,食塩水の場合には,(8.3.3)および(8.3.4)の m を 2 倍にしなければならない([例題 8.6] 参照).

[**例題 8.5**] 0.5 dm^3 の水にスクロース $C_{12}H_{22}O_{11}$ 17.1 g を溶かした.この溶液の沸点と凝固点は何℃か.ただし,表8.1と表8.2の値を用いよ.また,原子量は H=1,C=12,O=16 とする.

[**解**] スクロースの分子量は $C_{12}H_{22}O_{11}$ = 342 で,溶液中の $C_{12}H_{22}O_{11}$ の物質量は 17.1/342 mol = 5.00×10^{-2} mol である.この $C_{12}H_{22}O_{11}$ が 0.5 dm^3 (0.5 kg) の水に溶けているので,この溶液の質量モル濃度は $m = 5.00 \times 10^{-2} \times (1/0.5)$ mol kg^{-1} = 1.00×10^{-1} mol kg^{-1} となる.

(8.3.3)と表8.1の値を用いて,$\Delta T_b = K_b m = 0.51$ K kg mol^{-1} × 0.100 mol kg^{-1} = 0.051 K である.沸点は $T_b + \Delta T_b = 100℃ + 0.051℃ = \underline{100.051℃}$.また,(8.3.4)と表8.2の値を用いて,$\Delta T_f = K_f m = 1.86$ K kg mol^{-1} × 0.100 mol kg^{-1} = 0.186 K である.凝固点は $T_f - \Delta T_f = 0℃ - 0.186℃ = \underline{-0.186℃}$.

[**例題 8.6**] 前問と同様に,0.5 dm^3 の水に食塩 NaCl 1.46 g を溶かした.この溶液の沸点と凝固点をを求めよ.なお,原子量は Na=23,Cl=35.5 とする.

[**解**] 食塩の式量は NaCl = 58.5 で,溶液中の NaCl の物質量は n = 1.46/58.5 mol = 2.50×10^{-2} mol である.NaCl は Na$^+$ イオンと Cl$^-$ イオンに分かれるので,有効物質量は $2n = 5.00 \times 10^{-2}$ mol となる.よって,溶液の有効質量モル濃度は,前問と同様に,1.00×10^{-1} kg mol^{-1} である.ゆえに,沸点と融点も前問と同じで,$\underline{100.051℃}$ と $\underline{-0.186℃}$ である.

次の例題が示すように,沸点上昇や凝固点降下は溶質の分子量の推定に使われる.

[例題 8.7] 225 g の二硫化炭素に 0.358 g の硫黄を溶かしたところ,沸点が 0.015 K 上昇した.二硫化炭素中の硫黄の分子量を求め,分子式を推定せよ.ただし,二硫化炭素のモル沸点上昇係数を 2.37 K kg mol^{-1},原子量は S = 32.1 とする.

[解] 溶媒と溶質の質量を w_A, w_B,溶質のモル質量を M とすると,質量モル濃度は $m = \dfrac{w_B/M}{w_A}$ となる.この式と(8.3.3)から次式が得られる.

$$M = \frac{w_B K_b}{w_A \Delta T_b} \tag{8.3.5}$$

上式に数値を入れると

$$M = \frac{0.358 \text{ g} \times 2.37 \text{ K kg mol}^{-1}}{225 \text{ g} \times 0.015 \text{ K}} = 251 \text{ g mol}^{-1}$$

よって分子量は251.また,251/32.1 = 7.82 であるから,分子式は S_8 と考えられる.

8.3.3 浸透圧

溶液中の一部の成分は通すが,他の成分を通さない膜を**半透膜**(semipermeable membrane)という.セロハン膜(再生セルロースの膜)や細胞膜はその例である.一般に,物質の粒子が膜を透過して拡散していく現象を**浸透**(osmosis)という.図 8.8 のように,U 字管を半透膜で仕切り,その両側に純溶媒と溶液を液面が同じ高さ(図の点線)になるように入れる.半透膜を溶媒分子は通過できるが,溶質分子は通過できないとき,長時間放置

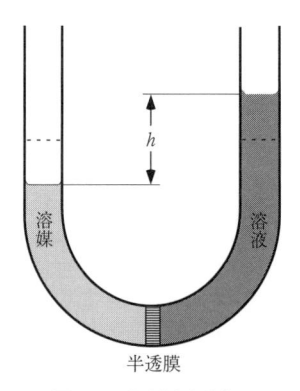

図 8.8 浸透と浸透圧

すると溶媒は溶液中に浸透し，液面の間に高さ h の差ができる．このとき，溶液側には溶媒側に比べて，この差に相当する圧力がかかる．この圧力を**浸透圧**（osmotic pressure）という．それは高さ h の溶液柱の与える圧力に等しく，溶液の密度を ρ，重力加速度を g として，$\rho g h$ である（(2.4.5)参照）．

浸透の原因は全体の濃度を均一にしようとする傾向に基づくもので，濃度が異なる2つの溶液の間でも低濃度の側から高濃度の側へ溶媒の移動が起こる．これに対抗して浸透圧が生じるのである．したがって，浸透圧 Π は溶液の濃度が高いほど大きく，希薄溶液ではモル濃度を c，気体定数を R，絶対温度を T として，次式が成立する（巻末参考書9，10参照）．

$$\Pi = cRT \tag{8.3.6}$$

モル濃度 c は物質量を n，溶液の体積を V として，$c = n/V$ となるので，上式は

$$\Pi V = nRT \tag{8.3.7}$$

となり，理想気体の状態方程式(7.1.7)と同じ形になる．

沸点上昇や凝固点降下の場合と同様に，希薄溶液の浸透圧は，物質の種類によらず，濃度のみによる．また，電解質溶液では電離して生じる全イオンを考慮しなければならない．そこで，溶液中の溶質粒子の濃度を表す新しい単位として，**モル浸透圧濃度**（osmolarity，単位は osmol）が導入された．それは溶液中の溶質やイオンのモル数の総和から計算される濃度である．例えば，0.05 mol のグルコース $C_6H_{12}O_6$ と 0.05 mol の食塩 NaCl を含む 1 dm^3 の水溶液のモル浸透圧濃度は，NaCl が電離するので，$(0.05 + 0.05 \times 2)$ osmol/dm^3 = 0.15 osmol/dm^3 である．電解質を含む混合溶液の浸透圧を計算するときは，(8.3.6)の c として，このモル浸透圧濃度を使えばよい．

細胞膜は半透膜である．赤血球細胞の内部は 0.30 osmol/dm^3 であるから，それとモル浸透圧濃度が等しい溶液（**等張**（isotonic）**液**という），例えば 0.15 mol/dm^3 の食塩水（生理的食塩水）の中に入れても変化がない．しかし，モル浸透圧濃度が 0.30 osmol/dm^3 よりかなり低い溶液（**低張**（hypotonic）**液**），例えば蒸留水に入れると，水が細胞膜を通って内部に移動するため，赤血球細胞が破裂してしまう．これを**溶血**（hemolysis）という．逆に 0.30 osmol/dm^3 よりかなり高いモル浸透圧濃度の溶液（**高張**（hypertonic）**液**）中に入れると，水が細胞外に移動して細胞が収縮して表面に多数の

突起を生じる（**鋸歯状化**）．静脈注射に用いる溶液は赤血球を保護するため等張液でなければならない．

[**例題 8.7**] 濃度が $0.15\ \mathrm{mol/dm^3}$ の食塩水の 25℃ における浸透圧を求めよ．また，その圧力に相当する水柱の高さを求めよ．ただし，重力の加速度を $9.81\ \mathrm{m\ s^{-2}}$ とする．
[**解**] NaCl の浸透圧に対する有効モル濃度は $0.15\ \mathrm{mol/dm^3} \times 2 = 0.30\ \mathrm{mol/dm^3}$ である．(8.3.6)を用いて計算すると，浸透圧は
$$\Pi = cRT = 0.30\ \mathrm{mol/dm^3} \times 8.21 \times 10^{-2}\ \mathrm{dm^3\ atm\ mol^{-1}\ K^{-1}} \times (273+25)\mathrm{K} = \underline{7.3\ \mathrm{atm}}.$$
(2.4.5)に水の密度 $\rho = 1\ \mathrm{g/cm^3} = 1 \times 10^3\ \mathrm{kg\ m^{-3}}$，$g = 9.81\ \mathrm{m\ s^{-2}}$ を入れて，水柱の高さは
$$h = P/(\rho g) = 7.3 \times 1.01 \times 10^5\ \mathrm{m^{-1}\ kg\ s^{-2}}/(1 \times 10^3\ \mathrm{kg\ m^{-3}} \times 9.81\ \mathrm{m\ s^{-2}}) = \underline{75\ \mathrm{m}}.$$

[**例題 8.8**] $0.3\ \mathrm{osmol/dm^3}$ に相当する食塩水溶液とグルコース水溶液の重量パーセント濃度を求めよ．ただし，水溶液の密度を $1.0\ \mathrm{g/dm^3}$ とし，原子量を $\mathrm{Na}=23$，$\mathrm{Cl}=35.5$，$\mathrm{C}=12$，$\mathrm{H}=1$，$\mathrm{O}=16$ とする．
[**解**] $\mathrm{NaCl}=58.5$，$\mathrm{C_6H_{12}O_6}=180$ であるから，0.30 osmol に相当する溶液をつくるには，$1\ \mathrm{dm^3}$ の溶液中に，次の質量の NaCl と $\mathrm{C_6H_{12}O_6}$ が含まれていればよい．
$$\mathrm{NaCl}: 58.5 \times 0.30/2\ \mathrm{g} = 8.8\ \mathrm{g} \qquad \mathrm{C_6H_{12}O_6}: 180 \times 0.30\ \mathrm{g} = 54\ \mathrm{g}$$
水溶液の密度を $1.0\ \mathrm{g/dm^3}$ としているから，$0.30\ \mathrm{osmol/dm^3}$ の水溶液 $1\ \mathrm{dm^3}$ の質量は 1 kg である．したがって，溶液 1 kg 中に上で求めた質量の溶質が溶けていることになる．よって，NaCl と $\mathrm{C_6H_{12}O_6}$ の重量パーセント濃度はそれぞれ $\underline{0.88\%}$ と $\underline{5.4\%}$ である[1]．

[例題 8.7] で求めたように，浸透圧はかなり大きい．植物の葉から水分が失われると，葉の内部の溶質濃度が増加するため，浸透圧によって根から幹や枝を通して水分が吸い上げられる．10 m をはるかに超える高木が成長できるのはこのためである（通常のポンプが水を汲み上げることができる井戸の深さは 10.3 m（1 atm の水柱に相当）までである（章末問題 2.4 の解答参照）．なお，沸点上昇や凝固点降下と同様に，浸透圧も溶質の分子量の推定に使われる（章末問題 8.8 参照）．

半透膜の両側に純溶媒と溶液を入れた場合，溶液側に浸透圧以上の圧力をかけると，溶液側から純溶媒が溶媒側に移動する．これは通常の浸透とは逆の現象で，**逆浸透**（reverse osmosis）を呼ばれる．逆浸透は海水の淡水化や無菌水の製造に利用される．

---

[1] 20℃ における 1% の食塩水の密度は $1.0053\ \mathrm{g/dm^3}$，5% のグルコース水溶液の密度は $1.0175\ \mathrm{g/dm^3}$ であるから，この値はほぼ正しい．

8.4 コロイド

8.4.1 いろいろなコロイド

　直径が 1～100 nm の粒子が他の物質中に均一に分散している状態を**コロイド**（colloid），分散している粒子を**コロイド粒子**という．また，粒子を分散させている物質を**分散媒**（disperse medium），分散している物質を**分散質**（dispersoid）という．コロイド粒子は普通の分子（～0.1 nm）に比べてはるかに大きいが，光学的顕微鏡では見ることができない[1]．

　普通のコロイドの分散媒は液体で，このコロイドを**ゾル**（sol）または**コロイド溶液**という．例えば，沸騰水に少量の塩化鉄（Ⅲ）$FeCl_3$ 水溶液を加えると，水酸化鉄（Ⅲ）の集合体 $[Fe(OH)_3]_n$ が生じ，赤色のコロイド溶液となる．コロイド粒子の原子数は 10^3～10^9 程度で，ゼラチンやにかわ[2]は1分子でコロイド粒子となる．これを**分子コロイド**という．一方，$[Fe(OH)_3]_n$ のような無機物質が分散質となったコロイドを**分散コロイド**という．牛乳は水を分散媒，脂肪球やカゼイン（タンパク質）を分散質とするコロイドである．豆乳[3]はコロイド溶液であるが，にがり（主成分は塩化マグネシウム $MgCl_2$）を加えて固めると豆腐になる．このようにゾルの流動性が失われて固体状になったものを**ゲル**（gel）という．豆乳の場合，糸状のタンパク質（主成分はグリシニン）が3次元の網目構造を形成してゾルからゲル（豆腐）に変わる．寒天やゼラチンもゲルである．

　セッケンを水に溶かすと，ある濃度以上で疎水基を内側に，親水基を外側に向けて分子が集まり，コロイド粒子となる（図 8.9(b)）．このような分子の集合体を**ミセル**（micelle）という．洗濯の際には，汚れ（疎水性物質）と疎水基が引き合うため，汚れがミセルの中心に取り込まれ，水中に分散する．このような現象を**乳化**（emulsion）と呼ぶ（図 8.9(c)）．洗濯の際，乳

---

1) 通常の光学顕微鏡の分解能は 250 nm 程度である．
2) 動物の皮膚や軟骨などに含まれるタンパク質であるコラーゲンを熱水で抽出して水溶性にしたものがゼラチン，コラーゲンの部分分解物がにかわである．
3) 大豆を水に浸してすりつぶし，水を加えて煮つめた豆汁を布でこすと豆乳とおからに分けられる．

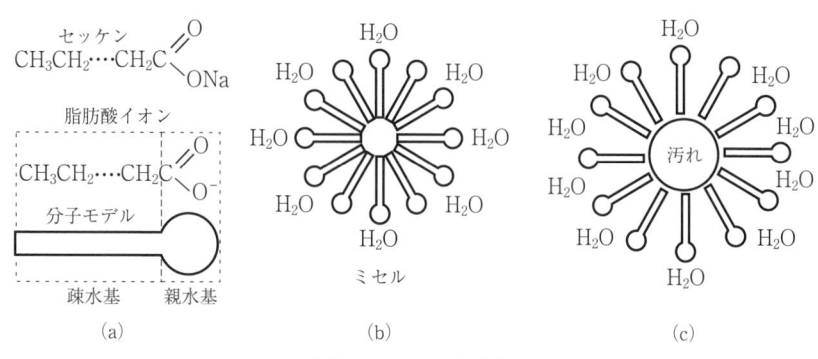

図 8.9 ミセルと乳化
(a) セッケン分子は水中で脂肪酸イオンを生じ，(b) 水分子に囲まれてミセルとなる．(c) は洗濯の際の乳化．

表 8.3 状態によるコロイドの分類とその例

分散媒		固体	液体	気体（エアロゾル）
分散質	固体	ルビー，色ガラス，真珠	墨汁，練り歯磨き	煙，ほこり
	液体	ゼリー，ゼラチン	牛乳，マヨネーズ	雲，霧，スプレー
	気体	スポンジ，クッキー	泡	なし

化によって汚れは水中に取り込まれ，洗い流される．なお，セッケンのように，疎水基と親水基をもつ物質を**界面活性剤**（surface-active agent）という．

コロイドの分散媒は液体だけではない．雲は分散媒が気体（空気）で，分散質が液体（水滴），ルビーは分散媒が固体（コランダム（酸化アルミニウム Al_2O_3 の結晶））で，分散質が固体（酸化クロム Cr_2O_3）である．表 8.3 にコロイドを分散媒と分散質の状態で分類した．表で気体を分散媒とするものを**エアロゾル**（aerosol）と呼ぶ．

8.4.2 コロイド溶液の性質

強い光を当てると，普通の溶液と異なり，コロイド溶液では光の進路が輝いて見える．これはコロイド粒子が光を散乱するためである．これを**チンダル現象**（Tyndall phenomenon）という．青空や牛乳の白色もチンダル現象に基づく．特殊な集光器を備えた顕微鏡でコロイド粒子を観察すると，散乱

する光の点を区別して見ることができる．ただし，コロイド粒子そのものを見ているわけではない．このような顕微鏡が**限外顕微鏡**（ultramicroscope）で，大きさが 4 nm までの粒子の存在を知ることができる．

コロイド溶液を限外顕微鏡で見ると，コロイド粒子が不規則な運動をしているのがわかる．この運動は周囲の溶媒分子が熱運動によりコロイド粒子の表面にに不規則に衝突するために起こるもので，**ブラウン運動**（Brownian motion）と呼ばれる（図 8.10）．

コロイド粒子はろ紙を通り抜けるが，セロハン膜は通過できない．そこで，小さな分子やイオンを含むコロイド溶液をセロハンの袋に入れて水中につるしておくと，小さな分子やイオンは水中に移り，コロイド粒子だけが残る．このようにしてコロイドを精製する操作を**透析**（dialysis）という．血液中の老廃物を除く**血液透析**は人工腎臓の役割をする（本章コラム参照）．

一般にコロイド粒子は正または負の電荷をもつので[1]，コロイド溶液に電

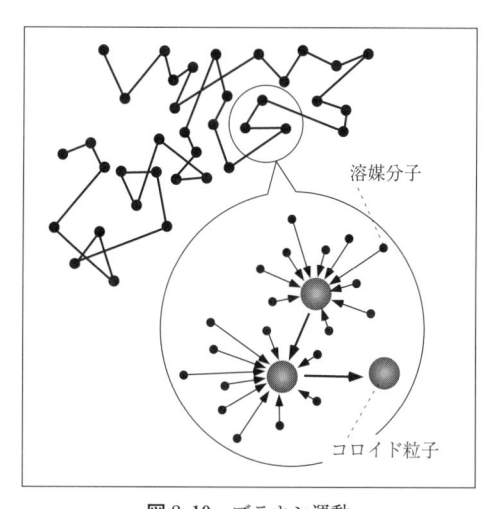

図 8.10 ブラウン運動
コロイド粒子の表面に溶媒分子がいろいろな方向と速さで衝突する．コロイド粒子は溶媒分子が与える衝撃力の合力の方向に動く．

---

[1] 金属の水酸化物（$Fe(OH)_3$ など）のコロイド粒子は正電荷を，金属の単体や硫化物などのコロイド粒子は負電荷をもつ．

極を入れて直流電圧をかけると，コロイド粒子は反対符号の電極の方向に移動する．これが**電気泳動**（electrophoresis）の現象である．タンパク質や核酸は固有の電荷と大きさをもっている．これらの混合物をアガロース（寒天の主成分）や酢酸セルロースなどの支持体の上に吸着させ，電気泳動をすると，移動速度が電荷や大きさの違いによって異なるので，混合物を分離することができる（**ゾーン電気泳動**）．

同符号の電荷をもつコロイド粒子は互いに反発して沈殿しにくい．しかし，コロイド溶液に少量の電解質を加えると，コロイド粒子が集まって沈殿する．この現象を**凝析**（coagulation）または**凝縮**という．これはコロイド粒子の表面に反対符号の電荷をもつイオンが結合して表面の電荷を打ち消すためである．一般に，価数の大きいイオンほど凝析させやすい．例えば，正電荷をもつ水酸化鉄(Ⅲ)のコロイド粒子では，Cl^- や Br^- よりも SO_4^{2-} や PO_4^{3-} を含む電解質の方がより少量で凝析する．

金属，金属硫化物，金属水酸化物のように水和しにくいコロイドは少量の電解質で凝析する．このようなコロイドを**疎水コロイド**（hydrophobic colloid）という．これに対しデンプンや卵白（タンパク質）の水溶液では，コロイド粒子が水と強く結合しているため少量の電解質では沈殿しない．このようなコロイドを**親水コロイド**（hydrophilic colloid）という．親水コロイドでも多量の電解質を加えると沈殿する．この現象を**塩析**（salting-out）という．疎水コロイドに親水コロイドを加えると，親水コロイドの粒子が疎水コロイドの粒子を取り囲み凝析が起こりにくくなる．このような作用をする親水コロイドを**保護コロイド**（protective collid）という．例えば，墨汁ではにかわが墨（炭素）のコロイド粒子の保護コロイドになっている．保護コロイドの例としては，マヨネーズにおける卵黄（油滴を保護），牛乳におけるカゼイン（脂肪粒子を保護）などがある．

透析

腎臓は横隔膜の下に一対あり，重さは 1 個 150 g 程度であるが，心臓から出る血液の 20% 以上（約 1 dm^3/分）が通る，血流量がもっとも多い器官である．腎臓では，100 万個以上ある糸球体（網目状の毛細管の塊）で血管内の水と溶質が濾過されて原尿として尿細管に流れ込む．その後，必要な物質（原尿の水分の大部分，グルコースなど）は原尿から尿細管を取り巻く毛細血管へ再吸収され，また不要な物質（H^+，

NH_4^+ など)は毛細血管から分泌されて尿となって排出される.その結果,尿素などの代謝老廃物の除去,体の水分量の調節,電解質(Na^+,K^+,Ca^{2+},Mg^{2+},PO_4^{3-} などを含む)濃度および pH(H^+ の濃度)の調節が行われる.また,腎臓はホルモンの分泌とビタミン D の活性化などにも寄与する.

腎不全には急性のものと慢性のものがある.慢性腎不全で腎機能が 10% 以下になると,尿毒症が起きて致命的になるので,人工透析か腎臓移植が必要となる.透析には,**血液透析**(hemodialysis)と**腹膜透析**(peritoneal dialysis)がある.

血液透析では,透析装置に 500〜1000 cm^3/分程度の流量で血液を送る必要があるため,通常手首近くの腕の動脈と静脈を手術でつなぎ合わせて静脈の血管を太くする.これをシャント(shunt)という(図 8.11).血液は抗凝固剤を加えてポンプでダイアライザー(dialyzer)に送り込まれる.ダイアライザーは 1 万本程度の再生セルロースや合成高分子の中空糸で,そのまわりを透析液が循環している.血液中の老廃物(尿素,クレアチニン,リン酸,低分子タンパク質など)や過剰な水分は中空糸の穴を通って透析液に移り洗い流される.血液細胞やタンパク質などの重要な成分はサイズが大きいため穴を通らない.透析液は血液と同じ成分を含む等張液で,必要に応じて電解質のバランスを補正するため,成分の濃度が調整される.なお,血液透析は週 3 回程度,1 回 4〜5 時間かけて行われる.

腹膜透析では,腹壁につくった開口部から透析液を直接腹腔内に入れる.腹腔の腹膜(胃腸などの臓器を覆う膜)の面積は 2 万 cm^2 以上あり,その表面を毛細血管が網の目のように分布している.血液中の老廃物や水分などは透析液に移行するので,6〜8 時間ごとに液を回収し,新しい透析液に入れ替える.液の入れ替えは 1 日 4 回程度必要である.腹膜透析は手数がかかる上,4〜5 年後には血液透析に切り替える必要があるため,慢性透析患者約 30 万人のうち,腹膜透析を受けている人は 3% 程度に過ぎない(2011 年末の統計).

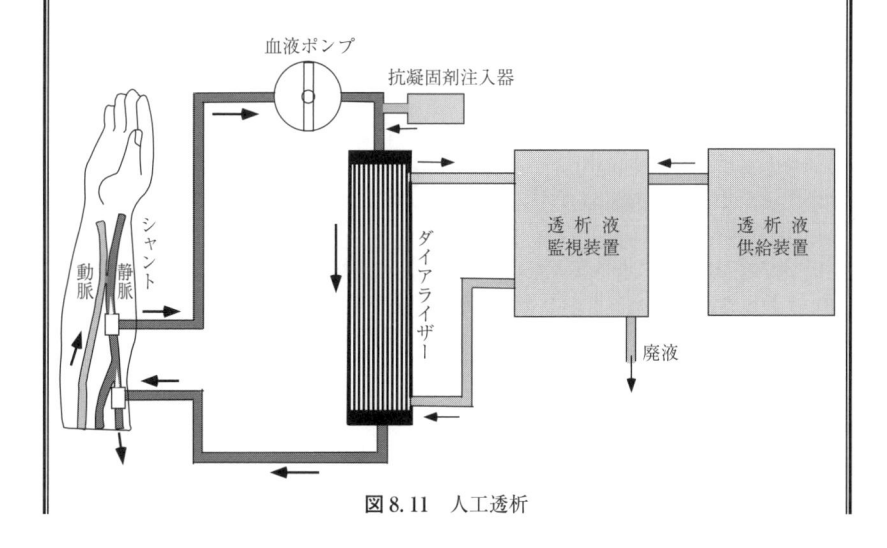

図 8.11 人工透析

なお，腎臓移植には生体腎移植（家族など）と脳死または心肺停止後の死体腎移植があるが，我が国では死体腎移植の数は，提供者が少ないため希望者1万3000人に対し，年間200件程度と極めて少ない．

章末問題

8.1 5%の食塩水203gと8%の食塩水297gを混合した．混合溶液の重量パーセント濃度，モル濃度および質量モル濃度を求めよ．ただし，食塩水の密度を1.00 g cm^3，原子量はNa=23，Cl=35.5とする．

8.2 硝酸カリウム KNO_3 の水に対する溶解度は80℃で170である．
 (1) 80℃における KNO_3 飽和水溶液の重量パーセント濃度を求めよ．
 (2) この溶液300gから水を50g蒸発させると，KNO_3 は何g析出するか．

8.3 水素の水に対するブンゼン吸収係数は20℃で0.0182 dm^3 である．水が20℃で5 atmの水素と接触するとき，水に溶解する水素のモル濃度を求めよ．

8.4 500gの水（分子量18）にグルコース $C_6H_{12}O_6$（分子量180）36.0gを溶かした．25℃における溶液の蒸気圧を求めよ．純水の蒸気圧は25℃で3.169 kPaである．

8.5 30.8gの水に0.585gの尿素 $(NH_2)_2CO$（分子量60.1）を溶かした溶液の沸点上昇は0.162 Kであった．水のモル沸点上昇係数を求めよ．

8.6 0.402gのショウノウに0.026gの有機化合物を加えて融解混和したものの融点は162.5℃であった．表8.2の値を用いて，この有機化合物の分子量を求めよ．

8.7 人の血液は-0.56℃で凍結する．36℃で純水の血液に対する浸透圧を求めよ．同じ浸透圧をもつ食塩水は1 dm^3 に何gの食塩を含むか．ただし，水の凝固点降下係数は1.86 K kg mol^{-1} である．原子量はNa=23，Cl=35.5とする．

8.8 0.36gの高分子化合物（分子量の大きい化合物）が溶けている100 cm^3 の水溶液がある．その浸透圧は27℃で3.3×10^2 Paであった．この化合物の分子量を求めよ．また，水溶液の沸点上昇や凝固点降下の測定は可能か（表8.1，表8.2の数値参照）．

8.9 水酸化鉄ゾルに次の塩の0.1 mol/dm^3 水溶液を加えた．もっとも少量でコロイド粒子を凝析させるものを選び，その理由を述べよ．
 (1) NaCl (2) K_2SO_4 (3) $C_6H_{12}O_6$ (4) $Ca(NO_3)_2$ (5) $AlCl_3$ (6) KNO_3

9 化学反応とエネルギー

　この章では化学反応に伴い出入りする熱（反応熱）と反応の進行方向について論じる．反応熱の測定値は標準反応熱や結合エネルギーの形で整理され，さまざまな反応（未知の反応も含む）の反応熱の算定に応用される．反応の進行方向は，反応前後の平衡状態を比較したときのエネルギーとエントロピー（着目した系の乱雑さの程度を示す量）の増減によって，支配される．この章の内容は巻末の A.2 節に記した熱力学の応用であるから，理解を深めるために A.2 節の解説を参照されたい．

9.1　反応熱

　常温常圧の下で，都市ガスの主成分であるメタン CH_4 1 mol を完全燃焼させると，890.36 kJ の熱量を発生して二酸化炭素と水になる．これを次のように記す．
$$CH_4(g) + 2O_2(g) = CO_2(g) + 2H_2O(l) + 890.36 \text{ kJ} \qquad (9.1.1)$$
ただし，（　）内の g と l は物質の状態がそれぞれ気体（gas）および液体（liquid）であることを意味する．なお，状態が固体（solid）の場合は s を用いる．
　物質は固有のエネルギーをもっているため，化学反応に伴ってエネルギーが出入りし，熱が放出または吸収される．反応に伴い出入りする熱を**反応熱**（heat of reaction）という．上の反応では，常温常圧でメタン 1 mol と酸素 2 mol のエネルギーが二酸化炭素 1 mol と液体の水 2 mol のもつエネルギーより 890.36 kJ だけ大きいので，その差が熱エネルギーとして放出されるのである（図 9.1）．(9.1.1) のように，化学方程式に反応熱を付け加えた式を**熱化学方程式**（thermochemical equation）という．物質のエネルギーは状

態によって変わるので,熱化学方程式では各物質の( )内に g, l, s などの記号を付ける.物質のエネルギーはまた温度と圧力によっても変わる.上では常温常圧と記したが,厳密には 890.36 kJ の熱量は各物質が 25℃,1 bar のときの反応熱の値である(図 9.1 参照).したがって,式 (9.1.1) はより正確には

$$\mathrm{CH_4(g) + 2O_2(g) = CO_2(g) + 2H_2O(l)} \qquad \Delta H^{\ominus}_{298} = -890.36 \text{ kJ mol}^{-1}$$
(9.1.2)

と書かれる.ここで,ΔH は生成系(右辺の物質 $\mathrm{CO_2(g) + 2H_2O(l)}$)のエネルギー H_2 と反応系(左辺の物質 $\mathrm{CH_4(g) + 2O_2(g)}$)のエネルギー H_1 の差,$\Delta H = H_2 - H_1$ である.H は**熱力学**[1](thermodynamics)で**エンタルピー**(enthalpy)[2]と呼ばれる量で,定圧反応(例えば,大気圧の下における反応)に伴うエンタルピー変化 ΔH が反応熱を与える((A.2.6) 参照).$\Delta H < 0$ のときは,反応系から生成系に移るとエネルギーが失われるので,**発熱反応**(exothermic reaction)となる.$\Delta H^{\ominus}_{298}$ の下付添字の 298 は 25℃(298.15 K)を,上付添字 $\ominus$ は標準状態を意味する記号である.反応熱の場合,圧力 1 bar を標準状態とすることが国際規約で決められている[3].以上

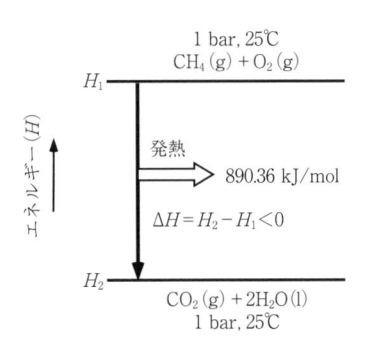

図 9.1 メタンの燃焼に伴う反応熱の放出

---

1) 熱力学については A.2 節 p.256 参照.
2) enthalpy の語源はギリシャ語の en(=in)+thalpein(=heat,加熱する)である.
3) 従来,標準状態として,圧力 1 atm(=1.01325 bar)が使われてきた.その場合,$\Delta H^{\ominus}_{298}$ の値はわずかに異なる.なお,反応熱の標準状態では,理想気体の標準状態 0℃,1 atm と異なり温度までは指定しない.

をまとめると，(9.1.2) の $\Delta H_{298}^{\ominus} = -890.36 \text{ kJ mol}^{-1}$ は，1 bar（標準状態），25℃におけるモル単位の反応において 890.36 kJ の発熱があることを意味する．一般に，$\Delta H_{298}^{\ominus}$ は 25℃における**標準反応熱**または**標準エンタルピー変化**と呼ばれる．

次に，硝酸カリウム KNO_3 を常温常圧で大量の水に溶かすと，熱を吸収して水温が下がる．

$$KNO_3(s) + aq = KNO_3(aq) \quad \Delta H_{298}^{\ominus} = 34.89 \text{ kJmol}^{-1} \quad (9.1.3)$$

ただし，aq[1)]は大量の水を，$KNO_3(aq)$ は KNO_3 水溶液を意味する記号である[2)]．図 9.2 に示すように，この反応は**吸熱反応**（endothermic reaction）である．

上では物質のエネルギーは状態によって異なると述べた．物質の状態が固体→液体→気体と変わるにつれて，物質を構成する原子・分子の運動が活発になるため，物質のエネルギーは増大する．6.1 節, p.94 で述べたように，物質 1 mol が固体から液体に変わる（融解する）ときに吸収する熱量がモル融解熱，液体から気体に変わるときに吸収する熱量がモル蒸発熱である．1 atm の下で水は 0℃で融解し，100℃で蒸発する．そのときの融解熱と蒸発熱はそれぞれ 6.01 kJ mol^{-1} と $40.65 \text{ kJ mol}^{-1}$ である．熱化学方程式で示すと次のようになる．

$$H_2O(s) = H_2O(l) - 6.01 \text{ kJ mol}^{-1} \quad (9.1.4)$$
$$H_2O(l) = H_2O(g) - 40.65 \text{ kJ mol}^{-1} \quad (9.1.5)$$

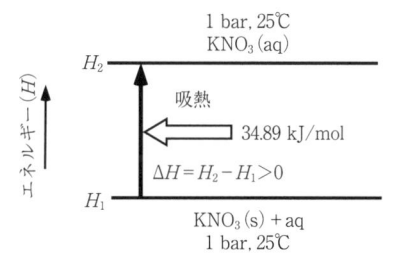

図 9.2 硝酸カリウムの溶解に伴う反応熱の吸収

---

1) aq は aqua（= water）の略．aqua は水を意味するラテン語に由来する．
2) 発熱量は水溶液の最終濃度によって異なる．(9.1.3) は無限に薄めた場合である．

物質が完全に燃焼（酸化）するときの反応熱を**燃焼熱**（heat of combustion）という．例えば，1 mol の水素を燃焼するときの熱化学方程式は

$$H_2(g) + \frac{1}{2}O_2(g) = H_2O(l) \quad \Delta H_{298}^{\ominus} = -285.83 \text{ kJ mol}^{-1} \quad (9.1.6)$$

有機化合物が完全燃焼するときは，それに含まれている炭素は CO_2 に，水素は H_2O に窒素は N_2 になる．メタンの場合はすでに（9.1.1）に示した．プロパンでは

$$C_3H_8(g) + 5O_2(g) = 3CO_2(g) + 4H_2O(l) \quad \Delta H_{298}^{\ominus} = -2220.0 \text{ kJ mol}^{-1} \quad (9.1.7)$$

である．一般に燃焼反応は速やかに完全に進行するので反応熱の測定が容易である．

9.2 ヘスの法則

1840年，ヘス（Hess）はいろいろな反応の反応熱を測定した結果，「反応熱は反応の初めの状態と終わりの状態だけで決まり，途中の経路に依らない」ことを見出した．ゆえに，反応が一段で起こっても，数段に分かれて起こっても，反応熱の総和は変わらない．これを**ヘスの法則**または**総熱量不変の法則**という．

次にこれを応用する例を示す．黒鉛 C と酸素 O_2 から一酸化炭素 CO を生成する反応

$$C(s, 黒鉛) + \frac{1}{2}O_2(g) = CO(g) \quad (9.2.1)$$

では，同時に二酸化炭素 CO_2 が生成するので，反応熱を測定することが困難である．そこで，黒鉛を次の反応

$$C(s, 黒鉛) + O_2(g) = CO_2(g) \quad \Delta H_{298}^{\ominus} = -393.51 \text{ kJ mol}^{-1} \quad (9.2.2)$$

で直接 CO_2 に酸化する経路（経路 I）と，黒鉛を反応（9.2.1）でいったん CO にした後，反応

$$CO(g) + \frac{1}{2}O_2(g) = CO_2(g) \quad \Delta H_{298}^{\ominus} = -282.98 \text{ kJ mol}^{-1} \quad (9.2.3)$$

で CO_2 にする経路（経路 II）を比較する．図 9.3 にこの 2 つの経路のエネ

ルギーの関係を記した．ただし，図では (9.2.1) の代わりに，反応式の両辺に (1/2) O_2(g) を加えたときに得られる同等な反応

$$C(s, 黒鉛) + O_2(g) = CO(g) + \frac{1}{2}O_2(g) \tag{9.2.1'}$$

のエネルギーが記してある．生成系と反応系のエネルギー差は (9.2.1) と (9.2.1′) で同じである．ヘスの法則によると経路Ⅰと経路Ⅱによる反応熱が等しいから，(9.2.1) の反応熱は $(393.51 - 282.98)$ kJ mol^{-1} = 110.53 kJ mol^{-1} となる（図9.3参照）．すなわち

$$C(s, 黒鉛) + \frac{1}{2}O_2(g) = CO(g) \quad \Delta H^{\ominus}_{298} = -110.53 \text{ kJ mol}^{-1} \tag{9.2.4}$$

となる．この式は (9.2.2) から (9.2.3) を引いて CO_2(g) を消去することによっても得られる．すなわち，ヘスの法則によって，熱化学方程式は代数方程式のように扱うことができるのである．なお，ヘスの法則が成り立つことは，図9.3からわかるように，物質が固有のエネルギー（化学的エネルギー）をもっており，それが保存されることから理解される．すなわち，ヘスの法則は（化学的）エネルギー保存則の1つの表現である．なお，次の例題が示すように，ヘスの法則を用いて，一般の反応の反応熱を燃焼熱の測定値から間接的に求めることができる[1]．

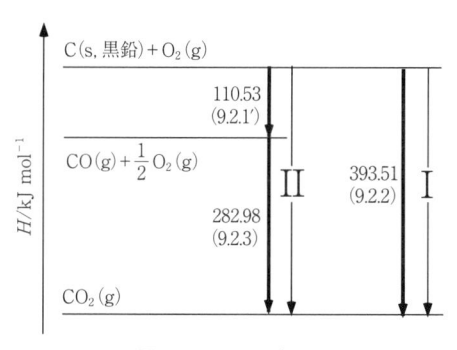

図9.3 ヘスの法則
(9.2.1)〜(9.2.3) の関係．

---

1) 一般の反応は可逆反応のように途中で止まることがあるが，燃焼反応は速く完全に進行するので，反応熱の測定が容易である．

[**例題 9.1**] 25℃におけるメタン,水素および黒鉛の燃焼反応の式,(9.1.2),(9.1.6),(9.2.2) を用いて,メタンの生成反応

$$C(s, 黒鉛) + 2H_2(g) = CH_4(g)$$

の 25℃における標準反応熱を求めよ.

[**解**] (9.1.6)×2+(9.2.2)−(9.1.2) より

$$C(s, 黒鉛) + 2H_2(g) = CH_4(g) \quad \Delta H_{298}^{\ominus} = -74.81 \text{ kJ mol}^{-1} \quad (9.2.5)$$

すなわち,求める標準反応熱は $-74.81 \text{ kJ mol}^{-1}$ である.

9.3 標準生成熱

化学反応は無数にあるので,反応熱をすべて表にすることは不可能である.そこで考えられたのが,次に述べる標準生成熱によるデータの整理である.一般に化合物がその成分元素の単体から生成するときの反応熱を**生成熱** (heat of formation) という.特に圧力 1 bar(標準状態)における化合物 1 mol 当たりの生成熱を**標準生成熱** (standard heat of formation),または**標準生成エンタルピー** (standard enthalpy of formation) と呼び,$\Delta H_f^{\ominus}$ で表す.例えば,(9.1.6) から,25℃において,1 bar(標準状態)の水 H_2O 1 mol がその成分元素の単体である水素分子 H_2 と酸素分子 O_2 から生成するときの反応熱は $-285.83 \text{ kJ mol}^{-1}$ であるから,25℃における水の $\Delta H_f^{\ominus}$ は $-285.83 \text{ kJ mol}^{-1}$ である.同様に,(9.2.2),(9.2.4)および(9.2.5)から CO_2,CO および CH_4 の 25℃における $\Delta H_f^{\ominus}$ は,それぞれ -393.51,-110.53 および $-74.81 \text{ kJ mol}^{-1}$ である.ある温度における標準生成熱の値を決めるときには,生成反応に関与する単体の状態はその温度(および 1 bar)でもっとも安定なものを選ぶ.例えば,25℃では,炭素では黒鉛,硫黄では斜方硫黄が選ばれる.表 9.1 と表 9.2 の第 2 行に,いくつかの無機化合物と有機化合物について,25℃における標準生成エンタルピー $\Delta H_f^{\ominus}$ の値を示す.なお,第 3 行のデータについては後で述べる(9.5 節,p.150).

標準生成エンタルピーは単体 (1 bar) のエンタルピーを 0 としたときの化合物のエンタルピーに相当する.例えば,反応 (9.1.2) では,25℃において

$$\begin{array}{cccc} & CH_4(g) + & 2O_2(g) = & CO_2(g) + & 2H_2O(l) \\ \Delta H_f^{\ominus}/\text{kJ mol}^{-1} & -74.81 & 0 & -393.51 & 2\times(-285.83) \end{array}$$

となる.よって,25℃における標準反応熱は

9.3 標準生成熱

表 9.1 無機化合物の標準生成エネルギーと標準生成ギブズエネルギー（25℃）

物　質	$\Delta H_f^\ominus$/kJ mol^{-1}	$\Delta G_f^\ominus$/kJ mol^{-1}
CO(g)	-110.53	-137.17
CO_2(g)	-393.51	-394.36
HBr(g)	-36.40	-53.45
HCl(g)	-92.31	-95.30
HF(g)	-271.1	-273.2
HI(g)	26.48	1.70
H_2O(l)	-285.83	-237.13
H_2O(g)	-241.82	-228.57
H_2O_2(l)	-187.78	-120.35
NH_3(g)	-46.11	-16.45
NO(g)	90.25	86.55
NO_2(g)	33.18	51.31
N_2O_4(g)	9.16	97.89
NaCl(s)	-411.15	-384.14
NaOH(s)	-425.61	-379.49
O_3(g)	142.7	163.2

表 9.2 有機化合物の標準生成エネルギーと標準生成ギブズエネルギー（25℃）

物　質	$\Delta H_f^\ominus$/kJ mol^{-1}	$\Delta G_f^\ominus$/kJ mol^{-1}
メタン CH_4(g)	-74.81	-50.72
エタン C_2H_6(g)	-84.68	-32.82
プロパン C_3H_8(g)	-103.85	-23.49
ブタン C_4H_{10}(g)	-126.15	-17.03
エチレン C_2H_4(g)	52.26	68.15
アセチレン C_2H_2(g)	226.73	209.20
ベンゼン C_6H_6(l)	49.0	124.3
メタノール CH_3OH(l)	-238.66	-166.27
エタノール C_2H_5OH(l)	-277.69	-174.78
ホルムアルデヒド HCHO(g)	-108.57	-102.53
アセトアルデヒド CH_3CHO(l)	-192.30	-128.12
ギ酸 HCHO(l)	-424.72	-361.35
酢酸 CH_3COOH(l)	-484.5	-389.9
アセトン $(CH_3)_2CO$(l)	-248.1	-155.4

$\Delta H^{\ominus}_{298} = \{-393.51 + 2 \times (-285.83) - (-74.81) - 0\}$ kJ mol^{-1} $= -890.36$ kJ mol^{-1}
となり，(9.1.2)の数値と一致する．

[**例題 9.2**]　表 9.2 のデータを用いて，25℃でエチレンに水素添加してエタンを生成するときの標準反応熱を求めよ．
[**解**]　反応式と $\Delta H_{\mathrm{f}}^{\ominus}$ は

$$\mathrm{C_2H_4(g) + H_2(g) = C_2H_6(g)} \tag{9.3.1}$$

$\Delta H_{\mathrm{f}}^{\ominus}$/kJmol^{-1}　　　52.26　　　0　　　-84.68

$$\Delta H^{\ominus}_{298} = (-84.68 - 52.26 - 0) \text{ kJ mol}^{-1} = -136.94 \text{ kJ mol}^{-1}$$

25℃の標準生成エンタルピーについては，多数の化合物を含む膨大な表がつくられている．表9.1，表9.2はその一部に過ぎない．上で述べたことからわかるように，これらの表を用いるといろいろな反応（未知の反応も含む）の反応熱を容易に求めることができる．

9.4　結合エネルギー

分子のすべての結合を切るエネルギーを各結合に割り当てたものを**結合エネルギー**（bond energy）という．2原子分子の結合エネルギーは分子を2つの原子に分けるのに必要なエネルギーである．例えば，H—H結合の場合，結合エネルギー $D(\mathrm{H—H})$ として，次の解離反応の常温における標準反応熱を用いる．

$$\mathrm{H_2(g) = 2H(g)} \quad \Delta H^{\ominus} = 436 \text{ kJ mol}^{-1} \tag{9.4.1}$$

$$D(\mathrm{H—H}) = 436 \text{ kJ mol}^{-1} \tag{9.4.2}$$

C—H 結合の結合エネルギーは，次のように，メタン CH$_4$ のすべての結合を切るエネルギーから求める．

$$\mathrm{C(s, 黒鉛) = C(g)} \quad \Delta H^{\ominus} = 717 \text{ kJ mol}^{-1} \tag{9.4.3}$$

$$\mathrm{C(s, 黒鉛) + 2H_2(g) = CH_4(g)} \quad \Delta H^{\ominus} = -75 \text{ kJ mol}^{-1} \tag{9.4.4}$$

(9.4.3) は黒鉛の昇華，(9.4.4) は常温における CH$_4$ の生成反応に相当する．(9.4.1)×2 + (9.4.3) − (9.4.4) より

$$\mathrm{CH_4(g) = C(g) + 4H(g)} \quad \Delta H^{\ominus} = 1664 \text{ kJ mol}^{-1} \tag{9.4.5}$$

すなわち，CH$_4$ のすべての結合を切るエネルギーは 1664 kJ mol^{-1} であるか

表9.3 結合エネルギー

結合	結合エネルギー /kJ mol^{-1}	結合	結合エネルギー /kJ mol^{-1}
H–H	436	C–H	412
C–C	348	N–H	388
C=C	605	O–H	463
C≡C	820	H–F	565
N–N	163	H–Cl	431
O–O	146	C–O	360
F–F	157	C=O	743
Cl–Cl	242	C–Cl	338

ら，その1/4をC—H結合の結合エネルギー $D(\mathrm{C\!-\!H})$ と見なす．

$$D(\mathrm{C\!-\!H}) = (1664/4) \text{ kJ mol}^{-1} = 416 \text{ kJ mol}^{-1} \tag{9.4.6}$$

次にエタン $\mathrm{C_2H_6}$ のすべての結合を切るエネルギーは

$$\mathrm{C_2H_6(g)} = 2\mathrm{C(g)} + 6\mathrm{H(g)} \qquad \Delta H_{298}^{\ominus} = 2827 \text{ kJ mol}^{-1} \tag{9.4.7}$$

となる（[例題9.3]）．C—C結合の結合エネルギーを $D(\mathrm{C\!-\!C})$ とすると，$D(\mathrm{C\!-\!C}) + 6D(\mathrm{C\!-\!H}) = 2827 \text{ kJ mol}^{-1}$ としてよいから，(9.4.6)を用いて

$$D(\mathrm{C\!-\!C}) = 2827 \text{ kJ mol}^{-1} - 6D(\mathrm{C\!-\!H}) = (2827 - 6 \times 416) \text{ kJ mol}^{-1}$$
$$= 331 \text{ kJ mol}^{-1} \tag{9.4.8}$$

を得る．このようにして，熱力学のデータからいろいろの結合の結合エネルギーが推定される（表9.3）．なお，表のH—H，C—H，C—Cの結合エネルギーの値は多くの化合物に適合するように選ばれた平均的な値であるから，上で求めた値と若干異なる．

[例題9.3] $\mathrm{C_2H_6}$ の標準生成エネルギーの値を -85 kJ mol^{-1} として，(9.4.1)，(9.4.3)を用いて，熱化学方程式(9.4.7)を求めよ．
[解] $\mathrm{C_2H_6}$ の生成反応の熱化学方程式は
$$2\mathrm{C(s, 黒鉛)} + 3\mathrm{H_2(g)} = \mathrm{C_2H_6(g)} \qquad \Delta H = -85 \text{ kJ mol}^{-1} \tag{9.4.9}$$
である．(9.4.1)×3 + (9.4.3)×2 − (9.4.9) より (9.4.7) が得られる．

[例題9.4] 反応
$$\mathrm{H_2(g)} + \mathrm{Cl_2(g)} = 2\mathrm{HCl(g)}$$
の常温における標準反応熱を表9.3を用いて求め，表9.1から得られる値と比較せよ．

[解] 表9.2の結合エネルギーの値を用いて

$$H_2(g) = 2H(g) \qquad \Delta H^\ominus = 436 \text{ kJ mol}^{-1} \qquad (9.4.10)$$
$$Cl_2(g) = 2Cl(g) \qquad \Delta H^\ominus = 242 \text{ kJ mol}^{-1} \qquad (9.4.11)$$
$$HCl(g) = H(g) + Cl(g) \qquad \Delta H^\ominus = 431 \text{ kJ mol}^{-1} \qquad (9.4.12)$$

を得る.(9.4.10)+(9.4.11)−(9.4.12)×2 より

$$H_2(g) + Cl_2(g) = 2HCl(g) \qquad \Delta H^\ominus = -184 \text{ kJ mol}^{-1} \qquad (9.4.13)$$

表9.1からHCl(g)の標準生成熱は$-92.31 \text{ kJ mol}^{-1}$である.上式の反応熱はこの値の2倍の$-184.62 \text{ kJ mol}^{-1}$に相当するから,両者はほぼ一致する.

9.5 反応の進行方向

9.5.1 エントロピー

2.3節の落体の例からわかるように,力学の一般法則では,系はポテンシャル(位置)エネルギーの高い状態から低い状態に移り,ポテンシャルエネルギー最低の状態が安定である.化学反応ではどうであろうか.前節までに述べた燃焼反応は発熱($\Delta H < 0$)を伴い,高エネルギー状態から低エネルギー状態に移るので,力学の法則と矛盾しない.ところが,化学反応には(9.1.3)のように自然に進行する吸熱反応もある.この場合はエネルギーの低い状態から高い状態に移るので,力学の法則とは相容れない.反応が自然に進む方向を説明するためには,次に述べる**エントロピー**(entropy)[1]の概念を導入する必要がある.例を挙げて説明しよう.

図9.4(a)に示すように,理想気体が容器の左半分に入っており,右半分は真空とする.中央の仕切りを取り外すと気体は自然に容器全体に拡散するが

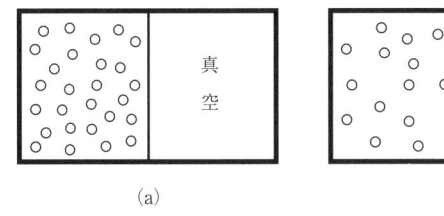

図9.4 理想気体の真空中への拡散
(a)拡散前,(b)拡散後.

---

[1] entropyの語源はギリシャ語のen(=in)+tropia(=turn, 変化する)である.

(図9.4(b)), いったん拡散した気体は自然に元に戻る（左半分に集まる）ことはない. この過程は分子が乱雑になろうとする変化である. 体積が大きくなると気体分子はより広い空間を自由に動けるようになるが, 自発的に体積が減少して元の狭い空間における, より規則的な配置に, 戻ることはないのである. ところで, 理想気体では分子間に相互作用がないので, 気体全体のエネルギーは拡散の前後で変わらない. したがって, この過程は通常の力学系で見られるような, 系がエネルギーを下げようとする変化ではない. 系がより乱雑になろうとすることに伴う変化である. 実際, すべての分子が容器の左半分で運動している状態は容器全体に広がって運動する状態より秩序がある. いったん拡散した気体が自発的に元に戻らないということは, 秩序→無秩序の変化は自然に起こるが, その逆の無秩序→秩序の変化は自然には起こらないことを意味している.

以上のことは, 気体分子が無数にあるマクロな系であるから言えることである. 気体の分子が1個しかなければ, その分子が容器の左半分を占める確率は1/2, 分子数が2個ならば, 2個とも左半分を占める確率は$(1/2)^2$, 一般に分子数がn個ならば, n個の分子が左半分を占める確率は$(1/2)^n$となって, nがあまり大きくないときは, いったん拡散した気体が元に戻る確率は無視できない. しかし, nがアボガドロ数程度になると, 全分子が左半分を占める確率は

$$(1/2)^{6\times10^{23}} \cong (1/10)^{1.8\times10^{23}} = \underbrace{0.0\cdots\cdots 01}_{1.8\times10^{23}\text{個}}$$

となり[1], 拡散した分子は元に戻らないと断定できるのである.

このようにして, 次のことが言える.

「マクロの系では, ある1つの状態から別のより乱雑な状態になろうとする傾向がある. ここでエントロピーを系の乱雑さの尺度とすれば, 全系はエントロピーが小さい状態から大きい状態に移ろうとする自然な傾向をもつ.」

図9.4は真空中に気体が拡散する場合である. 図9.5に示すように容器の

---

[1] $(1/2)^{6\times10^{23}}=(1/10)^{1.8\times10^{23}}$ は次のようにして求められる. $(1/2)^{6\times10^{23}}=(1/10)^x$ として, 両辺の自然対数をとると, $x\log(1/10)=6\times10^{23}\log(1/2)$. $\log(1/10)=-1$, $\log(1/2)=\log 1-\log 2\cong 0-0.3=-0.3$ であるから, $x\cong 0.3\times 6\times 10^{23}=1.8\times 10^{23}$. なお, 対数については A.1節, p.255参照.

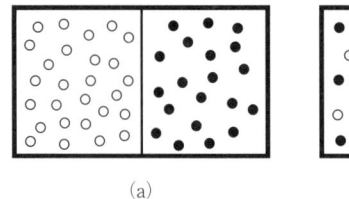

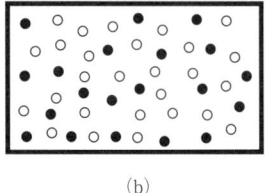

図 9.5　2種の気体の混合
(a) 混合前，(b) 混合後．

左半分と右半分に異なった種類の気体を入れた後，仕切りを取り外すと，2種の気体は自然に相互に拡散して混合状態になる．しかし，いったん混合した気体は元の分離した状態に戻ることはない．これも乱雑さ＝エントロピーが増加する過程で，上の一般原則によって説明される．なお，熱力学では，エントロピーは記号 S で表される．熱力学におけるエントロピーの意義については，A.2節(5)，p.262を参照されたい．

9.5.2　ギブズエネルギー

反応
$$C(s, 黒鉛) + H_2O(g) = CO(g) + H_2(g) \tag{9.5.1}$$

は常温では進行しないが（逆反応は進行する），高温になると進むようになる．実際，赤熱したコークス（主成分は黒鉛）に水蒸気を接触させると一酸化炭素と水素が発生する（水性ガス反応）．以下，この現象を説明しよう．

熱力学では，9.1節で述べたエンタルピー H と前項のエントロピー S から，次式によって，**ギブズエネルギー**（Gibbs energy）と呼ばれる量 G が導入される（A.2節，p.264参照）．

$$G \equiv H - TS \tag{9.5.2}$$

ただし，T は絶対温度である．一定温度 T における反応において，反応系と生成系をそれぞれ下付添字 1，2 で表すと，反応に伴うギブズエネルギーの変化は

$$\Delta G = G_2 - G_1 = (H_2 - TS_2) - (H_1 - TS_1) = (H_2 - H_1) - T(S_2 - S_1)$$

$$\therefore \quad \Delta G = \Delta H - T\Delta S \qquad 定温 \tag{9.5.3}$$

となる．熱力学によると，定温定圧の下で，反応はギブズエネルギーが低下する方向に変化する（(A.2.26) 参照）．すなわち

$$\Delta G<0 \qquad \text{定温定圧} \qquad (9.5.4)$$

が反応進行のための条件である．力学では，系はポテンシャルエネルギーが低下する方向に変化するから，定温定圧反応では，力学におけるポテンシャルエネルギーの役割を演じるものがギブズエネルギーということになる．(9.5.3) から $\Delta G = \Delta H - T\Delta S$ であるから，ΔH が大きい負の値をとるほど（反応に伴って系のエネルギーが低下するほど），また ΔS が大きい正の値をとるほど（反応に伴ってエントロピーが増大するほど，換言すれば，反応に伴って系が乱雑になるほど），ΔG は負の大きい値となり，反応が進行しやすくなる（T は絶対温度であるから常に $T>0$ であることに注意）．すなわち，反応の進行のしやすさは系のエネルギー変化 ΔH の他にエントロピー変化 ΔS にも支配されるのである．これが，熱力学と，エネルギーのみが関与する通常の力学との違いである．

　反応(9.5.1)の例で上のことを説明しよう．常温常圧（25℃，1 bar）で，熱化学方程式は次のようになる（章末問題9.4解答参照）．

$$\text{C(s,黒鉛)} + \text{H}_2\text{O(g)} = \text{CO(g)} + \text{H}_2\text{(g)} \qquad \Delta H^{\ominus}_{298} = 131.29 \text{ kJ mol}^{-1}$$
$$(9.5.5)$$

このように，$\Delta H>0$ であるが，ΔS はどうであろうか．この反応が進行すると，1 mol の固体（黒鉛）と 1 mol の気体（水蒸気）が 2 mol の気体（一酸化炭素と水素）になるので，エントロピーが増大する．固体中では構成粒子（原子・分子）は整然と並んでいるが，液体になると粒子の配列に乱れが生じ，気体では粒子が自由に空間を飛び回れるようになるので，一般に固体→液体→気体の状態変化が起こると，それに伴って乱雑さが増大するからである．すなわち，この反応の $\Delta S>0$ である．よって，この反応の進行はエネルギー的には不利，エントロピー的には有利である．熱力学のデータによると上の反応に伴うエントロピー変化は 1 bar，25℃で $\Delta S^{\ominus}_{298} = 133.78 \text{ J K}^{-1}\text{ mol}^{-1}$ である[1]．よって

$$\Delta G^{\ominus}_{298} = \Delta H^{\ominus}_{298} - T\Delta S^{\ominus}_{298} = (131.29 - 298.15 \times 133.78 \times 10^{-3}) \text{ kJ mol}^{-1}$$
$$= 91.40 \text{ kJ mol}^{-1}$$

---

[1] 熱力学では，物質のエントロピーは比熱の測定によって求められる（巻末参考書 9, 10 参照）．

となる．したがって，常温常圧では $\Delta G>0$ となり，上の反応は自然には進行しない．むしろ，逆反応が起こる．高温になると ΔG の値はどうなるであろうか．ΔH，ΔS はそれぞれ反応に伴う結合エネルギーの変化と乱雑さの変化に相当するので温度が変わってもあまり変化しない．実際，この反応の場合，1 bar，1000 K で $\Delta H^{\ominus}_{1000}=136.87$ kJ mol^{-1}，$\Delta S^{\ominus}_{1000}=143.55$ JK^{-1} mol^{-1} である．これらの値から

$$\Delta G^{\ominus}_{1000}=\Delta H^{\ominus}_{1000}-T\Delta S^{\ominus}_{1000}=-45.89 \text{ kJ mol}^{-1}$$

を得る．1000 K になると，エントロピー項 $T\Delta S$ が効いてくるので $\Delta G<0$ となり，反応が自然に右に進行するようになるのである．なお，KNO$_3$ が水に溶解する反応（9.1.3）は吸熱反応（$\Delta H>0$）でエネルギー的に不利であるが，溶解に伴って，微結晶からなる固体 KNO$_3$ の中で整然と並んでいた K$^+$ イオンと NO$_3^-$ イオンが，水中で自由に運動できるようになるので，エントロピー変化 ΔS が十分大きく，常温でも反応は自然に進行するのである．

[例題9.5] 反応

$$\text{H}_2(\text{g}) + (1/2)\text{O}_2(\text{g}) = \text{H}_2\text{O}(\text{g}) \tag{9.5.6}$$

について，次の問に答えよ．
(1) 表 9.1 のデータを用いて，1 bar，25℃におけるこの反応のエンタルピー変化を求めよ．
(2) 1 bar，25℃におけるこの反応のギブズエネルギー変化を求めよ．ただし，$\Delta S^{\ominus}_{298}=-44.42$ J K^{-1} mol^{-1} である．
(3) この反応の ΔH と ΔS が温度に依存しないものとして，1 bar で水が水素と酸素に分解する反応が自然に進行する温度を求めよ．
[解] (1) 1 bar，25℃における上の反応のエンタルピー変化は 25℃における H$_2$O(g) の標準生成エンタルピーであるから，表 9.1 より $\Delta H^{\ominus}_{298}=\underline{-241.82 \text{ kJ mol}^{-1}}$．
(2) 1 bar，25℃におけるギブズエネルギー変化は

$\Delta G^{\ominus}_{298}=\Delta H^{\ominus}_{298}-T\Delta S^{\ominus}_{298}=(-241.82+298.15\times44.42\times10^{-3})$ kJ mol$^{-1}=\underline{-228.58 \text{ kJ mol}^{-1}}$．
(3) $\Delta G^{\ominus}=\Delta H^{\ominus}-T\Delta S^{\ominus}>0$ になると，1 bar で水の分解反応が自然に進行する．$\Delta H^{\ominus}$ と $\Delta S^{\ominus}$ に 25℃の値を用いて次式を得る（$\Delta S^{\ominus}<0$ に注意）．

$$T>\frac{\Delta H^{\ominus}}{\Delta S^{\ominus}}=\frac{241.82 \text{ kJ mol}^{-1}}{44.42\times10^{-3}\text{ kJ K}^{-1}\text{mol}^{-1}}=5440 \text{ K}$$

よって，5440 K を超えると分解反応が自然に進行する．

反応（9.5.6）では反応系から生成系に移ると，気体のモル数が減少するので，エントロピーが減少することに注意されたい．他に，2,3 の例を挙げよう．反応（9.2.5）はエントロピーが減少する発熱反応である．したがっ

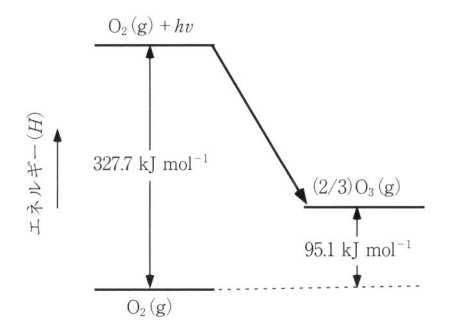

図 9.6 酸素の光化学反応によるオゾンの生成
波長 365.0 nm（エネルギー 327.7 kJ mol^{-1}）の高圧水銀灯の光を照射した場合.

て，(9.5.6)の場合と同様に，低温では反応は右に進むが，高温になると左に進む．実際 1500℃では，メタンは黒鉛と水素に分解する．過酸化水素が水と酸素に分解する反応

$$H_2O_2(l) = H_2O(l) + (1/2)O_2(g) \qquad \Delta H_{298}^{\ominus} = -98.05 \text{ kJ mol}^{-1} \qquad (9.5.7)$$

はエントロピーが増大する発熱反応 ($\Delta H < 0$) であるから，エネルギー的にもエントロピー的にも有利で反応は常に右に進む．最後に酸素からオゾンが生成する反応

$$O_2(g) = \frac{2}{3}O_3(g) \qquad \Delta H_{298}^{\ominus} = 95.1 \text{ kJ mol}^{-1} \qquad (9.5.8)$$

は (9.5.7) の場合と逆にエントロピーが減少する吸熱反応であるから，常に $\Delta G > 0$ で反応は自然には進まない．この反応を進行させるには酸素に紫外線を照射する必要がある．光のエネルギーを $h\nu$ とすると[1]

$$O_2(g) + h\nu = \frac{2}{3}O_3(g) \qquad (9.5.9)$$

となって，反応がエネルギー的に有利になるからである（図9.6参照）．

---

1) 光のエネルギーについては，2.5節，p.27参照．

9.5.3 標準生成ギブズエネルギー

9.3節で述べた生成熱の場合と同様に，化合物がその成分元素の単体から生成するときのギブズエネルギー変化を**生成ギブズエネルギー**（Gibbs energy of formation）という．特に圧力1 bar（標準状態）における化合物1 mol当たりの生成ギブズエネルギーを**標準生成ギブズエネルギー**（standard Gibbs energy of formation）と呼び，$\Delta G_f^\ominus$で表す．表9.1と表9.2の第3行に，いくつかの無機化合物と有機化合物について，25℃における$\Delta G_f^\ominus$の値を示す[1]．標準生成エンタルピーの場合と同様に，標準生成ギブズエネルギーは単体（1 bar）のギブズエネルギーを0としたときの化合物のギブズエネルギーに相当する．

表9.1，表9.2の$\Delta G_f^\ominus$の値を前節で述べた反応に適用してみよう．298 K（25℃）で

$$C(s, 黒鉛) + H_2O(g) = CO(g) + H_2(g)$$
$\Delta G_f^\ominus / \text{kJ mol}^{-1}$ 　　0　　　-228.57　　-137.17　　0

$$\Delta G_{298}^\ominus = \{-137.17 + 0 - 0 - (-228.57)\} \text{ kJ mol}^{-1} = 91.40 \text{ kJ mol}^{-1}$$

$$H_2(g) + (1/2)O_2(g) = H_2O(g)$$
$\Delta G_f^\ominus / \text{kJ mol}^{-1}$ 　　0　　　　0　　　　-228.57

$$\Delta G_{298}^\ominus = (-228.57 - 0 - 0) \text{ kJ mol}^{-1} = -228.57 \text{ kJ mol}^{-1}$$

となって，最後の桁の誤差を除いて［例題9.5］の値と一致する．

［例題9.6］ 表9.1のデータを用いて，反応(9.5.7)と(9.5.8)について，1 bar，25℃におけるギブズエネルギー変化を求めよ．
［解］　　　　　　　　　$H_2O_2(l) = H_2O(l) + (1/2)O_2(g)$
$\Delta G_f^\ominus / \text{kJ mol}^{-1}$　　　-120.35　　-237.13　　　0
$$\Delta G_{298}^\ominus = \{(-237.13 + 0 - (-120.35)\} \text{ kJ mol}^{-1} = \underline{-116.78 \text{ kJ mol}^{-1}}$$
$$O_2(g) = (2/3)O_3(g)$$
$\Delta G_f^\ominus / \text{kJ mol}^{-1}$　　　　0　　$(2/3) \times 163.2$
$$\Delta G_{298}^\ominus = \{(2/3) \times 163.2 - 0\} \text{ kJ mol}^{-1} = \underline{108.8 \text{ kJ mol}^{-1}}$$

---

[1] (9.5.3)より$\Delta G_f^\ominus = \Delta H_f^\ominus - T\Delta S_f^\ominus$であるから，$\Delta G_f^\ominus$は$\Delta H_f^\ominus$と$\Delta S_f^\ominus$から計算される．$\Delta S_f^\ominus$は単体と化合物の比熱の測定によって求められる（巻末参考書9, 10参照）．

生体とエントロピー

植物は光合成によって次の反応でグルコース[a]をつくる．

$$6CO_2(g) + 6H_2O(l) = C_6H_{12}O_6(s) + 6O_2(g) \tag{1}$$

この反応は吸熱反応で，$\Delta H_{298}^{\ominus}=2803\,\mathrm{kJ\,mol^{-1}}$ である．また，気体 6 mol と液体 6 mol から固体 1 mol と気体 6 mol が生成するので，乱雑さが減少し $\Delta S_{298}^{\ominus}=-259\,\mathrm{J\,mol^{-1}\,K^{-1}}$ である．これらの値から $\Delta G_{298}^{\ominus}=\Delta H_{298}^{\ominus}-T\Delta S_{298}^{\ominus}=2880\,\mathrm{kJ\,mol^{-1}}>0$ ($T=298$ K) となり，反応は自然には進まない．太陽の光エネルギーによって進行する．

熱力学によると，自然に起こる変化では，全系のエントロピーは増大する（エントロピー増大の原理[b]）．ただし，全系とは，着目した系（この場合，植物）と外界（系（植物）を取りまく環境）を合わせたものである．一般に高温の物体から低温の物体への熱移動に伴ってエントロピーが増大する（エントロピーが増大するから熱移動が自然に起こると考えてもよい）．この場合，外界で，高温の太陽から低温の植物への熱移動によってエントロピーが増大するが，その増加分を，いわば「消費して」上のエントロピー減少反応が進むのである．すなわち，光合成によって，地球上の局所部分でエントロピーが減少するとしても，太陽と地球を含めた全系（より一般的には宇宙）においては，エントロピー＝乱雑さが増加すると考えてよい．

植物や動物は秩序ある生体組織をより簡単な物質（肥料，食物，大気など）からつくり，生命活動を維持しているが，それは乱雑さの減少を伴う変化である．このような変化をもたらす原動力になっているのは，基本的には，上の反応の逆反応（または，それに類する反応）である．すなわち，生命活動に伴うエントロピーの減少分は，グルコース（その他）が二酸化炭素と水に分解することによるエントロピーの増加分によって「補償」されているのである．そして，このような生命活動を光合成を合わせて考えると，結局，動植物で起こる生体反応は，地球上で起こる他の変化と同様に，宇宙のエントロピーの増大によって支えられているといってよい．

動植物が死ぬとその一部は石炭や石油などの化石燃料として地中に蓄えられる．われわれはこれらの化石燃料のエネルギーを用いて，簡単な物質からより複雑な物質を合成したり，建造物や機械をつくっている．これらの人間活動は，単純なものを一定の秩序で組み合わせて乱雑さを減らす，すなわち，エントロピーを下げようとする活動である．したがって，もとをたどれば，このような活動は太陽により過去に行われた光合成によるものであり，やはりエントロピーの増大に基づいている．

エントロピー増大の原則は，われわれの周囲で起こるさまざまな変化の方向を規定している．生命活動のように，地球上のある限られた部分で一見エントロピーの減少をもたらす変化が起こったとしても，それは宇宙の他の部分のエントロピーの増加を伴っていて，全系（宇宙）のエントロピーは結局増大しているのである．われわれは生きていくうえでエネルギーを利用しているが，エネルギーは形を変えるだけで無く

---

a) 実際にはグルコースが重合した炭水化物をつくるが，ここではグルコースで代表させた．

b) エネルギー保存則とエントロピー増大の原理はそれぞれ熱力学第 1 法則と第 2 法則に対応する（A.2 節，p.259 と p.263 参照）．

なるものではない（エネルギー保存則[b]）．しかし，われわれの活動に伴って，まわりの宇宙環境のエントロピーは増大しているのである．

　地球のエントロピーが極大に達すると，秩序がなくなり，死の世界となる．地球のエントロピーは太陽からの熱エネルギーや人間の活動などにより増大するが，一方地球の熱は宇宙空間に放射され，エントロピーの増大を防いでいる．最近，地球を取りまく大気中に熱放射を妨げる二酸化酸素の層ができて問題になっているが，このような'温室ガス'の生成は，地球のエントロピーの増大に直接つながるのである．

---

[b] 前頁注．

章末問題

9.1 黒鉛とダイヤモンドの25℃における標準燃焼熱（圧力1barにおける燃焼熱）はそれぞれ393.51 kJ mol^{-1}と395.41 kJ mol^{-1}である．ダイヤモンドの標準生成熱を求めよ．

9.2 表9.1のデータを用いて，1 bar，25℃における水1 molの蒸発熱を求めよ．

9.3 表9.1と表9.2のデータを用いてエタノールの25℃における標準燃焼熱の値を求めよ．

9.4 表9.1のデータを用いて次の反応の25℃における標準反応熱の値を求めよ．
$$C(s, 黒鉛) + H_2O(g) = CO(g) + H_2(g)$$

9.5 表9.3の結合エネルギーの表を用いて，アセチレン$HC \equiv CH$に水素が添加してエチレン$H_2C = CH_2$が生成する反応$C_2H_2(g) + H_2(g) = C_2H_4(g)$の常温常圧における標準反応熱を計算し，表9.2から得られる値と比較せよ．

9.6 次の現象をエントロピー増大の原則で説明せよ．
　(1) 熱伝導　　(2) 沸点上昇　　(3) 凝固点降下　　(4) 浸透圧．

9.7 表9.1と表9.2のデータを用いて，次の反応の1 bar，25℃におけるギブズエネルギー変化を求め，反応が自然に進行するかどうか判断せよ．
　(1) $NO_2(g) = NO(g) + (1/2)O_2(g)$　　(2) $C_2H_2(g) + 2H_2(g) = C_2H_6(g)$
　(3) $C_2H_4(g) + H_2O(l) = C_2H_5OH(l)$

9.8 エチレン$H_2C = CH_2$がアセチレン$HC \equiv CH$と水素H_2に分解する反応
$$C_2H_4(g) = C_2H_2(g) + H_2(g)$$
について，表9.2のデータを用いて次の問に答えよ．
　(1) 25℃におけるこの反応の標準エンタルピー変化と標準ギブズエネルギー変化を求めよ．この反応は自然に進行するか．
　(2) 25℃におけるこの反応の標準エントロピー変化を求めよ．
　(3) この反応のΔHとΔSが温度変化しないとして，この反応が自然に進む温度を求めよ．

10 化学平衡

 化学反応において，一定温度と圧力の下，反応がある程度進んで反応物と生成物が一定の割合に達したとき，見かけ上反応が停止したように見える状態になることがある．この状態が反応の平衡状態である．この章では平衡状態にある反応物と生成物の量的関係や，温度，圧力，物質の濃度などを変えたときの平衡状態の移動を論じる．最後に，熱力学の状態量であるギブズエネルギーを用いて化学平衡を考察する．

10.1 可逆反応と平衡状態

 水素 H_2 とヨウ素 I_2 を容器に入れて加熱すると，次第にヨウ化水素 HI が生成する．
$$H_2 + I_2 \rightarrow 2HI \qquad (10.1.1)$$
また，ヨウ化水素を容器に入れて加熱すると次第に逆反応が進み水素とヨウ素を生じる．
$$2HI \rightarrow H_2 + I_2 \qquad (10.1.2)$$
このように，どちらの向きにも進む反応を**可逆反応**（reversible reaction）といい，次のように記号 $\rightleftarrows$ を用いて表す．
$$H_2 + I_2 \rightleftarrows 2HI \qquad (10.1.3)$$
右向きの反応を**正反応**，左向きの反応を**逆反応**という．なお，一方的にしか進まない反応を**不可逆反応**（irreversible reaction）と呼ぶ[1]．

 図 10.1 に温度一定（448℃）の容器中におけるヨウ化水素の生成と分解反

---
[1] 10.5 節で述べるように，不可逆反応でも，厳密には平衡状態が成立し，その状態で微量の反応物が残っている．

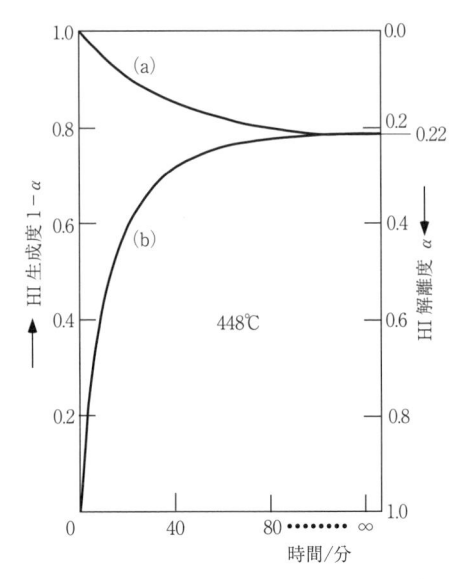

図 10.1 ヨウ化水素の生成と分解反応の時間変化

応の時間変化を示す．曲線(a)はモル数 n_0 の純粋なヨウ化水素から出発したときに分解したヨウ化水素の解離度 $α$ である．(b)はモル数各 $n_0/2$ の水素とヨウ素を容器に入れたとき生じるヨウ化水素の生成度 $(1-α)$ である．どちらの場合も，最終的には $α=0.78$ の一定値に達し，反応は見かけ上それ以上進まなくなる．

H_2 と I_2 を混ぜた場合，反応の初期では両者の濃度が高く(10.1.3)の正反応の速度 v_1 は大きい．反応が進むと H_2 と I_2 の濃度が減るので v_1 が小さくなる一方で，HI の濃度が増えるので(10.1.3)の逆反応の速度 v_2 が大きくなる．最終的に v_1 と v_2 が等しくなったとき，見かけ上反応は止まった状態になる．このような，正反応と逆反応の速度が等しくなった状態を**化学平衡**(chemical equilibrium) の状態という．HI から出発した場合も，上と同様な経過をたどって化学平衡の状態に達する．

10.2 平衡定数

一般に，反応物 A と B から C と D が生成する反応
$$aA + bB \rightleftarrows cC + dD \tag{10.2.1}$$
が平衡状態にあるとき，A，B，C，D の濃度をそれぞれ [A]，[B]，[C]，[D] とすると
$$\frac{[C]^c[D]^d}{[A]^a[C]^b} = K_C \tag{10.2.2}$$
が成立する．K_C の値は各物質の濃度がどのような値であっても，温度一定なら一定である．K_C を反応(10.2.1)の**(濃度)平衡定数**（equilibrium constant）という．また，この式で表される関係を**質量作用の法則**[1]（law of mass action）または**化学平衡の法則**という．なお，平衡定数の式は反応物を分母に，生成物を分子に書くことになっている．

例えば，反応(10.1.3)では
$$\frac{[HI]^2}{[H_2][I_2]} = K_C \tag{10.2.3}$$
となる．気体のみが関与する反応では濃度の代わりに分圧を使うことができる．H_2，I_2，HI がすべて気体のとき，(10.2.3)の代わりに分圧を用いて
$$\frac{p(HI)^2}{p(H_2)p(I_2)} = K_P \tag{10.2.4}$$
とすることができる．K_P を**圧平衡定数**という．

[**例題 10.1**] 反応(10.2.1)が気体反応のとき，濃度平衡定数 K_C と圧平衡定数 K_P の関係を求めよ．ただし，各物質は理想気体とする．
[**解**] 反応容器の体積と温度を V，T，平衡状態における気体 A のモル数を n_A とすると，気体 A の分圧は
$$p_A = n_A RT/V = [A]RT$$
となる．他の気体についても同様な式が成り立つから
$$K_P = \frac{p_C^c p_D^d}{p_A^a p_B^b} = \frac{[C]^c[D]^d}{[A]^a[B]^b}(RT)^{c+d-a-b}$$

---

1) 「質量」はこの法則が発見されたときの用語である．当時の「(活性)質量」は現在の言葉では濃度を意味する．

$$\therefore K_P = K_C(RT)^{c+d-a-b} \tag{10.2.5}$$

なお,反応の前後でモル数の変化がなければ $c+d-a-b=0$ であるから,濃度平衡定数と圧平衡定数は等しい.

[**例題 10.2**] 反応(10.1.3)の 448℃における平衡状態において,HI の解離度 $\alpha=0.22$ である(図 10.1).全圧を P として 448℃におけるこの反応の圧平衡定数と濃度平衡定数を求めよ.ただし,各物質は理想気体とする.

[**解**] 全圧 P の下で,はじめに n_0 mol の純粋な HI があったとすると,平衡が達成されたときの物質量,モル分率,分圧は次のようになる((7.3.8),(7.3.9)参照).

	H_2	$+$	I_2	$\rightleftarrows$	$2HI$	計
物質量	$n_0\alpha/2$		$n_0\alpha/2$		$n_0(1-\alpha)$	n_0
モル分率	$\alpha/2$		$\alpha/2$		$(1-\alpha)$	
分圧	$(\alpha/2)P$		$(\alpha/2)P$		$(1-\alpha)P$	

$$K_P = \frac{p(\text{HI})^2}{p(\text{H}_2)p(\text{I}_2)} = \frac{\{(1-\alpha)P\}^2}{\{(\alpha/2)P\}^2} = \frac{4(1-\alpha)^2}{\alpha^2} \tag{10.2.6}$$

$$= \frac{4(1-0.22)^2}{0.22^2} = \underline{50}$$

この反応では,反応の前後でモル数の変化がないから,前問の結果により $K_C = K_P$.

10.3 平衡移動の法則

可逆反応が平衡状態にあるとき,圧力,温度,物質の濃度などを変化させると,一時的に非平衡の状態になるが,正反応または逆反応が進んで初めとは異なる平衡状態になる.1884 年,ル・シャトリエ(Le Chatelier)は次の原理を提唱した.

「可逆反応が平衡状態にあるとき,温度,圧力,濃度などを変化させると,その変化による影響をなるべく小さくする方向に平衡が移動する」

これを**ル・シャトリエの原理**または**平衡移動の法則**(law of mobile equilibrium)という.次に例を挙げてこの法則を説明しよう.

四酸化二窒素 N_2O_4 は無色の気体であるが,常温で赤褐色の気体の二酸化窒素 NO_2 と平衡状態

$$N_2O_4 \rightleftarrows 2NO_2 \tag{10.3.1}$$

にあるので色がついている.一定の圧力 P の下で,はじめに n_0 mol の純粋な N_2O_4 があるとして,平衡が達成したときの解離度を α とすれば,次のようになる.

$$\begin{array}{cccc} & \mathrm{N_2O_4} & \rightleftarrows & 2\mathrm{NO_2} & \text{計} \\ \text{物質量} & n_0(1-\alpha) & & 2n_0\alpha & n_0(1+\alpha) \\ \text{モル分率} & \dfrac{1-\alpha}{1+\alpha} & & \dfrac{2\alpha}{1+\alpha} & \\ \text{分圧} & \dfrac{1-\alpha}{1+\alpha}P & & \dfrac{2\alpha}{1+\alpha}P & \end{array}$$

よって,圧平衡常数は

$$K_P = \frac{p(\mathrm{NO_2})^2}{p(\mathrm{N_2O_4})} = \frac{\{2\alpha P/(1+\alpha)\}^2}{(1-\alpha)P/(1+\alpha)} = \frac{4\alpha^2}{1-\alpha^2}P \tag{10.3.2}$$

となる.この式から

$$\alpha = \left(\frac{K_P}{K_P+4P}\right)^{1/2} \tag{10.3.3}$$

が得られる.上式によると,一定温度(このとき K_P は一定)で,全圧 P を大きくすると解離度 α が減少する.すなわち,平衡は左へ移動して,気体分子数が減り,体積が減少する.これは平衡移動の法則から期待される通りである.

次に,温度,圧力一定の下で,$\mathrm{N_2O_4}$ の分圧 $p(\mathrm{N_2O_4})$(濃度)を大きくすると,K_P は一定であるから,(10.3.2)から $p(\mathrm{NO_2})$ が大きくなる.すなわち,平衡は右へ($\mathrm{N_2O_4}$ の分圧(濃度)が減る方向へ)移動する.逆に,$\mathrm{NO_2}$ の分圧 $p(\mathrm{NO_2})$(濃度)を大きくすると,平衡は左へ($\mathrm{NO_2}$ の分圧(濃度)が減る方向へ)移動する.これらも平衡移動の法則と合致する.

最後に,反応(10.3.1)に伴うエンタルピー変化は $\Delta H_{298}^{\ominus} = 57.20\,\mathrm{kJ\,mol^{-1}}$ で,この反応は吸熱反応である.ゆえに,平衡移動の法則により,圧力一定で温度を高くすると,平衡は右側に,温度を低くすると左側に移動することになる.実際,混合気体の色は温度を高くすると濃くなり,温度を低くすると薄くなる.

窒素と水素からアンモニアを合成する反応

$$\mathrm{N_2(g) + 3H_2(g) = 2NH_3(g)} \qquad \Delta H_{298}^{\ominus} = -92.22\,\mathrm{kJ\,mol^{-1}} \tag{10.3.4}$$

は工業的に重要である.第4章のコラムにも述べたように,アンモニアから肥料として使われる尿素 $(\mathrm{NH_2})_2\mathrm{CO}$,塩化アンモニウム $\mathrm{NH_4Cl}$,硫酸アンモニウム $(\mathrm{NH_4})_2\mathrm{SO_4}$ など,また,爆薬の原料となる硝酸 $\mathrm{HNO_3}$ や硝酸アンモニウム $\mathrm{NH_4NO_3}$ が合成される.この反応は空気中の窒素を利用するので,

空中窒素の固定と呼ばれている.

反応(10.3.4)は可逆反応で,分子数が減る発熱反応であるから,平衡移動の法則から,平衡状態は圧力を上げると右側に移動し,温度を高くすると左側に移動する.したがって,アンモニアの生成量を多くするには,なるべく圧力を上げ,温度を低くする必要がある.しかし,温度をあまり低くすると反応速度が遅くなり,平衡に達するまでに時間がかかる.したがって,アンモニアの工業的合成は 400～500℃,数百気圧で行われる.なお,反応速度を上げるため四酸化三鉄 Fe_3O_4 を主成分とする触媒が使われる.

10.4 不均一系の化学平衡

気相と純粋な固相を含む不均一系で化学平衡が成立しているときには,固相成分の気相における分圧(固相の蒸気圧)は一定の温度では一定であるから,平衡定数の式から除かれる.例えば,炭酸カルシウム(石灰石)の酸化カルシウム(生石灰)と二酸化炭素への熱分解

$$CaCO_3(s) \rightleftarrows CaO(s) + CO_2(g) \qquad (10.4.1)$$

の平衡定数は次のようになる.

$$K_P = p(CO_2) \qquad (10.4.2)^{1)}$$

このような解離反応では,固相と平衡にある気相の圧力を**解離圧**(dissociation pressure)という.この例では平衡定数は $CaCO_3$ の解離圧に等しく,温度一定では一定である.その値は 897℃ で 1 atm,1000℃ で 3.87 atm に達する.

塩化ナトリウムの解離

$$NH_4Cl(s) \rightleftarrows NH_3(g) + HCl(g) \qquad (10.4.3)$$

の平衡定数は次式で与えられる.

$$K_P = p(NH_3)p(HCl) \qquad (10.4.4)$$

この場合の解離圧は次の通りである.

$$P = p(NH_3) + p(HCl) \qquad (10.4.5)$$

---

1) $K_P = p(CaO)p(CO_2)/p(CaCO_3)$ において,$p(CaO)$ と $p(CaCO_3)$ は一定であるから,$K_P\{p(CaCO_3)/p(CaO)\} = p(CO_2)$ の左辺一定.左辺をあらためて K_P とすれば,(10.4.2)を得る.

10.5 化学平衡とギブズエネルギー

熱力学によると，定温，定圧の平衡状態において，ギブズエネルギーは極小である（(A.2.27)参照）．定温定圧における気相反応の場合，この条件から次式が導かれる（A.2.33）．

$$\Delta G^\ominus = -RT \ln K_P \tag{10.5.1}$$

ただし，$\Delta G^\ominus$ は反応に伴う標準ギブズエネルギー変化である．例えば，標準状態を 1 bar に選ぶと，K_P は 1 bar における圧平衡定数で，温度のみに依存する．反応

$$\mathrm{N_2O_4(g)} \rightleftarrows 2\mathrm{NO_2(g)} \tag{10.5.2}$$

において

$$\ln K_P = \ln \frac{p(\mathrm{NO_2})^2}{p(\mathrm{N_2O_4})} = -\frac{\Delta G^\ominus}{RT} \tag{10.5.3}$$

である．1 bar，25℃における定温定圧反応では，次の例題に示すように，上式に $T = 298.15$ K，$\Delta G^\ominus = \Delta G^\ominus_{298}$ を代入して K_P を求めることができる．

[例題 10.3] 表 9.1 のデータを用いて，反応(10.5.2)の 1 bar，25℃における圧平衡定数 K_P を求め，$\mathrm{N_2O_4}$ の解離度 α を計算せよ．
[解] 表 9.1 の値を用いると，この反応では，$\Delta G^\ominus_{298} = (2 \times 51.31 - 97.89)$ kJ mol^{-1} = 4.73 kJ mol^{-1}．この値を(10.5.3)に代入して

$$2.303 \log K_P = -\frac{4.73 \text{ kJ mol}^{-1}}{8.314 \text{ J K}^{-1} \text{ mol}^{-1} \times 298.2 \text{ K}}$$

となる（(A.1.9)参照）．上式から $\log K_P = 0.828$，$K_P = \underline{6.73 \text{ bar}}$ となる[1])．次に(10.3.3)より

$$\alpha = \left(\frac{K_P}{K_P + 4P}\right)^{1/2} = \left(\frac{6.73 \text{ bar}}{6.73 \text{ bar} + 4 \times 1 \text{ bar}}\right)^{1/2} = \underline{0.79}.$$

(10.5.1)から

$$K_P = e^{-\Delta G^\ominus/(RT)} = 10^{-0.43429 \Delta G^\ominus/(RT)} \tag{10.5.4}$$

となる（(A.1.10)参照）．したがって，K_P は 0 になることはない．たとえ

---

[1]) $p(\mathrm{NO_2})^2/p(\mathrm{N_2O_4})$ の単位は bar である．$\ln(x)$ または $\log(x)$ において，x は単位を含まない無名数でなければならない．したがって，本来 $\log(K_P/\text{bar}) = 0.828$，$K_P/\text{bar} = 6.73$ とすべきであった．$K_P = 6.73$ bar は 6.73 という数値に K_P の単位を付加したものである．

ば,［例題 9.5］で取り上げた水素の酸化反応では 1 bar, 25℃における K_P は次のようになる（［例題 10.4］）.

$$H_2(g)+(1/2)O_2(g)=H_2O(g) \qquad \Delta G^0_{298}=-228.58 \text{ kJ mol}^{-1}$$

$$K_P=\frac{p(H_2O)}{p(H_2)p(O_2)^{1/2}}\cong 10^{40} \text{ bar}^{-1/2}$$

よって，このような一方的にしか進まないとされている<u>不可逆反応</u>でも平衡状態が成立し，その状態で微量の水素や酸素は残っているのである．

［例題 10.4］ 次の反応の 1 bar, 25℃における K_P を求めよ．
(1) $H_2(g)+(1/2)O_2(g)=H_2O(g)$ $\Delta G^\ominus_{298}=-228.58 \text{ kJ mol}^{-1}$
(2) $O_2(g)=(2/3)O_3(g)$ $\Delta G^\ominus_{298}=108.8 \text{ kJ mol}^{-1}$

［解］ 25℃で,（10.5.4）において
$0.43429\Delta G^\ominus/(RT)=0.43429\Delta G^\ominus/(8.3145 \text{ JK}^{-1}\text{mol}^{-1}\times 298.15 \text{ K})=1.7519\times 10^{-4}\Delta G^\ominus \text{ J}^{-1} \text{mol}$.
(1) $-0.43429\Delta G^\ominus/(RT)=-1.7519\times 10^{-4} \text{ J}^{-1}\text{mol}\times(-228.58 \text{ kJ mol}^{-1})=40.045$
$K_P=10^{40.045} \text{ bar}^{-1/2}=\underline{1.11\times 10^{40} \text{ bar}^{-1/2}}$
(2) $-0.43429\Delta G^\ominus/(RT)=-1.7519\times 10^{-4} \text{ J}^{-1}\text{mol}\times(108.8 \text{ kJ mol}^{-1})=-19.061$
$K_P=10^{-19.06} \text{ bar}^{-1/3}=8.7\times 10^{-20} \text{ bar}^{-1/3}$

ただし，K_P には単位を付加した（前頁注 1）参照）．平衡は(1)ではほぼ完全に右に，(2)ではほぼ完全に左に偏っていることがわかる．

生体における共役反応

9.5.2項，p.146 で，反応に伴ってギブズエネルギーが減少する反応は自発的に進行するが，増加する反応は自発的には進行しないと述べた．前者を**発エルゴン反応**（exergonic reacition），後者を**吸エルゴン反応**（endergonic reaction）という．すなわち

$\Delta G<0$ 発エルゴン反応＝自発反応
$\Delta G>0$ 吸エルゴン反応＝非自発反応

である．エルゴンはギリシャ語で仕事を意味する．$\Delta G<0$ の場合，反応の自発的な進行に伴って，外部に有効な仕事が放出されるのに対し（p.265 注 2 参照），$\Delta G>0$ の場合は，外部から有効な仕事を与えなければ，反応が進まないから（例えば，(9.5.9)の光化学反応の例参照），上のような名前がついたのである．

タンパク質，多糖（デンプンなど）および脂質の生合成など，生体反応には吸エルゴン反応が多い．このような反応は発エルゴン反応との組み合わせで進行する．一般に，吸エルゴン反応と発エルゴン反応の組み合わせを**共役反応**（coupled reactions）という．

$A+B \rightleftharpoons C+D$ $\Delta G_1>0$ (1)
$D+E \rightleftharpoons F+G$ $\Delta G_2<0$ (2)

反応(1)は自発的には進まないが，ΔG_2 の絶対値が大きくて，$\Delta G_1+\Delta G_2<0$ ならば，反応(1)の D の平衡濃度が低くても，反応(2)の平衡濃度がもっと低く，ル・シャトリ

エの原理によって，反応(1)の正反応が進行する．この2つの反応は共通の中間体D を通して**共役**していることになる．2つの反応を加えると

$$A + B + E \rightleftharpoons C + F + G \qquad \Delta G_1 + \Delta G_2 < 0 \tag{3}$$

このように，経路全体として発エルゴン的であれば，反応は進むのである．

発エルゴン反応の代表的な例が次のアデノシン三リン酸（ATP）の加水分解によるアデノシン二リン酸（ADP）とリン酸の生成である[a]．

$$ATP + H_2O \rightleftharpoons ADP + H_3PO_4 \qquad \Delta G = -30.5 \text{ kJ mol}^{-1} \tag{4}$$

上の反応でATPが加水分解して，ADPとリン酸になると，大きい自由エネルギーが解放され，生体内のさまざまな吸エルゴン反応を推進するのである．ATPは生体がエネルギーを必要とするときしばしば登場し，生体内のエネルギー通貨と呼ばれる．

---

[a] ATPとADPについては巻末参考書2(II) 9.1.4項 (p.119) 参照．(4)の ΔG はATP，ADPおよび H_3PO_4 の濃度が 1 mol dm^{-3} で，溶液のpHが7（中性）のときの値である．

章末問題

10.1 容器に N_2O_4 を 4.0 mol 入れて，温度 56℃，圧力 5.0 bar で平衡状態にしたところ，NO_2 が 2.0 mol 生じた．
(1) 平衡状態における N_2O_4 の物質量を求めよ．
(2) この反応の圧平衡定数と濃度平衡定数を求めよ．

10.2 五塩化リンの蒸気は $PCl_5(g) \rightleftharpoons PCl_3(g) + Cl_2(g)$ のように解離する．この解離反応の平衡定数は 250℃ で 1.78 atm である．0.04 mol の PCl_5 を容器に入れて 250℃，2.00 atm に保って平衡に到達させた．PCl_5 の解離度を求めよ．

10.3 反応：$H_2(g) + I_2(g) \rightleftharpoons 2HI(g)$ が 1 bar，700 K で平衡状態にある．700 K における $HI(g)$ の標準生成エンタルピーは $-6.10 \text{ kJ mol}^{-1}$ である．次の問に，理由を述べて答えよ．
(1) HI を加えると平衡はどちらに移動するか．
(2) 圧力を 2 bar にすると平衡はどちらに移動するか．
(3) 温度を 1000 K にすると平衡はどちらに移動するか．

10.4 前問の反応の 700 K における標準ギブズエネルギー変化は $\Delta G^\ominus = -23.23 \text{ kJ mol}^{-1}$ である．700 K における平衡定数を求め，平衡状態における HI の解離度を計算せよ．

10.5 酸化水銀(II)は $2HgO(s) \rightleftharpoons 2Hg(g) + O_2(g)$ のように解離する．水銀の通常沸点 357℃ において酸化水銀(II)の解離圧は 86 mmHg である．
(1) 357℃ における酸化水銀(II)の解離定数を求めよ．
(2) 酸化水銀(II)と液体水銀を真空容器に入れて，357℃ に保った．平衡状態における酸素の分圧は何 mmHg か．

11 電解質溶液・酸と塩基

 電解質は水溶液中でほぼ完全に解離する強電解質と解離したイオンと非解離分子が平衡状態で存在する弱電解質に大別される．本文で述べる強酸と強塩基および多くの塩類は強電解質で，弱酸と弱塩基は弱電解質に属する．この章では，これらの酸，塩基および塩の性質を水溶液中の化学平衡をもとにして論じる．

11.1 酸と塩基

 塩化水素 HCl や硫酸 H_2SO_4 の水溶液は酸味を示し，青色リトマス試験紙を赤変する．このような性質を**酸性**（acid または acidic）といい，酸性を示す物質を**酸**（acid）という．水酸化ナトリウム NaOH や水酸化カルシウム $Ca(OH)_2$ の水溶液は赤色リトマス試験紙を青変し，酸と反応して，酸性を打ち消す．このような性質を**塩基性**（basic）または**アルカリ性**（alkaline）といい，塩基性を示す物質を**塩基**（base）という．また，水や塩化ナトリウムの水溶液のように酸性も塩基性も示さない物質を**中性**（neutral）という．
 1887 年，アレニウス（Arrhenius）は酸と塩基を次のように定義した．
 「酸は水溶液中で電離して水素イオンを生じる物質であり，塩基は水溶液中で電離して水酸化物イオンを生じる物質である．」
例えば，塩化水素 HCl，硫酸 H_2SO_4，酢酸 CH_3COOH[1)]は水に溶けて水素イオンを出すので酸である．

$$HCl \rightarrow H^+ + Cl^- \qquad (11.1.1)$$
$$H_2SO_4 \rightarrow 2H^+ + SO_4{}^{2-} \qquad (11.1.2)$$

---

 1) 食酢は濃度が約 5% の酢酸水溶液である．

$$CH_3COOH \rightleftarrows CH_3COO^- + H^+ \qquad (11.1.3)$$

これらの式の H^+（陽子）は実際には水分子に移って（**陽子移行**），オキソニウムイオン H_3O^+ になっている（4.2節，p.61）．例えば，塩酸（塩化水素 HCl の水溶液）では

$$HCl + H_2O \rightarrow H_3O^+ + Cl^- \qquad (11.1.4)$$

である．ただし，便宜上 H_3O^+ を H^+ で表すことが多い．なお，塩酸と硫酸はほとんど完全に電離するが，酢酸では電離平衡が成立している．

$NaOH$ や $Ca(OH)_2$ は水に溶けると電離し，水酸化物イオン OH^- を生じるので塩基である．

$$NaOH \rightarrow Na^+ + OH^- \qquad (11.1.5)$$
$$Ca(OH)_2 \rightarrow Ca^{2+} + 2OH^- \qquad (11.1.6)$$

アンモニア NH_3 やメチルアミン CH_3NH_2 も塩基で，次の反応で OH^- が生じる．

$$H_2O + NH_3 \rightleftarrows NH_4^+ + OH^- \qquad (11.1.7)$$
$$CH_3NH_2 + H_2O \rightleftarrows CH_3NH_3^+ + OH^- \qquad (11.1.8)$$

アンモニアでは，水分子の陽子（H^+）が NH_3 に移ってアンモニウムイオンができる（4.2節，p.61）．メチルアミンの場合は $-NH_2$ 基が水の陽子を受け取り，$-NH_3^+$ となる（図11.1）．

表11.1に主な酸と塩基を示した．水溶液中でほとんど完全に解離する強酸・強塩基と解離が不十分な弱酸・弱塩基に分けてある．

1923年，ブレーンステッド（Brønsted）とローリー（Lowry）は，水溶液以外にも適用できるように，アレニウスの酸と塩基の定義を拡張した．それによると

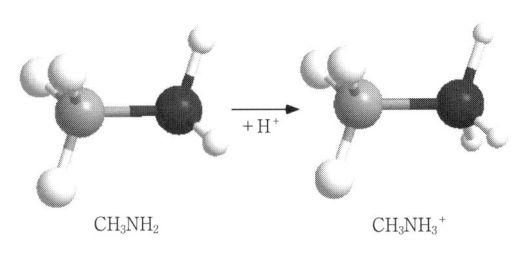

図11.1 メチルアミンへの水素イオンの付加

表 11.1 酸と塩基

強 酸	弱 酸	強 塩 基	弱 塩 基
塩酸 HCl	酢酸 CH_3COOH	水酸化ナトリウム NaOH	アンモニア水 NH_3
硝酸 HNO_3	シアン化水素 HCN	水酸化カリウム KOH	メチルアミン CH_3NH_2
硫酸 H_2SO_4	硫化水素 H_2S	水酸化カルシウム $Ca(OH)_2$	水酸化マグネシウム $Mg(OH)_2$
	炭酸 H_2CO_3 a)	水酸化バリウム $Ba(OH)_2$	水酸化アルミニウム $Al(OH)_3$
	リン酸 H_3PO_4 b)		

a) 二酸化炭素の水溶液.
b) 中程度の強さの酸.

「酸は水素イオンを放出する物質であり,塩基は水素イオンを受け取る物質である.」
この定義によると,(11.1.4)において,HCl は H_2O へ H^+ を放出しているので酸であり,H_2O は H^+ を受け取っているので塩基である.すなわち

$$HCl + H_2O \rightarrow H_3O^+ + Cl^- \tag{11.1.9}$$
$$\quad\ \ 酸\quad\ \ 塩基$$

(11.1.7)では NH_3 は H_2O から H^+ を受け取っている.したがって,NH_3 は塩基,H_2O は酸とみなすことができる.さらに,(11.1.7)の逆反応では NH_4^+ は OH^- に H^+ を放出しているので,NH_4^+ は酸,OH^- は H^+ を受け取っているので塩基である.すなわち

$$NH_4^+ + OH^- \rightleftarrows H_2O + NH_3 \tag{11.1.10}$$
$$酸(1)\ \ 塩基(2)\ \ 酸(2)\ \ 塩基(1)$$

上式において,NH_4^+ と NH_3 および H_2O と OH^- のような組を互いに**共役な酸・塩基対**という.酢酸の場合の互いに共役な酸・塩基対は

$$CH_3COOH + H_2O \rightleftarrows H_3O^+ + CH_3COO^- \tag{11.1.11}$$
$$酸(1)\qquad 塩基(2)\quad 酸(2)\quad 塩基(1)$$

なお,H_2O は(11.1.10)では酸,(11.1.11)では塩基になっている.このように,同じ物質でも酸か塩基かは反応の相手によって決まる.

塩化水素の気体とアンモニアの気体を反応させると塩化アンモニウム NH_4Cl の白煙(微結晶)を生じる.

$$HCl(g) + NH_3(g) \rightarrow NH_4Cl(s)$$

NH_4Cl は NH_4^+ と Cl^- よりなるイオン結晶である.この反応では,HCl は

NH_3 に H^+ を放出しいるので，$HCl(g)$ が酸，$NH_3(g)$ が塩基である．このように，ブレーンステッドとローリーの定義は気体反応にも適用できる．

11.2 弱酸と弱塩基の解離

強酸と強塩基は水溶液中でほぼ完全に解離しているが，弱酸と弱塩基では，水溶液中で一部の分子しか解離しない．弱酸 HA を例にとると，電離平衡

$$HA + H_2O \rightleftarrows H_3O^+ + A^- \tag{11.2.1}$$

が成立する．この平衡に対して質量作用の法則(10.2.2)が適用される((A.2.37)参照)．すなわち

$$\frac{[H_3O^+][A^-]}{[HA][H_2O]} = K_c \tag{11.2.2}$$

ただし，[HA]，$[H_2O]$，$[H_3O^+]$，$[A^-]$ はそれぞれ HA，H_2O，H_3O^+，A^- のモル濃度である．また，平衡定数 K は温度と圧力が一定ならば各濃度に無関係な定数である．希薄溶液ではほとんど解離していない水の濃度 $[H_2O]$ は一定と見なせるので，上式は K を定数として

$$\frac{[H_3O^+][A^-]}{[HA]} = K \tag{11.2.3}$$

となる．K を**解離定数**（dissociation constant）または**電離定数**（ionization constant）と呼ぶ．簡単のため，(11.2.1)と(11.2.3)を

$$HA \rightleftarrows H^+ + A^- \tag{11.2.4}$$

$$\frac{[H^+][A^-]}{[HA]} = K \tag{11.2.5}$$

のように書くことが多い．弱酸 HA の全濃度を c，この濃度での解離度を α とすると

$$[HA] = c(1-\alpha) \qquad [H^+] = [A^-] = c\alpha$$

である．これらの式を(11.2.5)に代入して

$$K = \frac{c\alpha^2}{1-\alpha} \tag{11.2.6}$$

を得る．この関係を**オストワルト**（Ostwald）**の希釈率**（dilution low）という．この式から求めた c/K と α の関係を図11.2に示す．濃度が減ると解離

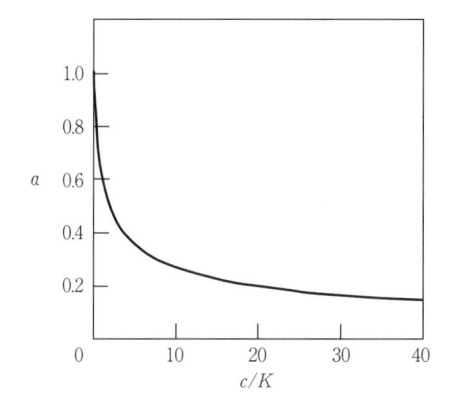

図 11.2 弱酸または弱塩基の解離度 α の濃度 ($=c/K$) 変化

表 11.2 弱酸の解離定数 (25℃)

弱 酸	K/mol dm^{-3}	
酢酸 CH$_3$COOH	1.75×10^{-5}	
シアン化水素 HCN	6.2×10^{-10}	
硫化水素 H$_2$S	K_1	8.9×10^{-8}
	K_2	1×10^{-19}
炭酸 H$_2$CO$_3$	K_1	4.5×10^{-7}
	K_2	4.7×10^{-11}
リン酸 H$_3$PO$_4$	K_1	6.9×10^{-3}
	K_2	6.2×10^{-8}
	K_3	4.8×10^{-13}

度 α が急に増すことがわかる．$\alpha \ll 1$ の場合, $K \cong c\alpha^2$ となるので

$$\alpha \cong \sqrt{\frac{K}{c}} \tag{11.2.7}$$

を得る．このとき水素イオン濃度は次のようになる

$$[\text{H}^+] = c\alpha \cong \sqrt{Kc} \tag{11.2.8}$$

表 11.2 にいくつかの弱酸の解離定数を示す．硫化水素やリン酸のような多価の酸では解離の各段階に解離定数が存在する．例えば，リン酸では

$$\text{H}_3\text{PO}_4 \rightleftarrows \text{H}^+ + \text{H}_2\text{PO}_4^- \quad \frac{[\text{H}^+][\text{H}_2\text{PO}_4^-]}{[\text{H}_3\text{PO}_4]} = K_1$$

表11.3 弱塩基の解離定数（25℃）

弱　塩　基	$K/\text{mol dm}^{-3}$
アンモニア NH_3	1.8×10^{-5}
メチルアミン CH_3NH_2	4.6×10^{-4}
ジメチルアミン $(CH_3)_2NH$	5.4×10^{-4}
トリメチルアミン $(CH_3)_3N$	6.3×10^{-5}
アニリン $C_6H_5NH_2$	7.4×10^{-10}

$$H_2PO_4^- \rightleftarrows H^+ + HPO_4^{2-} \qquad \frac{[H^+][HPO_4^{2-}]}{[H_2PO_4^-]} = K_2$$

$$HPO_4^{2-} \rightleftarrows H^+ + PO_4^{3-} \qquad \frac{[H^+][PO_4^{3-}]}{[HPO_4^{2-}]} = K_3$$

弱酸の場合と同様に，弱塩基Bの水溶液についても次の関係が成立する．

$$H_2O + B \rightleftarrows BH^+ + OH^- \qquad \frac{[BH^+][OH^-]}{[B]} = K$$

1価の弱塩基のみを含む水溶液について，全濃度を c，この濃度における解離度を α とすると(11.2.6)が成り立つ．$\alpha \ll 1$ のときの近似式は(11.2.7)で，水酸化物イオンの濃度は近似式

$$[OH^-] = c\alpha \cong \sqrt{Kc} \tag{11.2.9}$$

で与えられる．弱塩基の解離定数の値を表11.3に示す．

[例題11.1] 食酢の酢酸濃度を5%とする．酢酸の解離定数を $K = 1.75 \times 10^{-5} \text{ mol dm}^{-3}$ として，食酢における酢酸の解離度と水素イオン濃度を求めよ．ただし，食酢の密度は 1.01 g cm^{-3}，原子量は $C = 12$，$O = 16$，$H = 1$ とする．

[解] $CH_3COOH = 60$，食酢の 1 dm^3 の質量は 1010 g である．この中に含まれる酢酸のモル数は $(1010 \times 0.05)/60 = 0.84 \text{ (mol)}$．よって，食酢における酢酸のモル濃度は $c = 0.84 \text{ mol dm}^{-3}$．(11.2.7)，(11.2.8)より解離度と水素イオン濃度は

$$\alpha \cong \sqrt{K/c} = \sqrt{1.75 \times 10^{-5} \text{ mol dm}^{-3}/0.84 \text{ mol dm}^{-3}} = \underline{4.6 \times 10^{-3}}$$

$$[H^+] = \sqrt{Kc} = \sqrt{1.75 \times 10^{-5} \text{ mol dm}^{-3} \times 0.84 \text{ mol dm}^{-3}} = \underline{3.8 \times 10^{-3} \text{ mol dm}^{-3}}$$

11.3　水の電離とpH

純水はわずかにオキソニウムイオンと水酸化物イオンに解離して平衡に達する．

表 11.4　水のイオン積

$t/℃$	0	10	25	40	50
$K_W/10^{-14}\,mol^2\,dm^{-6}$	0.115	0.296	1.012	2.871	5.309

$$H_2O + H_2O \rightleftarrows H_3O^+ + OH^- \qquad (11.3.1)$$

この式に質量作用の法則を適用すると

$$\frac{[H_3O^+][OH^-]}{[H_2O][H_2O]} = K_C \qquad (11.3.2)$$

となる．水はほとんど解離しないので，$[H_2O]$ は一定と見なせるから

$$[H_3O^+][OH^-] = K \qquad (11.3.3)$$

となる．簡単のため，(11.3.1)，(11.3.3)を

$$H_2O \rightleftarrows H^+ + OH^- \qquad (11.3.4)$$
$$[H^+][OH^-] = K_W \qquad (11.3.5)$$

とする．平衡定数 K_W は一定温度では一定値をとり，水の**イオン積**（ionic product）と呼ばれる．この値は水の伝導率，電池の起電力などから求められる．水のイオン積の値を表 11.4 に示す．表から 25℃でほぼ $K_W = 1.0 \times 10^{-14}\,mol^2\,dm^{-6}$ である．したがって，この温度で

$$[H^+] = [OH^-] = 1.0 \times 10^{-7}\,mol\,dm^{-3} \qquad (11.3.6)$$

となる．(11.3.5)は酸や塩基の水溶液についても成り立つ．

酸を水に溶かすと，$[H^+]$ は大きくなるが，K_W が一定であるから，$[OH^-]$ は小さくなる．逆に塩基を水に溶かすと，$[OH^-]$ が大きくなるため，$[H^+]$ が小さくなる．よって，25℃において次の関係が成り立つ．

　　　酸　性　　$[H^+] > 1.0 \times 10^{-7}\,mol\,dm^{-3} > [OH^-]$
　　　中　性　　$[H^+] = 1.0 \times 10^{-7}\,mol\,dm^{-3} = [OH^-]$
　　　塩基性　　$[H^+] < 1.0 \times 10^{-7}\,mol\,dm^{-3} < [OH^-]$

酸性・塩基性の強弱は $[H^+]$ か $[OH^-]$ で表されるが，通常 $[H^+]$ の方が使われる（(11.3.5)から $[H^+]$ か $[OH^-]$ の一方から，他方がわかる）．水溶液中の水素イオン濃度 $[H^+]$ は非常に広い範囲で変わるので，そのままの値を使うと不便である．そこで，次のような**水素イオン指数**（hydrogen ion exponent), **pH**[1]が用いられる.

$$\mathrm{pH} = -\log \frac{[\mathrm{H}^+]}{\mathrm{mol\,dm}^{-3}} \qquad (11.3.7)^{[2]}$$

上式によると,25℃の純水(中性)では,$[\mathrm{H}^+] = 1.0 \times 10^{-7}\,\mathrm{mol\,dm}^{-3}$ であるから

$$\mathrm{pH} = -\log \frac{1.0 \times 10^{-7}\,\mathrm{mol\,dm}^{-3}}{\mathrm{mol\,dm}^{-3}} = -\log 10^{-7} = -(-7) = 7$$

となる.また,$[\mathrm{H}^+] = 0.1\,\mathrm{mol\,dm}^{-3}$ の酸の水溶液では

$$\mathrm{pH} = -\log \frac{10^{-1}\,\mathrm{mol\,dm}^{-3}}{\mathrm{mol\,dm}^{-3}} = -(-1) = 1$$

$[\mathrm{OH}^{-1}] = 0.1\,\mathrm{mol\,dm}^{-3}$ の塩基の水溶液では

$$[\mathrm{H}^+] = \frac{1.0 \times 10^{-14}\,\mathrm{mol}^2\,\mathrm{dm}^{-6}}{[\mathrm{OH}^-]} = \frac{1.0 \times 10^{-14}\,\mathrm{mol}^2\,\mathrm{dm}^{-6}}{0.1\,\mathrm{mol\,dm}^{-3}} = 10^{-13}\,\mathrm{mol\,dm}^{-3}$$

$$\mathrm{pH} = -\log \frac{10^{-13}\,\mathrm{mol\,dm}^{-3}}{\mathrm{mol\,dm}^{-3}} = 13$$

となる.pH=7が中性で,pHが7より小さいほど酸性が強く,7より大きいほど塩基性が強い.表11.5に水溶液中のpHと $[\mathrm{H}^+]$ および $[\mathrm{OH}^-]$ との関係を示した.またいろいろな水溶液のpHを記した.胃液がかなり強い酸性(pH=1~1.5),血液(pH=7.4)が弱い塩基性であることに注意されたい.

[例題11.2] $0.001\,\mathrm{mol\,dm}^{-3}$ の硫酸と水酸化ナトリウム水溶液のpHを求めよ.ただし,$\log 2 = 0.3$ とする.
[解] 硫酸と水酸化ナトリウムは水溶液中で次のように解離する.

$$\mathrm{H_2SO_4} \rightleftarrows 2\mathrm{H}^+ + \mathrm{SO_4}^{2-}$$
$$\mathrm{NaOH} \rightleftarrows \mathrm{Na}^+ + \mathrm{OH}^-$$

どちらも強電解質であるから,完全解離する.よって,$\mathrm{H_2SO_4}$ 水溶液の $[\mathrm{H}^+] = 0.002\,\mathrm{mol\,dm}^{-3}$,NaOHの $[\mathrm{OH}^-] = 0.001\,\mathrm{mol\,dm}^{-3}$ である.
$\mathrm{H_2SO_4}$ では

---

[1] ピーエッチと読む.ドイツ語読みはペーハーである.
[2] 国際単位系(SI)では,物理量=数値×単位である(2.2節,p.16).この例では $[\mathrm{H}^+]$ が物理量,単位が $\mathrm{mol\,dm}^{-3}$ である.logの中身は数値でなければならないから,SIでは $\log [\mathrm{H}^+]$ と書くことはできない.なお,対数に不慣れな読者は付録のA.1節,p.255を参照されたい.

表 11.5　水溶液の pH（25℃）

	$[H^+]$ /mol dm^{-3}	$[OH^-]$ /mol dm^{-3}	pH	例
酸性	1	10^{-14}	0	
	10^{-1}	10^{-13}	1	
	10^{-2}	10^{-12}	2	胃液
	10^{-3}	10^{-11}	3	食酢　炭酸飲料
	10^{-4}	10^{-10}	4	
	10^{-5}	10^{-9}	5	
	10^{-6}	10^{-8}	6	牛乳
中性	10^{-7}	10^{-7}	7	血液　海水
	10^{-8}	10^{-6}	8	
	10^{-9}	10^{-5}	9	セッケン水
	10^{-10}	10^{-4}	10	
	10^{-11}	10^{-3}	11	
	10^{-12}	10^{-2}	12	石灰水
	10^{-13}	10^{-1}	13	
塩基性	10^{-14}	1	14	

$$\mathrm{pH} = -\log \frac{[H^+]}{\mathrm{mol\ dm^{-3}}} = -\log \frac{0.002\ \mathrm{mol\ dm^{-3}}}{\mathrm{mol\ dm^{-3}}}$$
$$= -\log(2.0 \times 10^{-3}) = -(\log 2 - 3) = -(0.30 - 3) = \underline{2.7}$$

NaOH では

$$\mathrm{pH} = -\log \frac{10^{-14}\ \mathrm{mol\ dm^{-3}}}{[OH^-]} = -\log \frac{10^{-14}}{10^{-3}} = -\log 10^{-11} = \underline{11}$$

[例題 11.3]　[例題 11.1] の結果を用いて食酢の pH を求めよ．ただし，log 3.8 = 0.58 である．

[解]　[例題 11.1] の結果によると，食酢の $[H^+] = 3.8 \times 10^{-3}$ mol dm^{-3} である．よって

$$\mathrm{pH} = -\log \frac{[H^+]}{\mathrm{mol\ dm^{-3}}} = -\log \frac{3.8 \times 10^{-3}\ \mathrm{mol\ dm^{-3}}}{\mathrm{mol\ dm^{-3}}}$$
$$= -\log(3.8 \times 10^{-3}) = -(\log 3.8 - 3) = -(0.58 - 3) = \underline{2.42}$$

11.4　中和反応と塩

塩酸と水酸化ナトリウムの水溶液は，次のように反応して塩化ナトリウムと水を生じる．

$$\mathrm{HCl + NaOH \rightarrow NaCl + H_2O} \tag{11.4.1}$$

このように酸と塩基が反応して，互いにその性質を打ち消し合うことを**中和**（neutralization）という．また，上式の NaCl のように，中和反応において酸の陰イオンと塩基の陽イオンから生成する化合物を**塩**（salt）という．(11.4.1)において，HCl，NaOH および NaCl はどれも完全解離しているから，この式は次のように書ける．

$$H^+ + Cl^- + Na^+ + OH^- \rightarrow Na^+ + Cl^- + H_2O \tag{11.4.2}$$

両辺から共通のイオンを除いて

$$H^+ + OH^- \rightarrow H_2O \tag{11.4.3}$$

となる．したがって，中和反応とは酸の H^+ と塩基の OH^- が結合して H_2O を生成する反応であるといえる．

酸と塩基は，酸から生じる H^+ イオンの数（物質量）と塩基から生じる OH^- イオンの数（物質量）が等しいときちょうど中和する．例えば，HCl 1 mol は NaOH 1 mol とちょうど中和するが，酸の価数が 2 価の H_2SO_4 1 mol からは 2 mol の H^+ が生じるので，H_2SO_4 1 mol をちょうど中和するには 2 mol の NaOH を必要とする．

$$H_2SO_4 + 2NaOH \rightarrow Na_2SO_4 + 2H_2O \tag{11.4.4}$$

また，リン酸と水酸化カルシウムの中和反応

$$2H_3PO_4 + 3Ca(OH)_2 \rightarrow Ca_3(PO_4)_2 + 3H_2O \tag{11.4.5}$$

では，3 価の酸である H_3PO_4 2 mol と 2 価の塩基である $Ca(OH)_2$ 3 mol がちょうど中和する．一般に，酸と塩基は次の関係が成り立つとき，ちょうど中和する．

（酸の価数）×（酸の物質量）=（塩基の価数）×（塩基の物質量）

濃度 c_a mol dm^{-3} の n_a 価の酸の水溶液 V_a cm^3 が，濃度 c_b mol dm^{-3} の n_b 価の酸の水溶液 V_b cm^3 とちょうど中和するとき

H^+ の物質量 $= n_a c_a$ mol dm$^{-3} \times (V_a/1000)$ dm$^3 = n_a c_a (V_a/1000)$ mol

OH^- の物質量 $= n_b c_b (V_b/1000)$ mol

であるから次式が成立する．

$$n_a c_a V_a = n_b c_b V_b \tag{11.4.6}$$

[例題 11.4] 濃度未知の水酸化ナトリウム水溶液 10.0 cm^3 を完全に中和するのに，0.100 mol dm^{-3} の希硫酸の水溶液 5.8 cm^3 を要した．水酸化ナトリウムの濃度を求めよ．

[解] 硫酸は2価の酸，水酸化ナトリウムは1価の塩基であるから，(11.4.6)より

$$c_b = \frac{n_a c_a V_a}{n_b V_b} = \frac{2 \times 0.100 \text{ mol dm}^{-3} \times 5.8 \text{ cm}^3}{1 \times 10.0 \text{ cm}^3} = \underline{1.16 \times 10^{-1} \text{ mol dm}^{-3}}$$

11.5 加水分解

強酸と強塩基の中和により生じる塩（$NaCl$，K_2SO_4 など）の水溶液は中性であるが，弱酸と強塩基から生じる塩の水溶液は塩基性である．例えば，酢酸と水酸化ナトリウムの中和で生じる塩 CH_3COONa を水に溶かすと，$CH_3COONa \rightarrow CH_3COO^- + Na^+$ の解離反応により生じる CH_3COO^- の一部が水と反応して

$$CH_3COO^- + H_2O \rightleftarrows CH_3COOH + OH^- \tag{11.5.1}$$

により OH^- を生じるので，水溶液は塩基性になる（$NaOH$ は強塩基であるから，$Na^+ + H_2O \rightarrow NaOH + H^+$ の反応はないことに注意）．

一方，強酸と弱塩基の中和により生じる塩の水溶液は酸性である．例えば，塩酸とアンモニアの中和により生じる塩 NH_4Cl を水に溶かすと，解離反応 $NH_4Cl \rightarrow NH_4^+ + Cl^-$ により生じる NH_4^+ の一部が水と反応して

$NH_4^+ + H_2O \rightleftarrows NH_3 + H_3O^+$ （簡略化した式：$NH_4^+ \rightleftarrows NH_3 + H^+$） (11.5.2)

により H_3O^+ を生じ水溶液は酸性になる（$Cl^- + H_2O \rightleftarrows HCl + OH^-$ の反応は起こらない）．

(11.5.1)，(11.5.2)のように，塩の電離により生じたイオンの一部が水と反応して H_3O^+ または OH^- を生じる現象を**加水分解**（hydrolysis）という．

(11.5.1)に質量作用の法則を適用すると

$$\frac{[CH_3COOH][OH^-]}{[CH_3COO^-][H_2O]} = K_C \tag{11.5.3}$$

となる．$[H_2O]$ は十分大きく一定と見なせるので

$$K_C[H_2O] = \frac{[CH_3COOH][OH^-]}{[CH_3COO^-]} = K_h \tag{11.5.4}$$

とおき，K_h を**加水分解定数**という．(11.3.5)からの関係 $[OH^-] = K_W/[H^+]$ を上式に代入すると

$$\frac{[CH_3COOH]K_W}{[CH_3COO^-][H^+]} = K_h \tag{11.5.5}$$

となる．酢酸の解離定数は

$$\frac{[\mathrm{H}^+][\mathrm{CH_3COO^-}]}{[\mathrm{CH_3COOH}]} = K_\mathrm{a} \tag{11.5.6}$$

である．(11.5.5)，(11.5.6)から次式が得られる．

$$K_\mathrm{h} = \frac{K_\mathrm{w}}{K_\mathrm{a}} \tag{11.5.7}$$

酸の解離定数が小さいほど加水分解定数が大きく，加水分解を受けやすいといえる．塩基の加水分解定数についても同様である．

11.6 緩衝液

水に少量の強酸または強塩基を加えるとpHは大きく変化する．これに対し，弱酸とその塩，または弱塩基とその塩の混合水溶液では，少量の強酸または強塩基を加えてもpHはほとんど変化しない．酢酸$\mathrm{CH_3COOH}$と酢酸ナトリウム$\mathrm{CH_3COONa}$の混合水溶液の例で説明しよう．これらの分子は水溶液中で次のように解離する．

$$\mathrm{CH_3COOH} \rightleftarrows \mathrm{CH_3COO^-} + \mathrm{H^+} \tag{11.6.1}$$

$$\mathrm{CH_3COONa} \rightarrow \mathrm{CH_3COO^-} + \mathrm{Na^+} \tag{11.6.2}$$

塩の$\mathrm{CH_3COONa}$はほぼ完全に解離する．弱酸である酢酸の解離度はもともと小さいが，混合水溶液中では共通イオン$\mathrm{CH_3COO^-}$があるため，(11.6.1)の平衡は左に移動し，$\mathrm{CH_3COOH}$の濃度はほぼ酸の全濃度c_aに等しくなる．また，$\mathrm{CH_3COO^-}$の全濃度はほぼ塩の全濃度c_sに等しい．すなわち$[\mathrm{CH_3COOH}] \cong c_\mathrm{a}$，$[\mathrm{CH_3COO^-}] \cong c_\mathrm{s}$である．酢酸の解離定数を$K_\mathrm{a}$とすると，(11.5.6)より水素イオン濃度は

$$[\mathrm{H^+}] \cong K_\mathrm{a} \frac{[\mathrm{CH_3COOH}]}{[\mathrm{CH_3COO^-}]} \cong K_\mathrm{a} \frac{c_\mathrm{a}}{c_\mathrm{s}} \tag{11.6.3}$$

となる．このように，弱酸溶液の水素イオン濃度（pH）は弱酸とその共役塩基の全濃度（解離前の濃度）c_a，c_sによって決まる．上式から同じ濃度の酢酸と酢酸ナトリウムを含む水溶液の水素イオン濃度は$[\mathrm{H^+}] = K_\mathrm{a} = 1.75 \times 10^{-5}\,\mathrm{mol\,dm^{-3}}$となる（表11.2）．

酢酸と酢酸ナトリウムの混合水溶液に外から酸を加えると，次の反応によ

表11.6 緩衝液

弱酸・弱塩基	塩	pH
酒石酸 $HOOC(CHOH)_2COOH$	酒石酸ナトリウム	1.4〜4.5
乳酸 $CH_3CH(OH)COOH$	乳酸ナトリウム	2.3〜5.3
酢酸 CH_3COOH	酢酸ナトリウム	3.2〜6.2
クエン酸 $HOOCCH_2C(OH)(COOH)CH_2COOH$	クエン酸カリウム	2.2〜3.6
アンモニア NH_3	塩化アンモニウム	8.0〜11.0

り水素イオンが除かれる．

$$CH_3COO^- + H^+ \to CH_3COOH$$

また，外から塩基を加えると次の反応により水酸化物イオンが除かれる．

$$CH_3COOH + OH^- \to CH_3COO^- + H_2O$$

したがって，少量の酸や塩基を加えても液の水素イオン濃度（pH）は一定に保たれるのである．このような作用をもつ溶液を**緩衝液**（buffer solution）という．弱塩基とその塩（例えば，アンモニアと塩化アンモニウム）も緩衝作用を示す．緩衝液の例を表11.6に示す．

血液のpHは7.4±0.05の範囲に調整されている．pHが，この範囲より低い場合がアシドーシス（acidosis，酸性症），高い場合がアルカローシス（alkalosis，アルカリ性症）で，身体に異常を生じる．生命が維持できるpHは7.0〜7.6である．血液（細胞外液）のpHは，主にH_2CO_3—$NaHCO_3$の緩衝作用（章末問題11.7参照）と腎臓による調節作用によって一定に保たれている．血液のpH調節については，巻末参考書1（I）0章のコラム，p.32を参照されたい．

[例題 11.5] 0.10 molの酢酸と0.25 molの酢酸ナトリウムを水に溶かして溶液の体積を500 cm^3とした．この水溶液の水素イオン濃度とpHを求めよ．ただし，酢酸の解離定数$K_a = 1.75 \times 10^{-5}$ mol dm^{-3}，$\log 7 = 0.85$とする．

[解] 500 cm^3の溶液中に，酢酸0.10 molと酢酸ナトリウム0.25 molを含むから，溶かしたときの酢酸と酢酸ナトリウムの濃度はそれぞれ0.20 mol dm^{-3}と0.50 mol dm^{-3}である．したがって，(11.6.3)において$c_a = 0.20$ mol dm^{-3}，$c_s = 0.50$ mol dm^{-3}である．(11.6.3)にこれらの値を入れると

$$[H^+] \cong \frac{1.75 \times 10^{-5} \text{ mol dm}^{-3} \times 0.20 \text{ mol dm}^{-3}}{0.50 \text{ mol dm}^{-3}} = 7.0 \times 10^{-6} \text{ mol dm}^{-3}$$

$$\mathrm{pH} \cong -\log \frac{[\mathrm{H}^+]}{\mathrm{mol\ dm}^{-3}} = -\log(7\times 10^{-6}) = 6-\log 7 = \underline{5.15}$$

11.7 中和滴定

酸（または塩基）の濃度を決めるには，図11.3(a)に示すように，一定体積の溶液（図(a)では10 cm^{3}の酸溶液）をホールピペットでとり，中和点を知るための**指示薬**（indicator）を加えておく．この溶液にビュレットから濃度既知の塩基（または酸）の標準溶液を滴下して，中和点に達するまでに加えた体積を測定する（図11.3(b)）．このような操作を**中和滴定**（neutralization titration）という．

指示薬は弱酸または弱塩基の有機色素でそれと共役な塩基または酸が異なった色を持つ．溶液に少量の指示薬を加えた場合，指示薬の電離平衡は溶液のpHに支配される．指示薬の変色が起こるpHの範囲（**変色域**）は指示薬の解離定数により決まるが，pHで2単位程度である．表11.7に主な指示薬を示す．

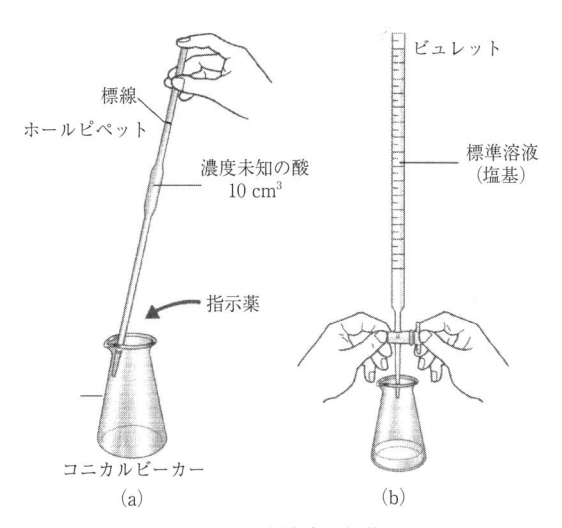

図11.3 中和滴定の操作
(a) 濃度未知の酸（または塩基）の一定量をとり，指示薬を加える．
(b) 標準溶液（塩基または酸）による滴定．

表 11.7　指示薬

指示薬	色		変色域
	酸性色	塩基性色	
メチルオレンジ	赤	黄	3.1〜4.4
ブロモフェノールブルー	黄	青	3.0〜4.6
メチルレッド	赤	黄	4.2〜6.3
クロロフェノールレッド	黄	赤	5.2〜6.8
ブロモチモールブルー	黄	青	6.0〜7.6
クレゾールレッド	黄	赤	7.2〜8.8
フェノールフタレイン	無	赤	8.3〜10.0

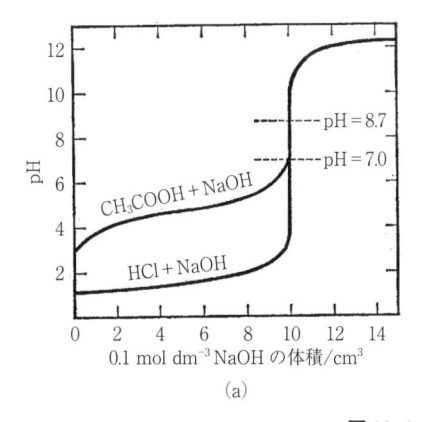

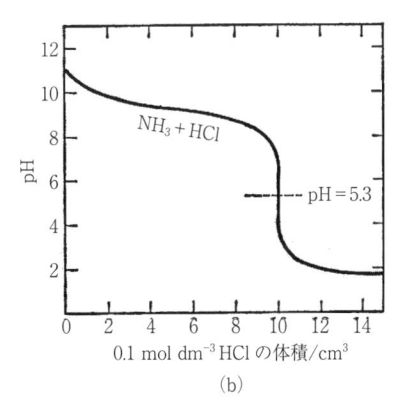

図 11.4　滴定曲線

(a) 強酸および弱酸の強塩基による滴定, (b) 弱塩基の強酸による滴定 (巻末参考書 7, p.135, 図 6.5, 図 6.6 より).

　滴定に伴う pH の変化を表す曲線を**滴定曲線**[1]という. 強酸を強塩基で滴定するときの曲線の例 ($0.1\ \mathrm{mol\ dm^{-3}}$ HCl を $0.1\ \mathrm{mol\ dm^{-3}}$ NaOH で中和) を図 11.4(a)に示す. 当量点は pH = 7 (中性) で, その付近で pH は急に変化する. この場合, 変色域が pH = 4〜10 の範囲にある指示薬を使えばよい. 弱酸を強塩基で滴定する場合 (図 11.4(a), $0.1\ \mathrm{mol\ dm^{-3}}$ CH$_3$COOH を 0.1

---

1) 滴定曲線は pH メーター (液の起電力を測定) により求められる (巻末参考書 9 参照). また, 計算法については章末問題 11.8 の解答参照.

mol dm^{-3} NaOH で中和）は，pH の変化は強酸を強塩基で中和する場合に比べて緩やかである．塩 CH$_3$COONa の加水分解のため，液は当量点で塩基性である．この例では変色域が pH＝8〜10 の範囲にある指示薬（例えばフェノールフタレイン）が適している．弱塩基を強酸で滴定するとき（図 11.4 (b)，0.1 mol dm^{-3} アンモニア水を 0.1 mol dm^{-3} HCl で中和）は，塩 NH$_4$Cl の加水分解のため，当量点で液は酸性である．この場合，指示薬としては pH＝4〜6 の変色域のもの（例えばメチルレッド）がよい．弱酸を弱塩基で滴定する場合は，当量点の付近でも pH の変化がゆるやかであるから，どの指示薬を使っても当量点は不明瞭である．したがって，弱酸の滴定には強塩基を使う必要がある．同様に弱塩基は強酸で滴定する．

11.8 溶解度積

塩化銀 AgCl は水に溶け難い塩であるが，わずかに水に溶解する．AgCl のような難溶性の塩がその飽和溶液と接触しているとき，固相とイオンの間で次の平衡が成立する（図 11.5）．

$$\text{AgCl(s)} \rightleftarrows \text{Ag}^+(\text{aq}) + \text{Cl}^-(\text{aq}) \tag{11.8.1}$$

この反応に質量作用の法則を適用すると

$$[\text{Ag}^+][\text{Cl}^-] = K_{\text{sp}} \tag{11.8.2}$$

となる[1]．K_{sp} は一定温度では一定で，**溶解度積**（solubility product）と呼

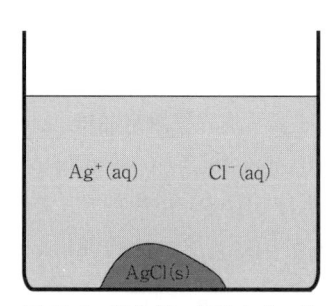

図 11.5　塩化銀の固体とその飽和水溶液の平衡

---

1) ［AgCl(s)］は一定として，K_{sp} に含めた．

表 11.8　溶解度積（25℃）

電解質	溶解度積[a]	電解質	溶解度積[a]	電解質	溶解度積[a]
AgCl	1.77×10^{-10}	$CaCO_3$	3.36×10^{-9}	$Mg(OH)_2$	5.61×10^{-12}
AgBr	5.35×10^{-13}	$BaCO_3$	2.58×10^{-9}	Ag_2S	6×10^{-30}
AgI	8.52×10^{-17}	$BaSO_4$	1.08×10^{-10}	CuS	6×10^{-16}
Hg_2Cl_2	1.43×10^{-18}	$PbSO_4$	2.53×10^{-8}	CdS	8×10^{-7}
CaF_2	3.45×10^{-11}	$Fe(OH)_2$	4.87×10^{-17}	PbS	3×10^{-7}
$PbCl_2$	1.70×10^{-5}	$Fe(OH)_3$	2.79×10^{-39}	SnS	1×10^{-5}

a) 単位は電解質によって異なる．例えば，AgCl では $mol^2\,dm^{-6}$．一般に塩 M_aX_b では $(mol\,dm^{-3})^{(a+b)}$．

ばれる．水酸化鉄(III) $Fe(OH)_3$ の場合は平衡

$$Fe(OH)_3(s) \rightleftarrows Fe^{3+}(aq) + 3OH^-(aq) \tag{11.8.3}$$

が成立するので，溶解度積は次のようになる．

$$[Fe^{3+}][OH^-]^3 = K_{sp} \tag{11.8.4}$$

表 11.8 にいろいろな難溶性塩の溶解度積を示す．

難溶性塩の溶解度は共通イオンがあると著しく減る．例えば，AgCl の飽和水溶液に Ag^+ または Cl^- を加えると，$[Ag^+][Cl^-]$ の値が K_{sp} より大きくなるので，(11.8.1) の平衡が左に移動して新たに AgCl(s) が沈殿する．すなわち，Ag^+ または Cl^- を過剰に含む水溶液に対する塩化銀の溶解度は，純水に対する溶解度よりはるかに小さくなる（次の例題参照）．

[例題 11.6]　塩化銀の飽和水溶液のモル濃度を求めよ．また，$0.01\,mol\,dm^{-3}$ の HCl 溶液では $[Ag^+]$ のモル濃度はどうなるか．ただし，AgCl の溶解度積は $K_{sp} = 1.77 \times 10^{-10}\,mol^2\,dm^{-6}$ である．

[解]　飽和水溶液中の AgCl のモル濃度を C とすると，AgCl は完全に解離しているので，$[Ag^+] = [Cl^-] = C$ となる．よって $C^2 = [Ag^+][Cl^-] = K_{sp}$ から

$$[Ag^+] = C = \sqrt{K_{sp}} = \sqrt{1.77 \times 10^{-10}\,mol^2\,dm^{-6}} = \underline{1.33 \times 10^{-5}\,mol\,dm^{-3}}$$

となる．次に，HCl 溶液では

$$[Ag^+] = \frac{K_{sp}}{[Cl^-]} = \frac{1.77 \times 10^{-10}\,mol^2\,dm^{-6}}{0.01\,mol\,dm^{-3}} = \underline{1.77 \times 10^{-8}\,mol\,dm^{-3}}$$

となる．ただし，水に溶けている塩化銀に由来する Cl^- は微量であるから，上の計算では無視した．AgCl の溶解度を Ag^+ のモル濃度 $[Ag^+]$ で表すと，$0.01\,mol\,dm^{-3}$ の HCl 溶液に対する溶解度は純水のそれの約 1/1000 になることがわかる．

金属イオンを含む水溶液の定性分析では，溶液中の金属イオンを塩化物（AgClなど），硫化物（CuS，PbSなど），水酸化物（Fe(OH)$_3$など）および炭酸塩（CaCO$_3$など）として沈殿して分離する．

ヒトの体液のpH

ヒトの体液のpHは組織の機能に応じて一定の範囲に調節されている．表11.9に示すように，血液と細胞間質液[a]のpHは弱塩基性，細胞質内部のpHはほぼ中性である．

胃液は塩酸，ペプシノーゲン，リパーゼを含み，強酸性で殺菌効果がある．ペプシノーゲンは塩酸の作用で消化酵素ペプシンに変わり，タンパク質を分解し小腸での吸収を助ける．一般に，酵素は溶液のpHが変わると活性部位や電荷分布が変化するので，活性が変わる．多くの酵素は中性から弱塩基性のpHでもっとも活性度が高い．実際，血液中の酵素は最適のpHではたらいている．ペプシンは例外で，胃のpHで触媒反応の速度がもっとも大きい．胃を塩酸やペプシンの作用から保護するため，粘液性のムチン（糖タンパク質）も胃の粘膜から分泌される．

胃で部分的に消化された食物が小腸に移ると，膵液や腸液に含まれている消化酵素，アミラーゼ，リパーゼ，マルターゼ，トリプシン，ペプチダーゼなどによって本格的に消化が進む．これらの酵素は弱塩基性でもっとも活性が高い．

腎臓では原尿中のイオンの排出によってpHが調節される（第8章コラム，透析参照）．体内のpHの緩衝作用のために，弱酸/共役塩基の組み合わせとして次の2つがある．

$$H_2CO_3 \rightleftarrows HCO_3^- + H^+ \tag{1}$$
$$H_2PO_4^- \rightleftarrows HPO_4^{2-} + H^+ \tag{2}$$

表11.9 体液のpH

体液	pH
血液	7.35〜7.45
間質液	7.4
細胞質	7.0
唾液	6.5〜7.5
胃液	1.0〜1.5
腸液	7.7
胆汁	7.6〜8.5
膵液	7.5〜8.0
尿	5.0〜8.0
汗	5.7〜6.5

---

a) 細胞外液のうち，血液とリンパ液以外の体液．

血中の pH が低下すると，腎臓は H^+ を直接排出するか，$H_2PO_4^-$ を排出して（このとき反応(2)が左に移動），pH の低下を防ぐ．逆に pH が上昇すると HCO_3^- や HPO_4^{2-} を排出して（反応(1)と(2)は右に移動），pH の上昇を抑える．このようにして，腎臓では食物摂取や身体活動に依存して変化する血液の pH を調節するので，尿の pH 範囲は広い．しかし，通常の尿は酸性である．なお，新鮮な汗は弱酸性で雑菌の繁殖を防ぐ効果がある．

胃潰瘍は塩酸やペプシンに対する胃粘膜の防御作用の低下によって，胃自身が溶かされるために起こる．従来，胃潰瘍や十二指腸潰瘍の主な原因はストレスとされてきたが，1983 年にらせん型の**ピロリ菌**（ヘリコバクター・ピロリ (*Helicobacter pyroli*)）が発見されて，この菌が胃潰瘍や十二指腸潰瘍を起こすことがわかった．発見者のオーストラリアのウォレン（Warren）とマーシャル（Marshall）は 2005 年ノーベル生理学・医学賞を受賞した．胃の内部は強酸性であるため，細菌が生息できないと考えられてきたが，ピロリ菌はウレアーゼという酵素をつくり，この酵素が胃粘膜中の尿素をアンモニアと二酸化炭素に分解する．菌は生じたアンモニアで局所的に胃酸を中和することによって胃に定着するのである．胃の表面は粘液層によって守られているが，ピロリ菌がつくるいろいろな分解酵素のはたらきによって粘液層が破壊されるとともに，菌が分泌する毒素や，細菌感染に対抗して動員される白血球の作用によって組織傷害が進むといわれる．

章末問題

11.1 次の平衡において，互いに共役な酸・塩基対はどれか．
 (1) $H_2CO_3 + H_2O \rightleftarrows H_3O^+ + HCO_3^-$ 　　(2) $CO_3^{2-} + H_2O \rightleftarrows HCO_3^- + OH^-$

11.2 二酸化炭素は反応：$CO_2 + H_2O \rightleftarrows H_2CO_3$ によって水に溶解する．次の問に答えよ．必要に応じて表 11.2 のデータを用いよ．なお，$\log 1.2 = 0.079$ である．
 (1) H_2CO_3 の解離平衡式を記せ．
 (2) CO_2 は 25℃，1 atm で体積 1 dm³ の水に 0.034 mol 溶解する．この水溶液の水素イオン濃度と pH を求めよ．
 (3) この水溶液に含まれる HCO_3^- と CO_3^{2-} の濃度を求めよ．

11.3 濃度 0.1 mol dm⁻³ のアンモニア水について，解離度，水素イオン濃度および pH を計算せよ．25℃でアンモニアの解離定数は 1.8×10^{-5} mol dm⁻³，$\log 7.7 = 0.89$ とする．

11.4 0.040 mol dm⁻³ のリン酸水溶液 20 cm³ をちょうど中和するのに，0.30 mol dm⁻³ の水酸化バリウム水溶液何 cm³ が必要か．

11.5 濃度 0.05 mol dm⁻³ の酢酸ナトリウム CH_3COONa の水溶液について，加水分解度 h，水素イオン濃度，および pH を計算せよ．ただし，h は十分小さいとする．また，酢酸の解離定数は 25℃で 1.75×10^{-5} mol dm⁻³，$\log 1.87 = 0.27$

である.

11.6 弱酸 HA と弱酸の塩 BA を含む緩衝溶液において，HA の解離定数を K_a とすると

$$\mathrm{pH} = \mathrm{p}K_a + \log \frac{[\mathrm{A}^-]}{[\mathrm{HA}]} \tag{1}$$

が成り立つことを示せ．ただし，$\mathrm{p}K_a \equiv -\log \dfrac{K_a}{\mathrm{mol\,dm}^{-3}}$ である．

（注）この式を**ヘンダーソン・ハッセルバルヒ**（Henderson-Hasselbach）**の式**と呼び，緩衝溶液の pH の決定に使う．この式から $[\mathrm{HA}]=[\mathrm{A}^-]$ のときは $\mathrm{pH}=\mathrm{p}K_a$ となる．

11.7 血液中の $\mathrm{NaHCO_3}$ と $\mathrm{H_2CO_3}$ の濃度比は 20：1 である．他の物質が含まれていないとして，血液の pH を求めよ．ただし，$\mathrm{H_2CO_3} \rightleftarrows \mathrm{H}^+ + \mathrm{HCO_3}^-$ の平衡定数は $K_a=4.5\times 10^{-7}\,\mathrm{mol\,dm}^{-3}$，$\log 4.5=0.65$，$\log 2=0.30$ である．

11.8 $0.1\,\mathrm{mol\,dm}^{-3}$ の酢酸水溶液 $10\,\mathrm{cm}^3$ を $0.1\,\mathrm{mol\,dm}^{-3}$ の水酸化ナトリウム水溶液で滴定するとき（図 11.4(a)），等量点における pH を求めよ．

11.9 25℃ で $\mathrm{Mg(OH)_2}$ の溶解度積は $5.6\times 10^{-12}\,\mathrm{mol}^3\,\mathrm{dm}^{-9}$，アンモニアの解離定数は $1.8\times 10^{-5}\,\mathrm{mol\,dm}^{-3}$ である．$0.1\,\mathrm{mol\,dm}^{-3}$ の $\mathrm{MgCl_2}$ 水溶液に同体積の $0.1\,\mathrm{mol\,dm}^{-3}$ のアンモニア水溶液を加えると，$\mathrm{Mg(OH)_2}$ の沈殿は生じるか．

12 酸化還元反応と電池

 物質間の電子のやりとりに基づく反応を，広い意味で，酸化還元反応という．燃焼反応，電解質溶液中への金属の溶解，化学電池による電気的エネルギーの発生，電解質溶液の電気分解などの現象では，電子の授受が重要な役割を演じる．この章ではこれらの現象を酸化還元反応の立場から統一的に論じる．

12.1 酸化と還元

 銅の粉末を空気中で加熱すると次の反応が起こり，黒色の酸化銅(II) CuO ができる．

$$2Cu + O_2 \rightarrow 2CuO \tag{12.1.1}$$

このように，**物質が酸素と化合したとき，その物質は酸化された** (oxidized) という．一方，乾いた水素ガスを送りながら酸化銅の粉末を加熱すると，反応

$$CuO + H_2 \rightarrow Cu + H_2O \tag{12.1.2}$$

により，酸化銅は銅に戻る．このように**物質が酸素を失ったとき，その物質は還元された** (reduced) という．

 また，過酸化水素 H_2O_2 の水溶液に硫化水素 H_2S の気体を通じると，硫黄が析出し，水溶液は白濁する．

$$H_2S + H_2O_2 \rightarrow S + 2H_2O \tag{12.1.3}$$

この反応では，H_2S は酸化物 H_2O になったので，酸化されたことになるが，一方では H_2S が水素を失って S になったと考えることもできる．また，H_2O_2 は O を失って H_2O になったので，還元されたことになるが，H を 2 個受け取って，$2H_2O$ になったと考えてもよい．そこで，**物質が水素を失った**

とき，その物質は酸化された，逆に物質が水素を得たとき，その物質は還元された，ということもできる．

反応(12.1.1)で CuO は Cu^{2+} と O^{2-} からなる固体である．そこでこの式は酸化された Cu が電子 e^- 2 個を失って Cu^{2+} になり，O_2 の O がその電子を受け取って O^{2-} になる反応と考えることもできる．反応全体では

$$\begin{array}{ll} 2Cu \rightarrow 2Cu^{2+} + 4e^- & \text{Cu は電子を失う（酸化される）} \\ \underline{O_2 + 4e^- \rightarrow 2O^{2-}} & \text{O_2 は電子を得る（還元される）} \\ 2Cu + O_2 \rightarrow 2CuO & \end{array}$$

反応(12.1.2)では，還元された CuO の Cu^{2+} は電子を得て Cu になり，H_2 は電子を失って（Cu^{2+} に電子を与えて）H_2O の $2H^+$ になっている．そこで，**物質が電子を失ったときその物質は酸化されたことになり，逆に物質が電子を得たときその物質は還元されたことになる**．

反応(12.1.3)では S^{2-} から H_2O_2 に電子が渡される．

$$\begin{array}{ll} S^{2-} \rightarrow S + 2e^- & \text{S^{2-} は電子を失う（酸化される）} \\ \underline{2H^+ + H_2O_2 + 2e^- \rightarrow 2H_2O} & \text{H_2O_2 は電子を得る（還元される）} \\ H_2S + H_2O_2 \rightarrow 2H_2O + S & \end{array}$$

上の例でもわかるように，ある物質が電子を失ったら，必ず他の物質がその電子を得ているので，酸化と還元は同時に起こる．このような電子の授受を伴う反応を**酸化還元反応**（oxidation-reduction reaction）という．

[例題 12.1] 加熱した銅は塩素中で激しく反応して塩化銅(II) $CuCl_2$ になる．
$$Cu + Cl_2 \rightarrow CuCl_2 \tag{12.1.4}$$
この反応が酸化還元反応であることを電子の授受により説明せよ．
[解] 電子の授受を示すと

$$\begin{array}{ll} Cu \rightarrow Cu^{2+} + 2e^- & \text{Cu は電子を失う（酸化された）} \\ \underline{Cl_2 + 2e^- \rightarrow 2Cl^-} & \text{Cl_2 は電子を得る（還元された）} \\ Cu + Cl_2 \rightarrow CuCl_2 & \end{array}$$

となり，酸化還元反応であることがわかる．

(12.1.4)では，酸素も水素も関与していない．電子の授受（酸化還元の一般的な定義）によって酸化還元反応であることが示されたのである．

12.2 酸化数

酸化還元反応における電子の授受は，CuO のようなイオン結合性の物質の場合ははっきりしているが，H_2O や CO_2 のような共有結合性の物質ではわかりにくい．そこで，酸化還元反応における電子の授受の関係を明らかにするため，**酸化数**（oxidation number）という考え方が導入された．

酸化数は次の規則で決める．
(1) 単体中の原子の酸化数は0である．例：H_2(H 0)，Cl_2(Cl 0)，Ca(Ca 0)．
(2) 単原子イオンの酸化数はイオンの価数に等しい．
  例：H^+(H +1)，Ca^{2+}(Ca +2)，Cl^-(Cl −1)．
(3) 電荷をもたない化合物では，構成原子の酸化数の和は0である．
  例：H_2O において H と O の酸化数の和は0．また，NH_3 において N と H の酸化数の和は0．
(4) 化合物中の H 原子の酸化数は +1，O 原子の酸化数は −2 とする．この規則と(3)に基づいて他の原子の酸化数を決める．
  例：H_2O(H +1，O −2)，NH_3(H +1，N −3)，CaO(O −2，Ca +2)，HNO_3 (H +1，O −2，N +5)[1]．
(5) 多原子イオンでは，構成原子の酸化数の総和は，イオンの価数に等しい．
  例：SO_4^{2-}(S +6，O −2)[2]．
(6) (4)の例外として，金属元素の水素化物の H 原子の酸化数は −1，過酸化物中の O 原子の酸化数は −1 とする．
  例：NaH(Na +1，H −1)，AlH_3(Al +3，H −1)，H_2O_2(H +1，O −1)．

[例題 12.2] 過マンガン酸カリウム $KMnO_4$ の Mn の酸化数を求めよ．
[解] $KMnO_4$ において，K の酸化数は +1，O の酸化数は −2 である．Mn の酸化数を x とすると，$(+1)+x+(-2)\times 4=0$ となる．よって，$x=\underline{7}$．

一般に，原子の酸化数は酸化されるときは増加し，還元されるときは減少

---
[1] 総和 = (+1)+(+5)+(−2)×3=0．
[2] 総和 = (+6)+(−2)×4=−2．

する. 授受する電子の数は酸化数の増減に等しい. 例えば, 反応(12.1.1)では原子の酸化数の変化は次の通りである.

$$\underset{\text{還元された(酸化数減少)}}{\underset{(0)}{2\text{Cu}} + \underset{(0)}{\text{O}_2} \rightarrow \overset{\text{酸化された(酸化数増加)}}{\underset{(-2)}{2\overset{(+2)}{\text{CuO}}}}}$$

Cu原子は酸化され, O原子は還元されている. 授受する電子数は2個である. また, 硫化水素と酸素の反応では

$$\underset{\text{還元された(酸化数減少)}}{\underset{(0)}{2\overset{(-2)}{\text{H}_2\text{S}}} + \underset{(0)}{\text{O}_2} \rightarrow \overset{\text{酸化された(酸化数増加)}}{2\overset{(0)}{\text{S}} + 2\underset{(-2)}{\text{H}_2\text{O}}}}$$

2個の電子が移動して, S原子は酸化されO原子は還元される.

12.3 酸化剤と還元剤

電子を受け取って相手を酸化する物質を**酸化剤**（oxidizing agent または oxidant）, 電子を与えて相手を還元する物質を**還元剤**（reducing agent または reductant）という. 表12.1に水溶液中ではたらく酸化剤と還元剤の例を示した. 酸化剤として使われる物質でも, それより強い酸化剤に電子を奪われて還元剤としてはたらくことがある. 逆に還元剤として使われる物質でも, それより強い還元剤から電子を受け取って酸化剤としてはたらくことがある. 表中, 過酸化水素 H_2O_2 と二酸化硫黄 SO_2 はその例である（詳しくは後述）.

表12.1のイオン式のつくり方を過マンガン酸イオン MnO_4^- を例にして説明しよう. MnO_4^- は強い酸化剤で硫酸酸性の条件では Mn^{2+} まで還元される[1]).

$$MnO_4^- \rightarrow Mn^{2+} \tag{12.3.1}$$

このままでは両辺でOの数が合わないので, 右辺に H_2O（溶媒）を加える.

---

1) 中性や塩基性の条件では, MnO_2 までしか還元されない.

表 12.1 酸化剤と還元剤

	物　質	水溶液中での反応の例
酸化剤	塩素　Cl_2	$Cl_2 + 2e^- \rightarrow 2Cl^-$
	酸素　O_2	$O_2 + 4H^+ + 4e^- \rightarrow 2H_2O$
	オゾン　O_3	$O_3 + 2H^+ + 2e^- \rightarrow O_2 + H_2O$
	過酸化水素[a)]　H_2O_2	$H_2O_2 + 2H^+ + 2e^- \rightarrow 2H_2O$
	二酸化硫黄[a)]　SO_2	$SO_2 + 4H^+ + 4e^- \rightarrow S + 2H_2O$
	希硝酸　HNO_3	$HNO_3 + 3H^+ + 3e^- \rightarrow NO + 2H_2O$
	濃硝酸　HNO_3	$HNO_3 + H^+ + e^- \rightarrow NO_2 + H_2O$
	熱濃硫酸　H_2SO_4	$H_2SO_4 + 2H^+ + 2e^- \rightarrow SO_2 + 2H_2O$
	過マンガン酸カリウム（酸性）　$KMnO_4$	$MnO_4^- + 8H^+ + 5e^- \rightarrow Mn^{2+} + 4H_2O$
	二クロム酸カリウム（酸性）　$K_2Cr_2O_7$	$Cr_2O_7^{2-} + 14H^+ + 6e^- \rightarrow 2Cr^{3+} + 7H_2O$
還元剤	水素　H_2	$H_2 \rightarrow 2H^+ + 2e^-$
	過酸化水素[a)]　H_2O_2	$H_2O_2 \rightarrow O_2 + 2H^+ + 2e^-$
	二酸化硫黄[a)]　SO_2	$SO_2 + 2H_2O \rightarrow SO_4^{2-} + 4H^+ + 2e^-$
	ヨウ化カリウム　KI	$2I^- \rightarrow I_2 + 2e^-$
	硫化水素　H_2S	$H_2S \rightarrow S + 2H^+ + 2e^-$
	シュウ酸　$(COOH)_2$	$(COOH)_2 \rightarrow 2CO_2 + 2H^+ + 2e^-$
	金属，Na, Mg, Al, Zn など	$Na \rightarrow Na^+ + e^-$ など
	硫酸鉄(II)　$FeSO_4$	$Fe^{2+} \rightarrow Fe^{3+} + e^-$
	塩化スズ(II)　$SnCl_2$	$Sn^{2+} \rightarrow Sn^{4+} + 2e^-$

a) 相手の酸化力の強弱によって，還元剤としても酸化剤としてもはたらく．

$$MnO_4^- \rightarrow Mn^{2+} + 4H_2O \tag{12.3.2}$$

次に，両辺でHの数をそろえるため左辺にH^+を加える．

$$MnO_4^- + 8H^+ \rightarrow Mn^{2+} + 4H_2O \tag{12.3.3}$$

最後に，両辺の電荷をそろえるため，左辺にe^-を加える．

$$MnO_4^- + 8H^+ + 5e^- \rightarrow Mn^{2+} + 4H_2O \tag{12.3.4}$$

上式でMnO_4^-は電子5個を受け取っているが，これはMnが酸化数+7から+2に減少していることと一致している．なお，上の反応で，MnO_4^-の赤紫色が消えて，液はほぼ無色（Mn^{2+}は淡赤色）になる．

[例題12.3] SO_2が還元剤としてはたらくときは
$$SO_2 \rightarrow SO_4^{2-}$$
のように変化する．原子数と電荷をそろえたイオン式を求め，Sの酸化数の変化が移動した電子数と一致することを示せ．

[解] (12.3.1)→(12.3.4)の場合と同様にしてイオン式を求める.

$\quad$ O の数の調節 $\quad SO_2 + 2H_2O \rightarrow SO_4^{2-}$
$\quad$ H^+ の数の調節 $\quad SO_2 + 2H_2O \rightarrow SO_4^{2-} + 4H^+$
$\quad$ e^- の数の調節 $\quad SO_2 + 2H_2O \rightarrow SO_4^{2-} + 4H^+ + 2e^-$ $\quad\quad$ (12.3.5)

SO_2 は電子 2 個を放出しているが,これは S の酸化数が +4 から +6 に増加していることと一致している.

酸化剤と還元剤を組み合わせた酸化還元反応では授受する電子数が等しくならなければならない.そのためには,酸化剤と還元剤の反応式をそれぞれ整数倍して組み合わせる.

二酸化硫黄 SO_2 は過マンガン酸カリウム $KMnO_4$ のような強い酸化剤では還元剤としてはたらく.この場合,(12.3.4)の両辺を 2 倍,(12.3.5)の両辺を 5 倍して加え,両辺の共通項を省くと

$$2MnO_4^- + 5SO_2 + 2H_2O \rightarrow 2Mn^{2+} + 5SO_4^{2-} + 4H^+$$

となる.この式の両辺に $2K^+$ を加えると次式が得られる.

$$2KMnO_4 + 5SO_2 + 2H_2O \rightarrow 2MnSO_4 + K_2SO_4 + 2H_2SO_4 \quad\quad (12.3.6)$$

また,SO_2 は硫化水素 H_2S との反応では酸化剤としてはたらき,硫黄 S を生じる.この場合の酸化剤と還元剤の反応は

$$SO_2 + 4H^+ + 4e^- \rightarrow S + 2H_2O \quad\quad (12.3.7)$$
$$H_2S \rightarrow S + 2H^+ + 2e^- \quad\quad (12.3.8)$$

である(表 12.1 参照).(12.3.7) + (12.3.8) × 2 より次式が得られる.

$$SO_2 + 2H_2S \rightarrow 3S + 2H_2O \quad\quad (12.3.9)$$

なお,過酸化水素 H_2O_2 は通常酸化剤としてはたらくが,$KMnO_4$ と反応するときは還元剤としてはたらく.

12.4 金属のイオン化傾向

ナトリウム Na は水に入れると激しく反応して,水酸化物イオンと水素を生じる.これは Na と水の間で酸化還元反応が起きるためである.

$$\begin{array}{ll} 2Na \rightarrow 2Na^+ + 2e^- & \text{Na は酸化される} \\ \underline{2H_2O + 2e^- \rightarrow 2OH^- + H_2} & \text{水は還元される} \\ 2Na + 2H_2O \rightarrow 2Na^+ + 2OH^- + H_2 & \end{array} \quad (12.4.1)$$

亜鉛 Zn は水と反応しないが（高温の水蒸気とは反応する），塩酸や希硫酸の H^+ ではたやすく酸化され水素を発生する．

$$Zn + 2HCl \rightarrow ZnCl_2 + H_2 \qquad (12.4.2)$$

銅 Cu，水銀 Hg，銀 Ag などの金属は塩酸や希硫酸では酸化されない．硝酸や加熱した濃硫酸では酸化される．この場合，H_2 の代わりに，一酸化窒素 NO，二酸化窒素 NO_2，二酸化硫黄 SO_2 などが発生する．

$$\text{希硝酸：} 3Cu + 8HNO_3 \rightarrow 3Cu(NO_3)_2 + 2NO + 4H_2O \qquad (12.4.3)$$
$$\text{濃硝酸：} Cu + 4HNO_3 \rightarrow Cu(NO_3)_2 + 2NO_2 + 2H_2O \qquad (12.4.4)$$
$$\text{熱濃硫酸：} Cu + 2H_2SO_4 \rightarrow CuSO_4 + SO_2 + 2H_2O \qquad (12.4.5)$$

金 Au や白金 Pt は硝酸や熱濃硫酸にも酸化されないが，酸化力の非常に強い王水（濃硝酸と濃塩酸の1：3の混合物）には溶ける[1]．

以上述べたように，金属が水溶液中で酸化されて陽イオンになるとき，なりやすさは金属により異なる．金属が水溶液中で電子を放出して陽イオンになろうとする性質を金属の**イオン化傾向**（ionization tendency）という．イオン化傾向の大きさの順に金属を並べると次のようになる．

Li, K, Ca, Na, Mg, Al, Zn, Fe, Ni, Sn, Pb, (H), Cu, Hg, Ag, Pt, Au

これを金属のイオン化列（ionization series）という．なお，水素は金属ではないが，金属のイオン化傾向を H^+ になりやすさと比較するため（　）内に示してある．イオン化傾向の大きい金属ほど他の物質に電子を与える能力（還元力）が大きく，反応しやすい．表12.2にイオン化列に従って金属と水，酸および空気との反応性および天然での産出状態を示した．反応のしやすさはイオン化列と並行していることがわかる．H よりイオン化傾向の大きい Li～Pb が H^+ と反応して水素を発生することに注意されたい．なお，Li～Pb が化合物で，より安定な Cu，Hg，Ag が化合物または単体で，最も安定な Pt と Au が単体で産出することもわかる．

イオン化傾向の小さい金属イオンの水溶液中に，イオン化傾向の大きい金

---

[1] 王水中では反応 $HNO_3 + 3HCl \rightarrow NOCl + Cl_2 + 2H_2O$ により，塩化ニトロシル NOCl と塩素が生じる．これらが次の反応で Au と Pt を溶かす．
$$Au + NOCl + Cl_2 + HCl \rightarrow H[AuCl_4] + NO$$
$$Pt + 2NOCl + Cl_2 + 2HCl \rightarrow H_2[PtCl_6] + 2NO$$
なお，Pt の場合は王水を温める必要がある．

表 12.2　金属のイオン化列による比較

金属	Li	K	Ca	Na	Mg	Al	Zn	Fe	Ni	Sn	Pb	Cu	Hg	Ag	Pt	Au
水との反応	常温で反応				熱水と反応	高温の水蒸気と反応						変化しない				
酸との反応[a]	塩酸や希硫酸と反応して水素を発生												硝酸や熱濃硫酸と反応			王水と反応
空気との反応	乾燥空気中で速やかに酸化				乾燥空気中で徐々に酸化	湿った空気中で徐々に酸化							変化しない			
天然での産出状態	化合物												化合物または単体			単体

[a] Pb は稀塩酸や希硫酸に溶けない．反応により生じた $PbCl_2$ や $PbSO_4$ が Pb の表面を覆い，それ以上反応が進まないため．また，Al, Fe, Ni は濃硝酸に溶けない．金属の表面に酸化膜ができて内部を保護するため．このような状態を不動態という．

属の単体を入れると，イオン化傾向の大きい金属が溶け出し，イオン化傾向の小さい金属が析出する．例えば，硝酸銀 $AgNO_3$ 水溶液に銅 Cu を入れると，Cu が溶け出し，Ag が析出する．Cu が Ag^+ イオンによって酸化されるのである．

$$Cu \rightarrow Cu^{2+} + 2e^- \quad \text{Cu は酸化される}$$
$$\underline{2Ag^+ + 2e^- \rightarrow 2Ag} \quad \text{Ag は還元される}$$
$$Cu + 2Ag^+ \rightarrow Cu^{2+} + 2Ag$$

このようにして，2 つの金属のイオン化傾向の大小を直接比較することができる．なお，イオン化傾向の小さい金属はイオン化傾向の大きい金属の表面に樹木の枝が伸びるように析出する（**金属樹**）．

12.5　電池

化学エネルギーを直接電気エネルギーに変える装置を**電池**（(galvanic) cell, battery）という[1]．前節で述べたように，硫酸銅の水溶液に亜鉛板を入

[1] 光, 熱, 核などのエネルギーを電気エネルギーに変える太陽電池, 熱電池, 原子力電池なども電池と呼ばれている．これらの電池とここで述べる電池とを区別するときは，前者を物理電池, 後者を化学電池という．

12.5 電池──191

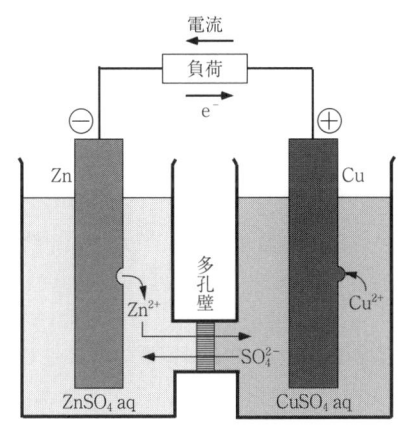

図12.1 ダニエル電池

れると，亜鉛がイオンとなって溶けるとともに銅イオンが亜鉛版の表面に析出する．

$$Zn + Cu^{2+} = Zn^{2+} + Cu \tag{12.5.1}$$

この反応では，化学変化に伴うエネルギーは熱エネルギーに変わり，溶液の温度が多少上がるだけで，電気的エネルギーとして取り出すことができない．一方，図12.1に示すように，亜鉛板を硫酸亜鉛 $ZnSO_4$ の水溶液に，銅板を硫酸銅 $CuSO_4$ の水溶液に浸し，これらの溶液が混合しないように多孔性の隔壁（素焼板など）を通して接触させると，両金属間に電位差が生じる．そして，両金属を導線でつなぐと，Zn 板から Zn^{2+} が溶液中に溶け，Cu 板には Cu^{2+} が析出して，外部回路を通って Zn 板から Cu 板に電子が移動するので，電気的エネルギーを取り出すことができる．この場合，容器内では隔壁を通って Zn^{2+} が左から右へ，SO_4^{2-} が右から左へ移動して電気を運ぶ．外部に電子を出す極を**負極**（negative electrode），外部から電子を受け取る極を**正極**（positive electrode）という．電流の方向は電子の流れる方向と逆と規約されており，Cu 側が正極，Zn 側が負極であることに注意されたい．図12.1に示した電池を**ダニエル電池**（Daniell cell）という．

ダニエル電池の両極では次の反応が起こる．

$$\left.\begin{array}{ll}\text{左 の 極} & Zn = Zn^{2+}+2e^- \quad (酸化反応) \\ \text{右 の 極} & Cu^{2+}+2e^- = Cu \quad (還元反応)\end{array}\right\} \quad (12.5.2)$$

$$\text{電池反応} \quad Zn+Cu^{2+} = Zn^{2+}+Cu$$

反応が進むと，左の極では電子が失われるので酸化反応が，右の極では電子が付加されるので還元反応が起こる．左右の極の反応を加えると，(12.5.1)と同じ電池反応が起こることになる．この電池は次のような電池図で略記される．

$$Zn|Zn^{2+}|Cu^{2+}|Cu$$

中央の縦線は溶液の境界を示す．正極と負極の間に生じる電位差（電圧）を電池の**起電力**（electromotive force）という．ダニエル電池の起電力は約 1.1 V である．

電気化学の分野では，ダニエル電池の他に，いろいろな電極を用いた電池が組み立てられており，溶液の酸化還元反応の熱力学的研究に応用されている[1]．

12.6 実用電池

現在，いろいろな電池が実用化されている．主な実用電池を表12.3に示す．1次電池は使い切りの電池，2次電池は充電して何度も使える電池である．表で電子のやりとりをする物質を**電極活物質**（electrode active material）という．電子を受け取る物質（酸化剤）が正極活物質，電子を提供する物質（還元剤）が負極活物質である．実用電池ではこれらの物質は電極の形をしていないのでこのような用語が使われる．なお，実用的な化学電池としては，1次および2次電池の他に，水の電気分解の逆過程で発電する燃料電池がある．次にいくつかの実用電池について述べる．

12.6.1 1次電池

マンガン電池 通常使われている乾電池で，構造を図12.2に示す．亜鉛筒（負極活物質）の中に，セパレータ（紙製，イオンのみを通す）を挟んで，

---

[1] 巻末参考書 9, 10 参照.

表 12.3 主な実用電池

名 称	電極活物質		電 解 質	電圧/V
	正 極	負 極		
1次電池 マンガン電池	MnO_2	Zn	$ZnCl_2$ aq	1.5
アルカリ電池	MnO_2	Zn	KOH aq	1.5
酸化銀電池	Ag_2O	Zn	KOH aq	1.55
空気―亜鉛電池	O_2	Zn	KOH aq	1.4
二酸化マンガン―リチウム電池	MnO_2	Li	$LiClO_4$/有機溶媒	3
2次電池 鉛蓄電池	PbO_2	Pb	H_2SO_4 aq	2
ニッケル―カドミウム電池	NiO(OH)	Cd	KOH aq	1.2
ニッケル水素電池	NiO(OH)	MH[a)]	KOH aq	1.2
リチウムイオン電池	$LiCoO_2$ 等	C	$LiPF_6$/有機溶媒	3.7

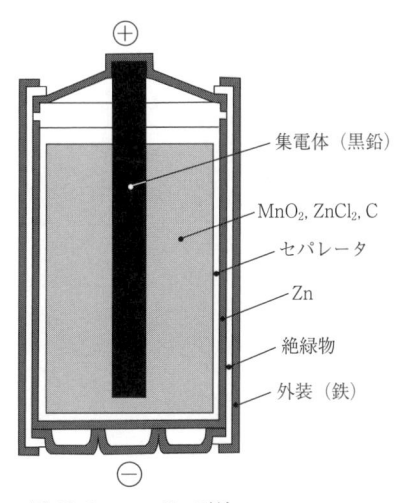

a) 水素吸蔵合金.

図 12.2 マンガン電池

酸化マンガン(Ⅳ)粉末(正極活物質),塩化亜鉛水溶液(電解質)および炭素粉末が入っている.炭素粉末は導電性を高めるためである.電解質には有機高分子化合物のゲル化剤が加えられており,液漏れを防ぐ.中央の炭素棒は酸化マンガン(Ⅳ)との間で効率よく電子のやりとりをするためのもので,集電体と呼ばれる.この電池の反応は

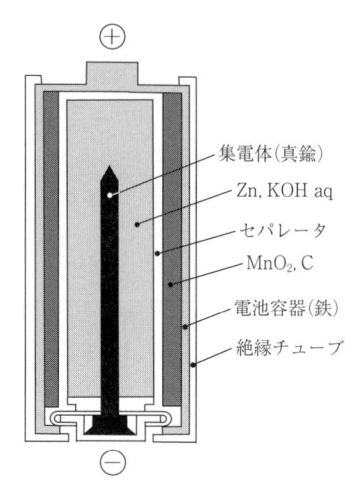

図12.3 アルカリ電池

図中ラベル：集電体(真鍮)、Zn, KOH aq、セパレータ、MnO_2, C、電池容器(鉄)、絶縁チューブ

　負　極　　$4Zn^0 + ZnCl_2 + 8H_2O = ZnCl_2 \cdot 4Zn^{II}(OH)_2 + 8H^+ + 8e^-$

　正　極　　$Mn^{IV}O_2 + H^+ + e^- = Mn^{III}O(OH)$

　全反応　　$4Zn^0 + ZnCl_2 + 8Mn^{IV}O_2 + 8H_2O = ZnCl_2 \cdot 4Zn^{II}(OH)_2 + 8Mn^{III}O(OH)$

ただし，上付のローマ数字は金属の酸化数である．酸化マンガン(Ⅳ)は亜鉛から電子を受け取ってオキシ水酸化マンガン（MnO(OH)）となる．なお，電解質として塩化亜鉛の他に塩化アンモニウムを加える場合もある．

アルカリ電池　構造を図12.3に示す．マンガン電池と逆の配置で，内側に亜鉛粉末（負極活物質）とゲル化剤を加えた水酸化カリウム水溶液（電解質）があり，セパレータ（化学繊維不織布）を介して酸化マンガン(Ⅳ)（正極活物質）と炭素の粉末がある．アルカリ電池と呼ばれるのは電解質にKOHを用いているためである．マンガン電池の亜鉛缶と異なり亜鉛が粉末になっているので表面積が大きく大電流を持続的に取り出すことができる．電池反応は次の通りである．

　負　極　　$Zn^0 + 2OH^- = Zn^{II}O + H_2O + 2e^-$

　正　極　　$Mn^{IV}O_2 + H_2O + e^- = Mn^{III}O(OH) + OH^-$

　全反応　　$Zn^0 + 2Mn^{IV}O_2 + H_2O = Zn^{II}O + 2Mn^{III}O(OH)$

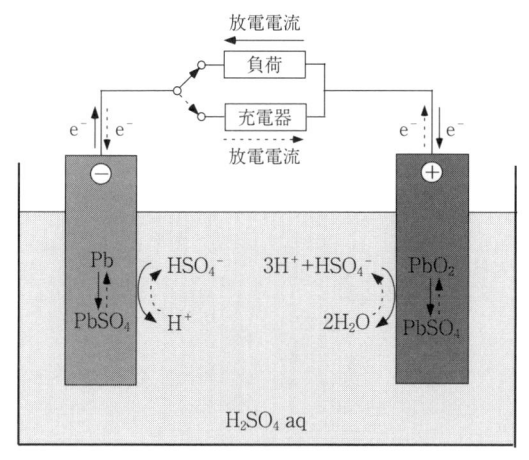

図 12.4 鉛蓄電池
矢印は実線が放電,点線が充電を表す.

12.6.2　2次電池

鉛蓄電池　1859年に発明され,現在でも自動車用のバッテリーなどで広く使われている蓄電池で,正極と負極が硫酸の H_2SO_4 水溶液(10〜45質量%)に浸してある(図12.4).充電状態では正極が酸化鉛,負極が鉛である.電極反応は,放電を→,充電を←として(以下同様)

負　極　$Pb^0 + HSO_4^- \rightleftarrows Pb^{II}SO_4 + H^+ + 2e^-$

正　極　$Pb^{IV}O_2 + 3H^+ + HSO_4^- + 2e^- \rightleftarrows Pb^{II}SO_{4+} + 2H_2O$

全反応　$Pb^0 + Pb^{IV}O_2 + 2H^+ + 2HSO_4^- \rightleftarrows 2Pb^{II}SO_4 + 2H_2O$

放電後,両極とも電極の表面が硫酸鉛でおおわれ,硫酸の濃度が減る.充電をすると電池は元に戻る.ただし,過充電をすると,水が電気分解されるため水を補充する必要がある.自動車用バッテリーでは6個の電池を直列につなぎ,12Vの電圧を取り出す.

リチウムイオン電池　正極活物質(コバルト酸リチウム($LiCoO_2$))と負極活物質(黒鉛)の間に電解質(ヘキサフルオロリン酸リチウム($LiPF_6$)/有機溶媒)を含むセパレータがあり,スパイラル型[1]である(図12.5).有機

---

1) 外形は円筒形であるが,正極活物質,セパレータ,負極活物質をそれぞれシート状に成形して重ねて巻いた構造のもの.活物質の表面積が広いので大電流が持続的に得られる.

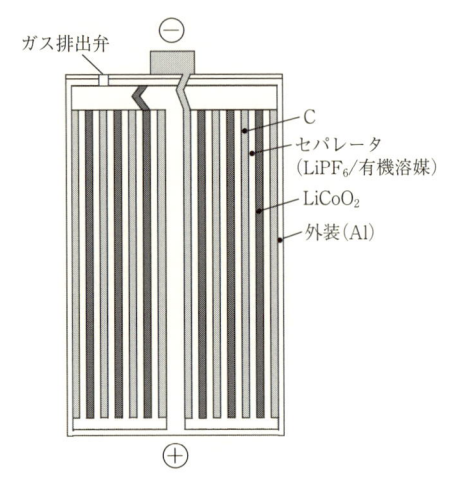

図12.5 リチウムイオン電池（スパイラル型）

（図中ラベル：ガス排出弁，C，セパレータ（LiPF$_6$/有機溶媒），LiCoO$_2$，外装（Al））

溶媒は炭酸エチレンと炭酸ジメチルの混合物などである．電池反応は次の通りである．

負　極　　Li$_x$C$_6$ $\rightleftarrows$ C$_6$ + xLi$^+$ + xe$^-$

正　極　　Li$_{1-x}$CoO$_2$ + xLi$^+$ + xe$^-$ $\rightleftarrows$ LiCoO$_2$

全反応　　Li$_x$C$_6$ + Li$_{1-x}$CoO$_2$ $\rightleftarrows$ C$_6$ + LiCoO$_2$

上の式からわかるとおり，充電に伴って Li$^+$ イオンがコバルト酸リチウムから黒鉛に移動する．黒鉛は炭素の層状物質で層間に Li$^+$ イオンを蓄える．LiCoO$_2$ から完全に Li が失われるとサイクル特性が落ちるので，通常 $0 < x < 0.45$ の範囲で使う．Li を使っているので電圧が高く，メモリー効果[1]もないので現在2次電池の主流になっている．

12.6.3 燃料電池

実用化がもっとも進んでいるリン酸型燃料電池について述べる．模式図を図12.6に示す．正負の電極は多孔性の炭素，触媒層は炭素微粒子と撥水剤

---

[1] 十分放電しないうちに充電すると放電容量が減る効果．ニッケル-カドミウム電池などで起こる．

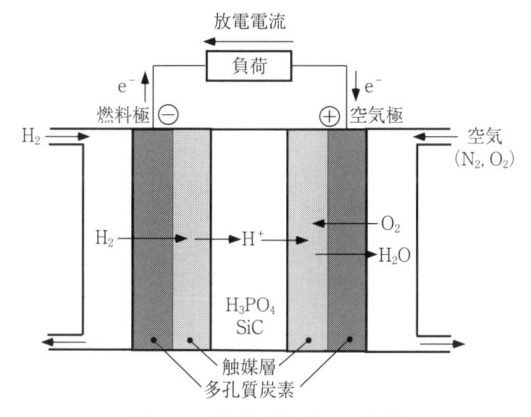

図 12.6 燃料電池（リン酸型）

などに保持した白金触媒である．電解質のリン酸 H_3PO_4 は炭化ケイ素 SiC の多孔質板に含まれている．作動温度は 190〜200℃ で，リン酸（融点 42.4℃）は液体状態である．図に示すように，電極反応は

負　極　　　$H_2 = 2H^+ + 2e^-$
正　極　　　$(1/2)O_2 + 2H^+ + 2e^- = H_2O$
全反応　　　$H_2 + (1/2)O_2 = H_2O$

である．実用的な電圧は 1 V 以下と小さいので，積層構造で用いられることが多い．燃料として天然ガス（主成分はメタン）を使うときは，改質器を用い

$$CH_4 + H_2O = 3H_2 + CO \quad CO + H_2O = H_2 + CO_2$$

の反応により，メタンと水から水素をつくる．また，水素の原料としてメタノールなども使われる．

12.7　電気分解

電解質溶液や融解塩に 2 本の電極を入れ，直流電流を流して酸化還元反応を起こさせる操作を**電気分解**（electrolysis）という．このとき，外部電源の負極につないだ電極を**陰極**（cathode），正極につないだ電極を**陽極**（anode）という（図 12.7）．電気分解では，電池とは逆に，電気エネルギー

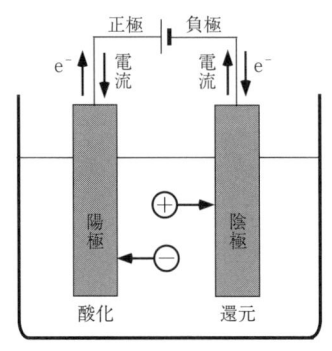

図 12.7 電気分解

が化学エネルギーに変わる．電池の充電も電気分解の一種である．

電解質水溶液の電気分解の際，陰極では，最も還元されやすい物質が電子を受け取る．Cu^{2+} や Ag^+ などイオン化傾向の小さい金属のイオンは還元され，Cu や Ag となって陰極に析出する．Na^+，Mg^{2+}，Al^{3+} のように，水素よりイオン化傾向の大きい金属のイオンでは，金属イオンの代わりに H_2O（酸性溶液では H^+）が還元されて H_2 が発生する．一方，陽極では，最も酸化されやすい物質が電子を放出する．H_2O（塩基性溶液では OH^-）より酸化されやすい Cl^- や I^- は酸化されて Cl_2 や I_2 を生じる．SO_4^{2-} や NO_3^- は酸化されにくいので，$H_2O(OH^-)$ が酸化されて酸素が発生する．また，金 Au や白金 Pt 以外の金属を陽極にした場合は，陽極自身が酸化されてイオンとして溶け出す．これを防ぐためには，陽極に白金や黒鉛を用いる．

2，3 の例を挙げよう．

(1) 両極に白金 Pt を用いて水酸化ナトリウム NaOH 水溶液を電気分解すると，陰極では Na^+ は還元されないで，H_2O が還元されて H_2 が発生し，陽極では OH^- が酸化されて O_2 が生じる．

$$\begin{array}{ll} 陰極： & 2H_2O + 2e^- \rightarrow H_2 + 2OH^- \qquad 還元 \\ 陽極： & 2OH^- \rightarrow (1/2)O_2 + H_2O + 2e^- \qquad 酸化 \\ \hline & H_2O \rightarrow H_2 + (1/2)O_2 \end{array}$$

(2) 両極に白金 Pt を用いて希硫酸 H_2SO_4 を電気分解するときは，陰極では H^+ が還元される．陽極では SO_4^{2-} の代わりに H_2O が酸化される．

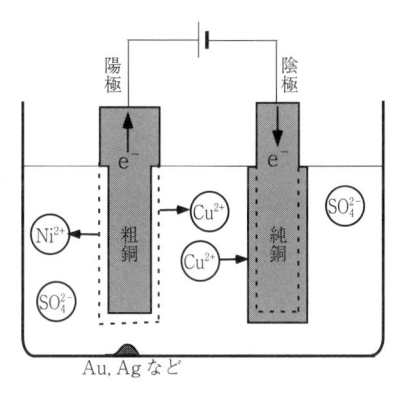

図 12.8 銅の電解精錬

粗銅に含まれる Ni など Cu よりイオン化傾向の大きい金属は陽イオンとなって溶け出す．Au, Ag など Cu よりイオン化傾向の小さい金属は陽極の下に沈殿する．通常硫酸酸性の $CuSO_4$ 溶液を用いる．

$$陰極：\quad 2H^+ + 2e^- \rightarrow H_2 \qquad\qquad 還元$$
$$陽極：\quad H_2O \rightarrow (1/2)O_2 + 2H^+ + 2e^- \qquad 酸化$$
$$\overline{\qquad H_2O \rightarrow H_2 + (1/2)O_2 \qquad}$$

上の2つの例ではいずれも水が電気分解されたことになる．一般に，水の電解では伝導性をよくするため，少量の NaOH や H_2SO_4 を加える．

(3) 両極に銅 Cu を用いて $CuSO_4$ 水溶液を電気分解すると，陰極では Cu^{2+} イオンが還元されて Cu が析出する．陽極では Cu が酸化されて Cu^{2+} イオンとして溶液に溶け出す．陽極を粗銅，陰極を純銅とすれば，粗銅が精錬される（**電解精錬**，図 12.8）．

[**例題 12.4**] 両極に白金 Pt を用いて塩化ナトリウム NaCl 水溶液を電気分解した．各極における反応と全体の反応の化学式を記せ．
[**解**] 陰極では H_2O が還元されて H_2 が発生する．陽極では Cl^- が酸化されて Cl_2 が生じる．

$$陰極：\quad 2H_2O + 2e^- \rightarrow H_2 + 2OH^- \qquad 還元$$
$$陽極：\quad 2Cl^- \rightarrow Cl_2 + 2e^- \qquad\qquad 酸化$$
$$\overline{\quad 2H_2O + 2Cl^- \rightarrow H_2 + Cl_2 + 2OH^- \quad}$$

上の例題の電気分解では，水溶液中の Cl^- が減少し，OH^- が増すので陰

極側の溶液を濃縮すると水酸化ナトリウム NaOH が得られる．その際，陽極側からの Cl^- の混合を防ぐため，両極の間を Na^+ だけを通すイオン交換膜[1]で仕切る．

次に，電気分解の際，両極で変化する物質量と流れる電気量の関係を考えよう．白金電極を用いて，$CuCl_2$ を電気分解する場合，陰極では Cu^+ が還元され，陽極では Cl^- が酸化されて Cl_2 が発生する．

$$陰極： Cu^{2+} + 2e^- \rightarrow Cu \qquad 還元$$
$$陽極： 2Cl^- \rightarrow Cl_2 + 2e^- \qquad 酸化$$

この場合，両極の間を 2 mol の電子が移動すると陰極に 1 mol の Cu が析出し，陽極では 1 mol の Cl_2 が発生する．このように 2 価の陽イオン Cu^{2+} 1 mol を電気分解して金属の単体 1 mol を得るのに必要な電気量は電子 2 mol がもつ電気量に等しい．

電子 1 mol の電気量の絶対値を**ファラデー定数**という．その値は電気素量 e とアボガドロ定数 N_A の積で

$$F = eN_A = 1.602177 \times 10^{-19} \text{ C} \times 6.022141 \times 10^{23} \text{ mol}^{-1} = 9.64853 \times 10^4 \text{ C mol}^{-1}$$

となる．一般に電荷 z のイオン 1 mol を電気分解するのに必要な電気量は zF である．これに相当する法則をファラデー (Faraday) は 1833 年に発見した (**ファラデーの電気分解の法則**)．

[**例題 12.5**]　白金電極を用いて硫酸銅 $CuSO_4$ 水溶液を電気分解したところ，陰極に銅が 1.59 g 析出した．流れた電気量は何 C か．また陽極に発生した気体は標準状態で何 dm^3 か．ただし，原子量を Cu = 63.5 とする．
[**解**]　析出した Cu の物質量は $n = (1.59/63.5) \text{ mol} = 2.50 \times 10^{-2}$ mol である．銅イオン Cu^{2+} は 2 価であるから，流れた電気量は
$$q = zFn = 2 \times 9.649 \times 10^4 \text{ C mol}^{-1} \times 2.50 \times 10^{-2} \text{ mol} = \underline{4.82 \times 10^3 \text{ C}}$$
陽極では，安定な SO_4^{2-} の代わりに水が酸化され酸素が発生する．$2H_2O \rightarrow O_2 + 4H^+ + 4e^-$．電子 4 mol が流れると，1 mol（標準状態で 22.4 dm^3）の酸素が発生する．電子は析出した Cu の物質量の 2 倍流れているから，発生する酸素の体積は
$$2.50 \times 10^{-2} \text{ mol} \times 2 \times (1/4) \times 22.4 \text{ dm}^3 \text{ mol}^{-1} = \underline{2.80 \times 10^{-1} \text{ dm}^3}.$$

---

[1]　イオン交換樹脂を膜状にしたもので，異符号のイオンの通過を阻止し，同符号のイオンのみを通過させる．陽イオン交換膜と陰イオン交換膜がある．

生体の酸化還元反応

　生物は複雑な有機物を分解して，生命活動に必要なエネルギーを取り出している．その際，エネルギーはATP[a]の形で貯えられる．このような仕組みを，広い意味で，**呼吸**（respiration）という．呼吸には，酸素が関与せず有機物が部分的に分解される**嫌気呼吸**（anaerobic respiration）と有機物が酸素と反応して二酸化炭素と水にまで酸化される**好気呼吸**（aerobic respiration）がある．

　例えば，酵母菌は嫌気呼吸によってグルコースをピルビン酸 $CH_3COCOOH$ を経てエタノール C_2H_5OH に変える（アルコール発酵）．その際，グルコース1分子の酸化によってATP 2分子が得られる．

$$C_6H_{12}O_6 \xrightarrow{(A)} 2CH_3COCOOH + 2ATP \rightarrow 2C_2H_5OH + 2CO_2 + 2ATP \quad (1)$$

上の過程（A）は解糖系とよばれ9段階の反応過程を含む．ヒトを含むほとんどの生物では，好気呼吸によって，ピルビン酸からさらに多段階の反応過程（B）[b]を経てグルコースを完全に酸化する．その結果グルコース1分子から38分子のATPが生成される．

$$C_6H_{12}O_6 \xrightarrow{(A)} 2CH_3COCOOH \xrightarrow{(B)} 6CO_2 + 6H_2O + 38ATP \quad (2)$$

(1)，(2)の各反応には，それぞれ特有な酵素（触媒）がはたらき，反応を円滑に進めている．なお，酸素による好気的酸化によってエネルギー効率は2 APから38 APTと大幅に向上するが，それと引き換えに活性酸素による細胞攻撃の危険性が生じる（13.4節，p.214参照）．

　第10章のコラムの(4)式によると，ATP→ADPの反応のギブズエネルギー変化は $-30.5\ kJ\ mol^{-1}$ であるから，上式の38 ATPでは $\Delta G = -1160\ kJ\ mol^{-1}$ となる．グルコース1 molが完全燃焼するときの標準エンタルピー変化は $\Delta H^{\ominus}_{298} = -2880\ kJ\ mol^{-1}$ であるから（9章コラム(1)式），そのうちの約40%が有効な仕事（生物の運動のエネルギーや化学エネルギー）に使われることになる．これはガソリンエンジンなどの効率（30%以下）に比べてかなり高い．上の反応の $\Delta H^{\ominus}_{298}$ のうち，残りの60%は熱エネルギーとして体温の維持などに使われる．なお，激しい運動の場合には，血液が筋肉細胞に十分な速さで酸素を供給できないので，グルコースの嫌気的な反応（A）でATPが2個補給される．このとき生じたピルビン酸は乳酸 $CH_3CHOHCOOH$ に還元される．筋肉細胞中に乳酸が蓄積すると痛みや疲労の原因になる．なお，乳酸菌も同様な反応でATP 2分子を生成する．

　植物は太陽のエネルギー（$h\nu$）を利用して二酸化炭素と水を還元してグルコースを合成する．

$$6CO_2 + 6H_2O \xrightarrow{h\nu} C_6H_{12}O_6 \quad (3)$$

バクテリオクロロフィル（光合成細菌）は水の代わりに硫化水素を還元する．

$$6CO_2 + 12H_2S \xrightarrow{h\nu} C_6H_{12}O_6 + 6H_2O + 12S \quad (4)$$

---

a) ATPについては，第10章のコラムおよび巻末参考書2(II) 9.1.4項（p.119）参照．
b) 過程(b)はクエン酸回路と電子伝達系からなる．これらの反応系と解糖系については巻末参考書2(II)，第11章，p.191以下を参照されたい．

これらの反応も多段階の還元反応で，各反応に特有な触媒が関与する．(3), (4)によるグルコースの合成は光エネルギーを利用するので**光合成**（photosynthesis）と呼ばれる．光エネルギーの代わりに，無機化合物を酸化して得たエネルギーを利用して合成を行う細菌もある．土中の亜硝酸菌と硝酸菌は次の反応でエネルギーを得て，有機物の合成を行う．

$$2NH_3 + 3O_2 \rightarrow 2HNO_2 + 2H_2O \quad 亜硝酸菌 \quad (5)$$
$$2HNO_2 + O_2 \rightarrow 2HNO_3 \quad 硝酸菌 \quad (6)$$

土中のアンモニアは動物や植物の遺体のタンパク質が分解したものである．生じたアンモニアと(5), (6)による亜硝酸イオンおよび硝酸イオンは植物によって吸収され，アミノ酸やタンパク質に変えられる．硫黄細菌は硫化水素を酸化してエネルギーを得る．

$$2H_2S + O_2 \rightarrow 2H_2O + 2S \quad 硫黄細菌 \quad (7)$$

(5)〜(7)の反応で得られる化学エネルギーを利用する合成は光合成に対して，**化学合成**（chemosynthesis）を呼ばれる．

章末問題

12.1 次の酸化還元反応を電子の授受で説明せよ．
 (1) $2H_2S + SO_2 \rightarrow 3S + 2H_2O$ (2) $Fe_2O_3 + 2Al \rightarrow 2Fe + Al_2O_3$

12.2 次の化合物またはイオンについて，下線をつけた原子の酸化数を求めよ．
 (1) $K_2\underline{Cr}_2O_7$ (2) $H_3\underline{P}O_4$ (3) $\underline{N}O_3^-$ (4) $H\underline{Cl}O_4$ (5) $\underline{N}H_4^+$

12.3 次の水溶液中における酸化状態の変化を電子の授受を含めてイオン式で表せ．
 (1) $Cr_2O_7^{2-} \rightarrow 2Cr^{3+}$ (2) $SO_2 \rightarrow S$

12.4 過マンガン酸カリウム（塩酸酸性）と塩化スズ(II)の間の酸化還元反応を表12.1を用いて記せ．

12.5 トタン板は鉄板に亜鉛メッキしたもの，ブリキは鉄板にスズメッキをしたものである．表面に傷がついて鉄が露出して水と接触したとき，どちらの板で鉄が腐食しやすいか．金属のイオン化傾向の違いにより説明せよ．

12.6 アルミニウムと亜鉛を電極としてダニエル型の電池を組み立てた．電池反応と電池図を記せ．

12.7 鉛蓄電池で 0.10 A の電流を 4.0 時間放電した．流れた電子の物質量，負極および正極の質量の変化を計算せよ．ただし，原子量は O = 16, S = 32, Pb = 207 とする．

12.8 両極に白金を用いて硝酸銀水溶液を電気分解したところ，標準状態で 4.48 cm^3 の気体が発生した．両極における反応を記せ．また，発生した気体の質量および流れた電気量を計算せよ．

13 化学反応速度

　この章では化学反応速度の表し方を述べた後，いろいろなタイプの反応について，物質の濃度，温度，触媒などが反応速度に及ぼす影響を述べる．また，化学反応の機構についてもふれる．反応速度は，反応に関与する物質が平衡状態に達するまでの速さによるから，その値は途中でどのような非平衡状態をとるかによって決まる．したがって，第 9 章や第 10 章の場合のように，平衡状態で成立する熱力学を反応速度の考察に適用することはできない．

13.1　反応の速さ

　化学反応には非常に速く進行するものと，きわめて遅いものまでさまざまなものがある．例えば，酸と塩基の中和反応や次のような沈殿反応はすばやく進む．

$$Ag^+(aq) + Cl^-(aq) \rightarrow AgCl(s) \tag{13.1.1}$$

一方，鉄 Fe が空気中で酸素や水分によって錆びる反応は非常に遅い．水素と酸素から水が生成する反応

$$2H_2(g) + O_2(g) \rightarrow 2H_2O(l) \tag{13.1.2}$$

も常温ではほとんど進行しない．しかし，白金のような触媒を加えると速やかに進む．また，水素と酸素の混合物に点火すると爆発的に反応が起こる．このように同じ反応でも，その速さは反応物質の濃度，温度，触媒，光などによって大きく変わる．また，固体が関与する反応ではその表面積も反応に影響する（固体を砕いて粉末にすると表面積が増し反応が速くなる）．

　化学反応の速さは単位時間当たりの物質の変化量（反応物の減少量または生成物の増加量）で表し，これを**反応速度**（reaction velocity）という．体積一定で反応が進む場合，物質の変化量は濃度の変化として表すことができ

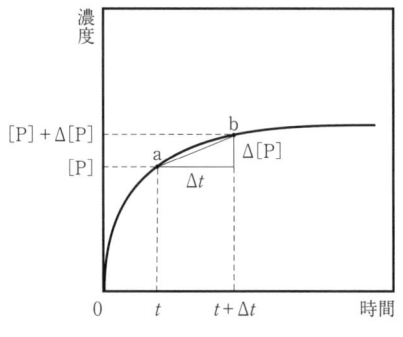

図 13.1 平均の反応速度
$\langle v \rangle = \Delta[\mathrm{P}]/\Delta t.$

る．反応物 A が生成物 P になる反応

$$\mathrm{A} \rightarrow \mathrm{P} \tag{13.1.3}$$

を考えよう．一定の温度で反応が進むとする．P の濃度 [P] の時間変化を示すと図 13.1 のようなる．時刻 t における濃度を [P] とし，時刻 $t+\Delta t$ における濃度を $[\mathrm{P}]+\Delta \mathrm{P}$ とすると，$t \sim t+\Delta t$ の間の単位時間当たりの平均の濃度変化，すなわち，平均の反応速度は

$$\langle v \rangle = \frac{\Delta[\mathrm{P}]}{\Delta t} \tag{13.1.4}$$

となる．これは図 13.1 の直線 a-b の勾配に等しい．時刻 t における反応速度をなるべく正確に求めるには Δt を小さくすればよい．a 点を固定して Δt を小さくすると，$\Delta \mathrm{P}$ も小さくなり，直線 AB は移動して（a0, a1, a2... のように移動），$\Delta t \rightarrow 0$ の極限で直線 aT となる（図 13.2）．これが曲線 [P] の A 点における接線である．その勾配が時刻 t における（瞬間の）反応速度 v と考えれれるのである．それは次のように表される．

$$v = \lim_{\Delta t \rightarrow 0} \frac{\Delta[\mathrm{P}]}{\Delta t} = \frac{d[\mathrm{P}]}{dt} \tag{13.1.5}$$

ただし，$\lim_{\Delta t \rightarrow 0}$ は Δt を限りなく 0 に近づけるという記号でリミットと読む．上式から反応速度は t の関数としての [P] の t による微分係数であることが

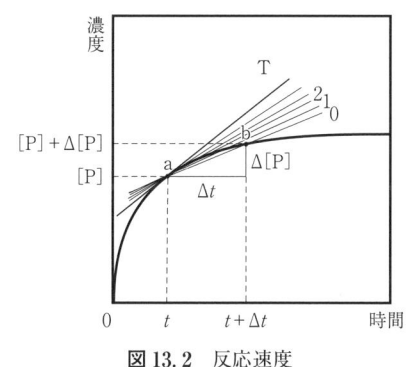

図 13.2 反応速度
a 点における接線の勾配が時刻 t における反応速度を表す.

わかる[1]).

生成物 P の濃度 [P] に加えて,反応物 A の濃度 [A] の時間変化を図示すると図 13.3 のようになる.図からわかるように,時刻 t における曲線 [P], [A] の接線 aT と a'T' の勾配は絶対値が等しく符号が反対である.そこで,時刻 t における反応速度は

$$v = \frac{d[\mathrm{P}]}{dt} = -\frac{d[\mathrm{A}]}{dt} \tag{13.1.6}$$

となる.時間の経過とともに,生成物は増加するのに対し,反応物は減少するので,反応物の濃度変化で反応速度を表すには,負の符号を付ける必要がある.

一般の反応

$$a\mathrm{A} + b\mathrm{B} + \cdots\cdots \rightarrow k\mathrm{K} + l\mathrm{L} + \cdots\cdots \tag{13.1.7}$$

では,どの物質による反応速度か区別する必要があるが

$$v = -\frac{1}{a}\frac{d[\mathrm{A}]}{dt} = -\frac{1}{b}\frac{d[\mathrm{B}]}{dt} = \cdots\cdots = \frac{1}{k}\frac{d[\mathrm{K}]}{dt} = \frac{1}{l}\frac{d[\mathrm{L}]}{dt} = \cdots\cdots \tag{13.1.8}$$

---

[1] 一般に y が x の関数として,$y=f(x)$ と表されるとき,y の x による微分係数は記号 dy/dx で表され,次のように定義される.

$$\frac{dy}{dx} \equiv \lim_{\Delta x \to 0} \frac{f(x+\Delta x)-f(x)}{\Delta x} = \lim_{\Delta x \to 0} \frac{\Delta y}{\Delta x}$$

微分・積分に不慣れな読者は,石原 繁・浅野重初『理工系の基礎 微分積分(増補版)』裳華房(1997),巻末参考書 10,A 章および巻末参考書 14 などを参照されたい.

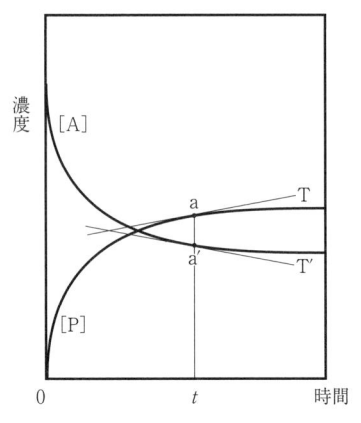

図 13.3 反応物 A と生成物 P の濃度の時間変化

とすれば,物質に依らない値として反応速度を決めることができる.

13.2　1 次反応

過酸化水素 H_2O_2 が触媒(二酸化マンガン MnO_2, 鉄(Ⅲ)イオン Fe^{3+}, カタラーゼ[1]など)の存在のもとで,水溶液中で分解する反応

$$H_2O_2 \rightarrow H_2O + (1/2)O_2 \tag{13.2.1}$$

の速度は一定温度で H_2O_2 の濃度に比例する.すなわち,

$$v = -\frac{d[H_2O_2]}{dt} = k[H_2O_2] \tag{13.2.2}$$

このように

$$A \rightarrow 生成物 \tag{13.2.3}$$

の反応において,反応速度が一定温度で反応物質の濃度に比例する場合,すなわち

$$-\frac{d[A]}{dt} = k[A] \tag{13.2.4}$$

が成り立つ場合,この反応を **1 次反応** という.この式の右辺の定数 k は反応

---
1) 血液中に含まれる酵素(後述).

物質の濃度に無関係な定数で**速度定数**と呼ばれる．k の単位は s^{-1} である．
(13.2.4)から

$$\ln[A] = \ln[A]_0 - kt \tag{13.2.5}[1]$$

が得られる．ただし，$[A]_0$ は A の初濃度（$t=0$ のときの濃度）である．上式を書き直すと

$$[A] = [A]_0 e^{-kt} \tag{13.2.6}[2]$$

となる．(13.2.5)によると，$\ln[A]$ と t は直線関係にあり，直線の勾配が $-k$ に等しい（図13.4）．

また，(13.2.6)より反応物質の濃度 $[A]$ は時間 t とともに指数関数的に減少する（図13.5）．

反応物質の濃度が初濃度の1/2になる時間を**半減期**（half life）という．(13.2.6)で $[A]=[A]_0/2$ とおくと，半減期 $t_{1/2}$ が求められる．$1/2 = e^{-kt_{1/2}}$ より

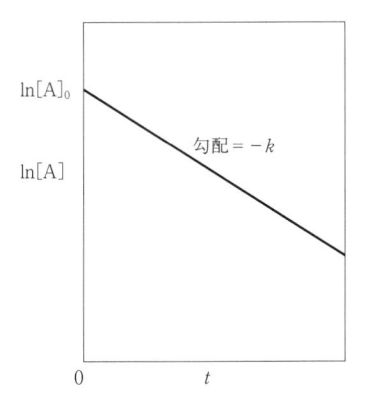

図13.4 1次反応における反応物の濃度の対数 $\ln[A]$ の時間変化

---

[1] (13.2.5)は次のようにして導かれる．(13.2.4)から $d[A]/[A] = -kdt$．この式の両辺を積分すると，$\ln[A] = -kt + C$ となる．ただし C は積分定数である．$t=0$ で $[A]=[A]_0$ であるから，$\ln[A]_0 = C$．よって，$\ln[A] = \ln[A]_0 - kt$ となる．積分については，p.205 注1）の参考書を参照されたい．なお，$\ln$ は $e = 2.71828…$ を底とする対数（自然対数）で $\ln x = \log_e x$ である（A.1節参照）．

[2] (13.2.5)より，$\ln[A] = \ln[A]_0 + \ln e^{-kt}$．よって，$\ln[A] = \ln([A]_0 e^{-kt})$．この式から(13.2.6)が得られる．

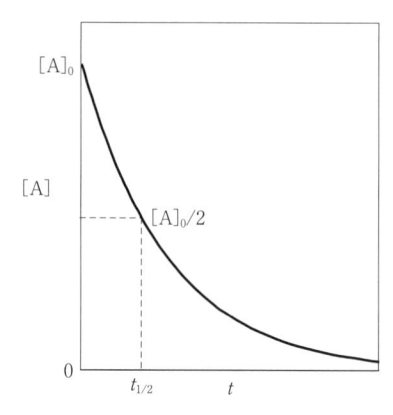

図13.5 1次反応における反応物の濃度[A]の時間変化

$$t_{1/2} = \frac{\ln 2}{k} = \frac{0.6931}{k} \tag{13.2.7}$$

となる．反応物質の半減期は初濃度に無関係であることがわかる．
　一次反応の例としては，五酸化二窒素の気相における分解反応

$$2N_2O_5(g) \rightarrow 4NO_2(g) + O_2(g) \tag{13.2.8}$$

や放射性元素の壊変反応がある（14.3節，p.233参照）．なお，定積における気相反応の場合には濃度の代わりに分圧が使われる．

[例題13.1] 五酸化二窒素の分解反応(13.2.8)において，体積一定のもと，全圧は時間とともに増加し，全圧から残っているN_2O_5の分圧pを計算することができる．温度45℃でN_2O_5の最初の圧力を348 Torrとしたとき，分圧は表13.1のように変化した．この反応が1次反応であることを示し，速度定数と半減期を計算せよ．

表13.1 N_2O_5の分圧の時間変化

t/s	p/Torr	t/s	p/Torr	t/s	p/Torr
0	348	2400	105	4800	33
600	247	3000	78	5400	24
1200	185	3600	58	6000	18
1800	140	4200	44	7200	10

[解]　t と $\ln(p/\text{Torr})$ の関係は表 13.2 の通りである．これをプロットすると，図 13.6 に示すように，直線となるから，この反応は 1 次反応である．この直線の勾配が反応定数を与える[1]．図から $k = \underline{4.89 \times 10^{-4}\,\text{s}^{-1}}$ となる．半減期は $t_{1/2} = \ln 2/k = 0.693/(4.89 \times 10^{-4}\,\text{s}^{-1}) = \underline{1.42 \times 10^3\,\text{s}}$．

表 13.2　$\ln(p/\text{Torr})$ の時間変化

t/s	$\ln(p/\text{Torr})$
0	5.85
600	5.51
1200	5.22
1800	4.94
2400	4.65
3000	4.36
3600	4.06
4200	3.78
4800	3.50
5400	3.18
6000	2.89
7200	2.30

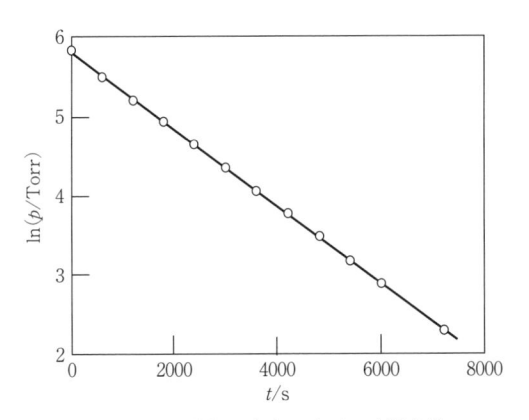

図 13.6　五酸化二窒素の分圧の時間変化

---

1) 表計算ソフト，例えば Excel を用いて表の値をグラフにし，最小 2 乗法による回帰分析を行って，直線の勾配と切片を得ることができる．回帰分析の詳細については http://keijisaito.info/pdf/excel_ols.pdf を参照されたい．

13.3 2次反応

$$2\mathrm{HI(g)} \rightarrow \mathrm{H_2(g)} + \mathrm{I_2(g)} \tag{13.3.1}$$
$$2\mathrm{NO_2(g)} \rightarrow 2\mathrm{NO(g)} + \mathrm{O_2(g)} \tag{13.3.2}$$

などは**2次反応**で，反応物質の濃度を [A] とすると，反応速度が次のように表される．

$$-\frac{d[\mathrm{A}]}{dt} = k[\mathrm{A}]^2 \tag{13.3.3}$$

この式から次式が得られる．

$$\frac{1}{[\mathrm{A}]} - \frac{1}{[\mathrm{A}]_0} = kt \tag{13.3.4}^{1)}$$

よって，2次反応では $1/[\mathrm{A}]$ と t は直線関係にあり，その勾配が速度定数 k を与える（図 13.7）．上式より k の単位は濃度$^{-1}$ 時間$^{-1}$ = mol^{-1} dm^3 s^{-1} となる．この場合の半減期は上式で $[\mathrm{A}] = [\mathrm{A}]_0/2$ とおいて

$$t_{1/2} = \frac{1}{k[\mathrm{A}]_0} \tag{13.3.5}$$

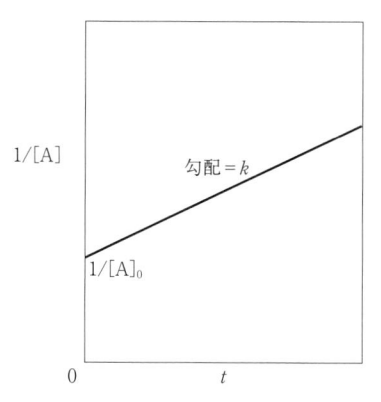

図 13.7 2次反応における反応物の濃度の逆数 $1/[\mathrm{A}]$ の時間変化

---

1) (13.3.3)から $-d[\mathrm{A}]/[\mathrm{A}]^2 = kdt$．この式の両辺を積分して $1/[\mathrm{A}] = kt + C$ となる．$t = 0$ のとき，$[\mathrm{A}] = [\mathrm{A}]_0$ だから，$C = 1/[\mathrm{A}]_0$．よって，(13.3.4)が得られる．

となる．半減期は初濃度に反比例する．

2次反応には上で述べたものの他に，反応
$$A + B \rightarrow \text{反応物} \tag{13.3.6}$$
において，反応速度が
$$-\frac{d[A]}{dt} = -\frac{d[B]}{dt} = k[A][B] \tag{13.3.7}$$
で表されるタイプのものもある．例えば，水溶液中の酢酸エチル $CH_3COOC_2H_5$ の塩基（水酸化ナトリウムなど）による加水分解
$$CH_3COOC_2H_5 + OH^- \rightarrow CH_3COO^- + C_2H_5OH \tag{13.3.8}$$
や，高温（500〜800 K）の気相における水素とヨウ素の反応（(13.3.1)の逆反応）
$$H_2(g) + I_2(g) \rightarrow 2HI(g) \tag{13.3.9}$$
はその例である．

13.4 複合反応と素反応

質量作用の法則(10.2.2)では，化学反応に関与する物質の濃度のべき指数は，化学反応式(10.2.1)におけるその物質の係数に等しい．しかし，(13.2.2)，(13.3.3)のような，反応速度と反応物質の濃度との関係を与える式に現れるべき指数は，化学反応式から予想されるものと必ずしも一致しない．これは，一般に化学反応はいくつかの反応段階から成る**複合反応**（complex reaction）だからである．各段階の反応を**素反応**（elementary reaction）という．

例えば，臭化物イオン Br^- の過酸化水素 H_2O_2 によるの酸化反応
$$2Br^- + H_2O_2 + 2H^+ \rightarrow Br_2 + 2H_2O \tag{13.4.1}$$
は次の2つの素反応からなる．
$$H^+ + Br^- + H_2O_2 \rightarrow HOBr + H_2O \tag{13.4.2}$$
$$HOBr + H^+ + Br^- \rightarrow Br_2 + H_2O \tag{13.4.3}$$
第1の素反応は，第2の素反応に比べてはるかにゆっくり進むので，全体としての反応速度は第1の素反応によって支配され，反応速度式は

$$v = -\frac{1}{2}\frac{d[\mathrm{Br^-}]}{dt} = -\frac{d[\mathrm{H_2O_2}]}{dt} = -\frac{1}{2}\frac{d[\mathrm{H^+}]}{dt} = k[\mathrm{H^+}][\mathrm{Br^-}][\mathrm{H_2O_2}] \quad (13.4.4)$$

となり,化学反応式(13.4.1)から予想されるものと異なる.なお,(13.4.2)のように,反応の各段階のうち,全体の反応速度を決める段階(素反応)を**律速段階**(rate-determining step)という.また,(13.4.2),(13.4.3)に現れるHOBrは**反応中間体**(reaction intermediate)と呼ばれる.

典型的な2次反応である(13.3.9)のヨウ化水素生成反応

$$\mathrm{H_2(g) + I_2(g) \rightarrow 2HI(g)} \quad (13.4.5)$$

は,反応中間体

$$\begin{bmatrix} \mathrm{H\!-\!H} \\ \vdots \ \vdots \\ \mathrm{I\!-\!I} \end{bmatrix}$$

を経由する2次反応と考えられてきたが,近年の研究によって次の2段階で進むことがわかった.

$$\mathrm{I_2 \rightleftarrows I + I} \qquad [\mathrm{I}]^2/[\mathrm{I_2}] = K \quad (13.4.6)$$

$$\mathrm{I + I + H_2 \rightarrow 2HI} \quad (13.4.7)$$

第1段の反応は熱または光のエネルギーにより起こり,平衡に達する.第2段の反応は3次反応と考えられるので,反応速度式は

$$v = \frac{1}{2}\frac{d[\mathrm{HI}]}{dt} = k[\mathrm{I}]^2[\mathrm{H_2}] \quad (13.4.8)$$

となる.(13.4.6),(13.4.8)から

$$v = kK[\mathrm{I_2}][\mathrm{H_2}] \quad (13.4.9)$$

となり,2次反応としての実験結果が説明できるのである.このように単純な反応でも実験で求めた反応次数から反応の機構を推定することは難しい.逆に,ある反応が何次反応になるかは,一般に反応式から予想することはできない.反応次数は実験結果に基づいて決定されるのである.

複合反応の一種に**連鎖反応**(chain reaction)がある.例として水素と塩素の反応

$$\mathrm{H_2(g) + Cl_2(g) \rightarrow 2HCl(g)} \quad (13.4.10)$$

を取り上げる.この反応は常温の暗所ではほとんど起こらない.しかし,日光を照射すると爆発的に進行する.反応は次の経過をたどる.

(a) **連鎖開始**　　　　　　　　$Cl_2 \overset{h\nu}{\to} 2Cl\cdot$　　　　　　(13.4.11)

上式で $h\nu$ は光子のエネルギーである（(2.5.3)）．このエネルギーを吸収して Cl_2 の結合が切れて 2 個の塩素原子 Cl ができる．上式では Cl が不対電子（・）をもつことを強調するため，Cl の代わりに Cl・と記してある．いったん Cl・ができると次の反応が繰り返される．

(b) **連鎖成長**　　　$Cl\cdot + H \to HCl + H\cdot$　　　　　(13.4.12)

$H\cdot + Cl_2 \to HCl + Cl\cdot$　　　　　(13.4.13)

上式で Cl・と H・は連鎖伝達体とよばれる．この反応は無限には続かない．次の反応で終わる．

(c) **連鎖停止**　　$H\cdot + H\cdot + M \to H_2 + M$　　　　　(13.4.14)

$Cl\cdot + Cl\cdot + M \to Cl_2 + M$　　　　　(13.4.15)

$H\cdot + Cl\cdot + M \to HCl + M$　　　　　(13.4.16)

ただし，M は原子の結合の際，エネルギーを受け取る物質（容器の壁など）である．上の(a)〜(b)の反応で，1 個の光子当たり $10^4 \sim 10^6$ 個の塩化水素 HCl が生じる．

有機化合物の気相における分解反応では，不対電子をもち反応性に富む原子団（**遊離基**（free radical）という）が関与することが多い．例えば，高温でエタン C_2H_6 がエチレン C_2H_4 と水素 H_2 に分解する反応

$$C_2H_6 \to C_2H_4 + H_2 \quad (13.4.17)$$

は次の連鎖反応からなる．

連鎖開始　　　　　$C_2H_6 \to 2CH_3\cdot$　　　　　(13.4.18)

$CH_3\cdot + C_2H_6 \to CH_4 + C_2H_5\cdot$　　　(13.4.19)

連鎖成長　　　　　$C_2H_5\cdot \to C_2H_4 + H\cdot$　　　　(13.4.20)

$H\cdot + C_2H_6 \to H_2 + C_2H_5\cdot$　　　(13.4.21)

連鎖停止　　　　　$2C_2H_5\cdot \to C_4H_{10}$　　　　　(13.4.22)

これらの反応過程で現れる $CH_3\cdot$ や $C_2H_5\cdot$ が遊離基である．上の反応では(13.4.18)が律速段階であるため，全体としての反応速度は $[C_2H_6]$ の 1 次に比例する．

爆発反応（水素と酸素の爆発的反応による水の生成など）や重合反応（エチレンからポリエチレンの生成など）も連鎖反応である．

われわれが摂取した食物に含まれる水素原子は酸素により酸化されて水になる．その酸化過程は多段階で進み，反応の中間生成物から酸素分子は次のように1個ずつ電子を受け取る．

$$O_2 \xrightarrow[2H^+]{e^-} O_2^- \cdot \xrightarrow[H^+]{e^-} H_2O_2 \xrightarrow[H^+]{e^-} \cdot OH + H_2O \xrightarrow{e^-} 2H_2O$$

この反応が最後まで完全に進めば，酸素は安定な水になるが，途中の過程が100%進まないときは，$O_2^- \cdot$，$\cdot OH$などの遊離基やH_2O_2が発生する．これらは活性酸素と呼ばれ，反応性が強いので正常な細胞を攻撃して種々の健康障害の原因となる．活性酸素の詳細については巻末参考書2（Ⅱ），第11章のコラム（p.212）を参照されたい．

13.5　反応速度と温度

一般に温度が高くなると，反応速度は急に大きくなる．常温付近では，反応速度は温度が10℃上がるごとに2～3倍になることが多い．表13.3にアルカリ溶液中のブロモエタンの加水分解反応

$$C_2H_5Br(aq) + OH^-(aq) \rightarrow C_2H_5OH(aq) + Br^-(aq) \tag{13.5.1}$$

の速度定数の温度変化を示す．表から温度が25℃から46℃に上昇すると，反応速度が11(=96/8.5)倍になることがわかる．

アレニウス（Arrhenius）は速度定数の温度変化を表す式として

$$k = Ae^{-E_a/(RT)} \tag{13.5.2}$$

を提案した（1889年）．これを**アレニウスの式**という．ただし，AとE_aは反応に特有な定数，RとTは気体定数と絶対温度である．Aは**頻度因子**（frequency factor），E_a（>0）は**活性化エネルギー**（activation energy）と呼ばれる（次節参照）．上式の両辺の自然対数をとると

$$\ln k = C - \frac{E_a}{RT} \tag{13.5.3}$$

表13.3　ブロモエタンの加水分解反応の速度定数の温度変化

$t/℃$	25	28	31	34	37	40	43	46
$k/10^{-5}\,dm^3\,mol^{-1}\,s^{-1}$	8.5	13	19	25	37	51	70	96

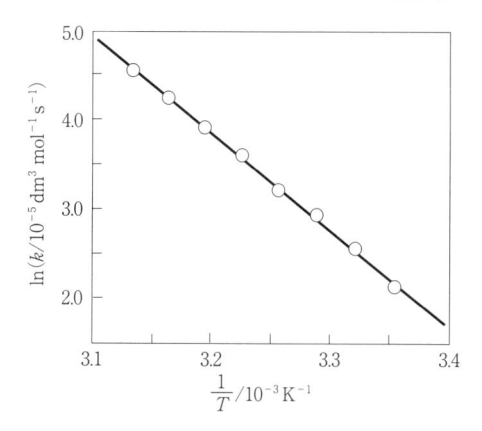

図 13.8 ブロモエタンの加水分解反応：速度定数の対数 $\ln k$ と絶対温度の逆数 $1/T$ の関係

となる．ただし，$C = \ln A$ である．上式から，$\ln k$ と $1/T$ は直線関係にあり，その勾配は $-E_a/R$ であることがわかる．実際，表 13.3 のデータを用いて，$1/T$ と $\ln k$ の関係をグラフにすると図 13.8 のような直線が得られる．

[**例題 13.2**] 図 13.8 からアルカリ溶液中のブロモエタンの加水分解反応の活性化エネルギーを求めよ．
[**解**] 図 13.8 から直線の勾配は $-E_a/R = -1.09 \times 10^4$ K である．よって，活性化エネルギーは

$$E_a = 1.09 \times 10^4 \text{ K} \times R = 1.09 \times 10^4 \text{ K} \times 8.314 \text{ J mol}^{-1} \text{ K}^{-1} = \underline{90.6 \text{ kJ mol}^{-1}}.$$

13.6 活性化エネルギー

化学反応が起こるには，反応物の分子が衝突する必要がある．ただし，衝突したすべての分子間で反応が起こるとは限らない．衝突に伴って十分なエネルギーを獲得した分子だけが反応にあずかるのである．反応を起こすために必要な，最小の余分なエネルギーを**活性化エネルギー**という．

図 13.9 に示すように，反応物の分子は反応系から生成系に移るとき，エネルギーの高い状態を越えなければならない．この状態を**活性化状態**（activated state）という．活性化状態と反応系のエネルギー差が正反応の活性

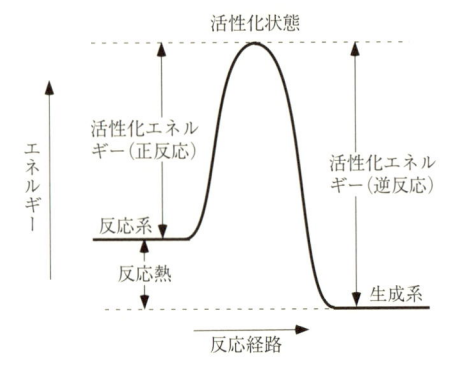

図 13.9 活性化状態

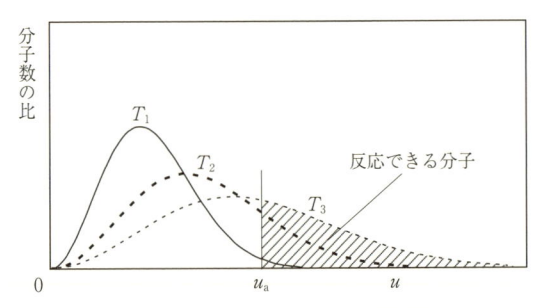

図 13.10 分子の速度分布の温度変化
速さ u_a 以上の分子（斜線の分子）が反応に寄与する．

化エネルギー，活性化状態と生成系のエネルギー差が逆反応の活性化エネルギーである．図からわかるように，活性化エネルギーは常に正であるが，反応熱は正負いずれの値もとりうる．

　温度が上がると，高いエネルギーをもつ分子が急に増え，衝突する分子が活性化状態をとりやすい．気体の例を図 13.10 に示した．この図は分子の速さの分布の図（図 7.4 に相当する図）であるが，活性化エネルギー E_a 以上のエネルギーをもつ分子（速さ u_a 以上の分子[1]）の割合（斜線の部分の分子の割合）は，温度が $T_1 < T_2 < T_3$ と上昇するにつれて急激に増大することがわかる．一般に反応物が E_a 以上のエネルギーをもつ割合はほぼ

---

1) この場合，分子の運動エネルギーだけを考慮しているから $E_a = (1/2) m u_a^2$ である．

$e^{-E_a/(RT)}$ に比例することが知られている．このことから，(13.5.2)の関係が説明される．なお，(13.5.2)の係数 A は衝突頻度に関係する項である．

図13.9の活性化状態に相当する原子集団を**活性錯体**（activated complex）という．

$$A + B_2 \rightarrow AB + B \qquad (13.6.1)$$

のタイプの単純反応について，反応系から活性錯体を経て生成系に移る様子を模式図で示すと，図13.11のようになる．A—Bの結合が生じるためには，B—Bの結合がいったん切れなければならないが，この結合を切るには大きなエネルギーが必要である．B—Bの結合が次第に弱まり，それにつれてA—Bの結合が強くなる過程を通る方がより少ないエネルギーで反応が進むであろう．図の［A····B····B］に相当する構造がこの過程の最高のエネルギー位置にあり，活性錯体と考えられる．

$$A \quad B-B \longrightarrow [A \cdots B \cdots B] \longrightarrow A-B \quad B$$

　　反応系　　　　　　活性錯体　　　　　　生成系

図13.11 反応系から活性錯体を経由して生成系に至る反応過程

13.7 触媒

すでに述べたように，過酸化水素 H_2O_2 は次の反応で水と酸素に分解する．

$$H_2O_2 \rightarrow H_2O + (1/2)O_2 \qquad (13.7.1)$$

水溶液中ではこの反応は極めて遅いが，少量の Fe^{3+} を加えると速やかに進行する．また，酸化マンガン(IV) MnO_2 の粉末を加えても，急激に反応が進む．この場合，Fe^{3+} や MnO_2 は反応の前後で変化しない．このように，反応の前後でそれ自身は変化することなく反応速度を増加させる物質を**触媒**（catalyst）という．触媒は反応を促進するだけで化学平衡の位置に影響を及ぼさない．正反応の速度も逆反応の速度も同じ割合で増加させ，平衡に達するまでの時間を短くする．

上の分解反応では，Fe^{3+} は溶液中で反応物と均一に混じり合い触媒としてはたらく．このような触媒を**均一触媒**（homogeneous catalyst）という．一方，MnO_2 は反応物と均一に混合しない状態で触媒作用を示す．このよう

な触媒を**不均一触媒**（heterogeneous catalyst）という．

図 13.12 に示すように，触媒は反応物との間に中間生成物をつくり，活性化エネルギーを低下させるので，反応速度を促進させる効果がある．しかも，触媒は反応の後で再生されるので，消費されることがないのである．

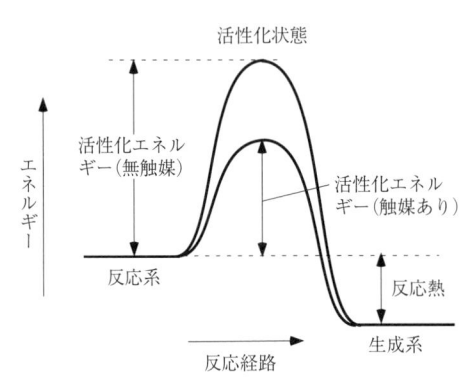

図 13.12 触媒の効果

均一触媒反応では，酸や塩基が触媒となる水溶液中の反応がよく知られている．例えば，ギ酸 HCOOH の分解反応

$$\text{HCOOH} \rightarrow \text{CO} + \text{H}_2\text{O} \tag{13.7.2}$$

では，酸が触媒として次のようにはたらくと考えられている．

$$\text{H-C(=O)-O-H} + \text{H}^+ \rightarrow \text{H-C}^+(=O)\text{-O(H)-H} \rightarrow \text{C}^+\text{OH} + \text{H}_2\text{O} \rightarrow \text{CO} + \text{H}^+ + \text{H}_2\text{O}$$

不均一触媒の多くは固体で，反応物は固体表面に吸着される．固体表面の**吸着**（adsorption）には，分子がファン・デル・ワールス力で固体表面に集まる**物理吸着**と分子が固体表面に化学結合に相当する力で結合する**化学吸着**がある．物理吸着では多分子層を形成できるが，化学吸着では単分子層となる．固体触媒では化学吸着が重要で，分子は原子に解離して固体表面に吸着する場合が多い．例えば，ニッケル表面では水素分子は解離して吸着する（図 13.13）．エチレンに水素が添加してエタンになる反応

$$\text{H}_2\text{C}=\text{CH}_2 + \text{H}_2 \rightarrow \text{H}_3\text{C}-\text{CH}_3$$

は吸着状態の水素（図 13.13(b)）に上方からエチレンが接触して起こる．また，吸着した水素の近くに他の分子が化学吸着して進む反応もある．化学工業では多くの固体触媒を利用している．いくつかの重要な触媒反応の例を表 13.4 に示す．なお，自動車の排ガスには窒素酸化物 NO_x（ノックス）[1])や一酸化炭素 CO，未燃焼の炭化水素などが含まれている．これらは有害な廃棄物であるから，白金 Pt やロジウム Rh を主成分とする触媒で，N_2，CO_2，H_2O などに変えて放出する．

生体内では**酵素**（enzyme）が触媒としてはたらく．酵素は多数のアミノ酸が結合したタンパク質，またはアミノ酸以外の成分も結合した複合タンパク質である．例えば，過酸化水素の分解反応(13.7.1)はカタラーゼという酵素の作用で速やかに進行するが（本章コラム参照），カタラーゼは鉄およ

```
   H−H                H  H
                      |  |
 −Ni−Ni−           −Ni−Ni−
    (a)                (b)
```

図 13.13 ニッケル触媒表面での水素の吸着

表 13.4 固体触媒

化 学 反 応	反 応 式	触 媒
アンモニア合成（ハーバー・ボッシュ法）	$N_2 + 3H_2 \rightarrow 2NH_3$	Fe_3O_4[a)]
アンモニアの酸化（オストワルト法)[b)]	$4NH_3 + 5O_2 \rightarrow 4NO + 6H_2O$	Pt
無水硫酸の合成[c)]	$2SO_2 + O_2 \rightarrow 2SO_3$	V_2O_5
メタノールの合成	$CO + 2H_2 \rightarrow CH_3OH$	CuO-ZnO
酢酸の合成	$CH_3OH + CO \rightarrow CH_3COOH$	Rh-HI
不飽和油の水素添加	$-CH=CH- + H_2 \rightarrow -CH_2-CH_2-$	Ni
ポリエチレンの合成	$nCH_2=CH_2 \rightarrow [-CH_2-CH_2-]_n$	$TiCl_4-Al(C_2H_5)_3$
石油の分解（クラッキング）	$CH_2CH_2CH_2\cdots \rightarrow CH_4 + C_2H_2 + \cdots$	ゼオライト[d)]

a) 反応時には還元されて Fe となる．
b) NO を酸化して NO_2 とし，水に溶かして硝酸 HNO_3 にする．
c) SO_3 を濃硫酸 H_2SO_4 に吸収させて発煙硫酸にし，稀硫酸で薄めて濃硫酸にする．
d) 沸石ともいう．ケイ酸塩の一種で多孔質の固体．

---

1) 窒素酸化物の総称．NO，NO_2，N_2O，N_2O_3，N_2O_4，N_2O_5 などを含む（4 章のコラム参照）．

(1) E + S (2) ES (3) ES‡

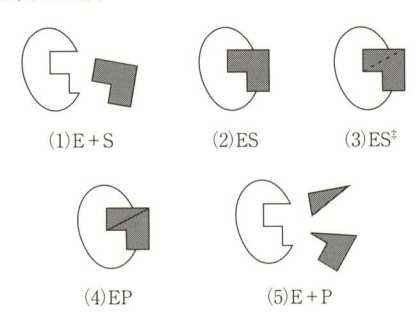

(4) EP (5) E + P

図 13.14 酵素反応の過程（分解反応の場合）
E：酵素，S：基質，P：反応生成物．

びマンガンを含む複合タンパク質である．酵素が触媒として作用する反応物を**基質**（subustrate）という．通常の化学触媒と比べて，酵素の特徴は，基質ごとに異なった酵素がはたらくということである（酵素の基質特異性）．われわれは体内に取り入れた食物を燃焼させてエネルギーを得るとともに，食物の分解生成物から体を構成する有機化合物を合成しているが，それに伴う多数の反応にそれぞれ特有な酵素が働いており，現在知られている酵素の数は約 4000 に達している．図 13.14 に酵素（E）が基質（S）を分解して生成物（P）を与える過程を模式図で示す．図の(1)～(5)は酵素と基質が分離した状態 E＋S から，結合状態 ES，結合体の活性化状態 ES‡（活性錯体）および酵素と生成物の結合状態 EP を通って酵素と生成物が分離した状態 E＋P を与える過程を示したものである．この一連の過程が進行した後に，生成物と離れて自由になった酵素は新しい基質と結合して，ふたたび(1)～(5)の過程を繰り返す．図の(1)，(2)からわかるように，酵素は特定の形をした基質としか結合しない．これは「鍵と鍵穴」の関係にたとえられており，酵素の基質特異性を示すものである．酵素のその他の特徴は一般に反応速度が化学触媒に比べて数桁大きいこと（触媒のない場合に比べて反応速度が 10^6～10^{12} 倍になる）および生体内の穏和な条件で反応が進むことである．例えば，デンプンを塩酸で加水分解するには，強酸性の pH の溶液中で加熱しなければならないが，アミラーゼを作用させると中性付近の pH で温度が 25～30℃で反応が速やかに進行する．このように酵素が高能率で速やかにはたらくのは，反応ごとにそれに適合した形の酵素がタンパク質からつくられ

ているからである[1]．酵素についての詳細は巻末参考書 2（II），8.3 節（p. 87）を参照されたい．

---

[1] これを洋服屋が体に合わせて洋服をつくるのにたとえて，tailor-made という．タンパク質はアミノ酸が 300 個程度つながってできている．アミノ酸は 20 種類あるから，アミノ酸が 2 個結合したできる化合物の数は $20 \times 20 = 400$ 個，3 個結合したときは $20 \times 20 \times 20 = 8000$ 個，……，100 個結合したときは $20^{100} \fallingdotseq 10^{130}$ 個となる．酵素としては，このような無数のタンパク質（複合タンパク質を加えるとさらに多数になる）の候補から，個々の反応に適したものが選ばれるのである．

酵素反応の速度

通常の酵素反応は次のように進む．すなわち，酵素 E と基質 S とから，まず酵素と基質の複合体 ES が形成され，ES が分解して反応生成物 P と E を与える．

$$E + S \underset{k_{-1}}{\overset{k_1}{\rightleftarrows}} ES \overset{k_2}{\rightarrow} P + E$$

ただし，k_1，k_{-1}，k_2 は反応の速度定数である．$k_2 \ll k_{-1}$ のときは E，S，ES の間に平衡

$$K_S = \frac{k_{-1}}{k_1} = \frac{[E][S]}{[ES]} \tag{1}$$

が成立するとしてよい．反応の開始後の短時間（ES が形成される前）を除き，基質がなくなるまで，[ES] はその分解と生成が釣り合って一定である（定常状態）．すなわち

$$\frac{d[ES]}{dt} = k_1[E][S] - k_{-1}[ES] - k_2[ES] = 0 \tag{2}$$

実験では [E] や [ES] は測れない．両者の和（酵素の初濃度）

$$[E]_T = [E] + [ES] \tag{3}$$

は測定可能である．(2)，(3) より

$$k_1([E]_T - [ES])[S] = (k_{-1} + k_2)[ES] \tag{4}$$

$$\therefore [ES] = \frac{[E]_T[S]}{K_M + [S]} \quad \text{ただし} \quad K_M = \frac{k_{-1} + k_2}{k_1} \tag{5}$$

定常状態の反応速度は次のようになる．

$$v = k_2[ES] = \frac{k_2[E]_T[S]}{K_M + [S]} \tag{6}$$

基質濃度 [S] が十分大きいときは $E + S \rightleftarrows ES$ の平衡はほとんど右に移動し，$[ES] = [E]_T$（酵素がすべて基質と結合した状態）と見なすことができる．このときの反応速度は最大で

$$v_{\max} = k_2[E]_T \tag{7}$$

となる．(6)，(7) より

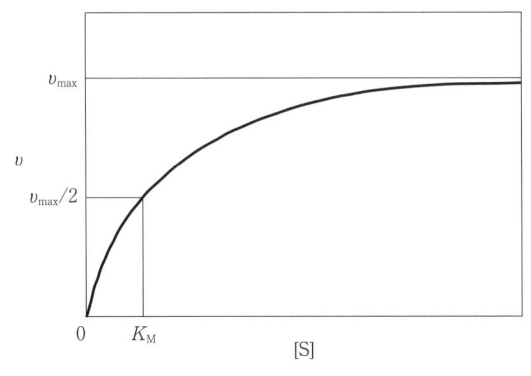

図13.15 ミカエリス—メンテンモデルにおける反応速度 v と基質濃度 [S] の関係

$$v = \frac{v_{\max}[S]}{K_M + [S]} \tag{8}$$

これを**ミカエリス-メンテン**（Michaelis-Menten）**の式**という．定常状態の反応速度 v と基質濃度 [S] の関係を図 13.15 に示す．(8) からわかるように，$v = v_{\max}/2$ のとき，[S] = K_M になる．すなわち，$v = v_{\max}/2$ に対応する [S] の値が K_M を与える．なお

$$K_M = \frac{k_{-1}}{k_1} + \frac{k_2}{k_1} = K_S + \frac{k_2}{k_1} \tag{9}$$

であるから，$k_2 \ll k_1$ のときは，図から求められる K_M は (1) の平衡定数 K_S を与える．

酵素の触媒定数は

$$k_{\mathrm{cat}} \equiv \frac{v_{\max}}{[E]_T} \tag{10}$$

で定義される．ミカエリス-メンテンのモデルが成立するときは，(7) より $k_{\mathrm{cat}} = k_2$ である．k_{cat} の値は単位時間に酵素（の活性部位）1 個当たり最大何回反応するかを示し，回転数（turnover number）と呼ばれる．k_{cat} の値は酵素によって大きく異なる（表 13.5）．回転数の上限は酵素と基質の衝突頻度によって決まる．カタラーゼの回転数はこの上限に近く，酵素が基質分子と衝突すれば必ず反応することになる．

表13.5 酵素の基質と回転数

酵　　素	基　質	回転数/s
カタラーゼ	過酸化水素	1×10^7
カルボニックアンヒドラーゼ	二酸化炭素	1×10^6
ウレアーゼ	尿　素	1×10^4
フマラーゼ	フマル酸	8×10^2

章末問題

13.1 ある物質 A の分解反応において，200 s 後に 25% が分解した．この物質の 75% が分解するのは何 s 後か．(1) 0 次反応，(2) 1 次反応，(3) 2 次反応の場合について答えよ．ただし，$\ln 0.25 = -1.39$，$\ln 0.75 = -0.288$ である．

13.2 1 次反応では反応物質の濃度が初濃度の $1/n$ になる時間は初濃度に無関係であることを示せ．

13.3 ジメチルエーテルは，反応：$(CH_3)_2O(g) \rightarrow CH_4(g) + H_2(g) + CO(g)$ のように，熱分解する．温度 504℃で一定体積の下で全圧 P の時間変化を測定し，次の結果を得た．

t/s	0	390	777	1195	3155
$P/$Torr	312	408	488	562	779

(1) この反応の次数を決定し，速度定数を求めよ．(2) 2000 s における全圧を求めよ．

13.4 シアン酸アンモニウムは水溶液中で尿素に変化する (1.1 節, p.5)：$NH_4OCN \rightarrow (NH_2)_2CO$．温度 65℃で NH_4OCN の初濃度が 0.382 mol dm^{-3} のとき，時間 t の後に生成する尿素のモル濃度 x は次の通りである．

$t/$min	20	50	65	150
$x/$mol dm^{-3}	0.117	0.202	0.225	0.295

(1) この反応の次数と速度定数を求めよ．(2) NH_4OCN の 1/4 が $(NH_2)_2CO$ に変化する時間を求めよ．

13.5 可逆反応 $A \rightleftharpoons B$ において，正反応と逆反応がともに 1 次反応とする．初濃度 $[A]_0$ の純粋な A から出発したとき，平衡状態における A および B の濃度を求めよ．ただし，正反応と逆反応の速度定数をそれぞれ k_1, k_2 とする．

13.6 ある反応の速度定数は温度が 27℃から 37℃になると 2 倍になった．(1) この反応の活性化エネルギーを求めよ．(2) 温度が 27℃から 127℃になると速度定数は何倍になるか．

13.7 ヨウ化水素の熱分解反応：$2HI(g) = H_2(g) + I_2(g)$ の速度定数の温度変化は次の通りである．

$T/$K	556	575	629	666
$k/$mol^{-1} dm^3 s^{-1}	3.52×10^{-7}	1.22×10^{-6}	3.02×10^{-5}	2.20×10^{-4}

(1) この反応の活性化エネルギーと頻度因子を求めよ．(2) 温度 600 K における速度定数を求めよ．

14 核化学

　この章では原子核の構造と変換を扱う．核の変換には天然に起こる変換（自然崩壊）と人工的な変換（核分裂と核融合）がある．核変換に伴って質量の一部が膨大なエネルギーに転換される．これらについて解説した後，放射線の線量単位と検出，人体への影響および放射線の分析化学，年代測定，医学などへの応用について述べる．

14.1　原子核とエネルギー

　原子核には安定なものと不安定なものがある．不安定な原子核は壊れて安定な原子核に変わる．3.1節，p.38で述べたように，原子番号（陽子数）Zが等しく，陽子数 Z と中性子数 N の和である質量数 $A(=Z+N)$ が異なる原子が同位体である（表3.2）．同位体のそれぞれを**核種**（nuclide）という．天然には約 340 種の核種があるが，そのうちの 80 種余りと人工的につくられた核種のすべてが不安定である．

　現在知られている元素は 118 種[1]で，そのうち 89 種が天然に存在する（$_1$H～$_{92}$U の 92 種から $_{43}$Tc，$_{61}$Pm，$_{85}$At を除いたもの）[2]．他は人工元素である．$_{43}$Tc，$_{61}$Pm に加えて，原子番号が $_{84}$Po 以上の元素はすべて放射性で，安定な同位体はない．

　原子核では，半径 10^{-14} m 程度の極小領域に多数の陽子と中性子（**核子**

---

[1] 原子番号 1～118 の元素．このうち 113，115，117 および 118 番元素は国際純粋・応用物理学連合（IUPAP）で正式に認定されていないので，命名されていない．
[2] 現在では，$_{43}$Tc と $_{61}$Pm はそれぞれ $^{238}_{92}$U と $^{235}_{92}$U の崩壊によって生成し，ウラン鉱石中に微量に存在することが確かめられている．また，$_{93}$Np と $_{94}$Pu も $^{238}_{92}$U の自発核分裂によって生じ，ウラン鉱石中に極微量検出されている．なお，$_{87}$Fr も放射性で天然に極微量しか存在しない．

が入っているので，これらの核子の間に近距離で陽子のクーロン斥力に打ち勝つような強い引力がはたらいている．この引力（**核力**（nuclear force））を媒介するのが，湯川秀樹博士が提案したパイ中間子（π-meson）である．図 14.1 に天然に存在する安定な原子核の陽子数（Z）と中性子数（N）との関係を示す．陽子数が小さいときは N/Z の比は 1 に近い．陽子数が増すにつれてこの比は次第に増加し，最後には約 1.6 になる．原子核内で陽子の数が増えるとプロトン間のクーロン斥力が大きくなるので，余分の中性子が必要となるからである．$^4_2$He($N=2$), $^{16}_8$O($N=8$), $^{40}_{20}$Ca($N=20$) など，陽子または中性子の数が 2, 8, 16, 20, 28, 50, 82, 126 をもつ原子核は特に安定である．これらの数を**魔法数**（magic number）という．魔法数は原子核の殻模型[1]により説明される．

ここで，原子核に関連してよく用いられる単位を説明しておこう．核種の

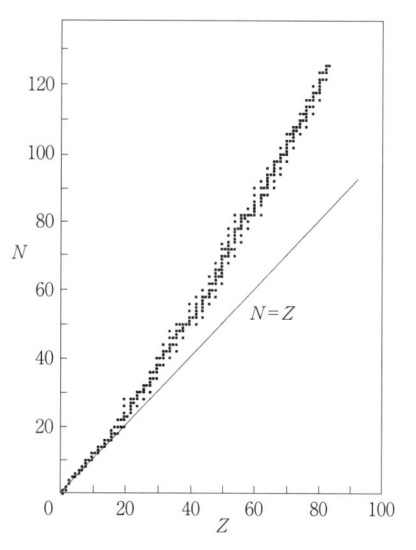

図 14.1 天然に存在する安定核種の中性子数 N と陽子数 Z の関係

---

[1] 原子中の電子の場合と同様に，核中の陽子と中性子も，それぞれ，等間隔のエネルギーをもつ 1s, 1p, (2s, 1d), (2p, 1f), ……の殻を占めるとするモデル．例えば，永江友文・永宮正治『原子核物理学』第 7 版，裳華房（2008）参照．

表14.1 電子,陽子,中性子の質量

粒　子	記号[a]	質量/u
電　子	$_{-1}^{0}e$	0.000549
陽　子	$_{1}^{1}p$	1.007276
中性子	$_{0}^{1}n$	1.008665

a) 記号については14.3節参照.

質量を表すために,原子量の基準として用いられる ^{12}C 原子の質量の1/12 を単位とするものが使われる.これは**原子質量単位**(atomic mass unit)と呼ばれ,uと記される.^{12}C 原子1個の質量は 19.92647×10^{-27} kg(表5.1)であるから

$$1\,u = \frac{19.92647 \times 10^{-27}\,kg}{12} = 1.66054 \times 10^{-27}\,kg = 1.66054 \times 10^{-24}\,g \quad (14.1.1)$$

となる.上式の最右辺の数値はアボガドロ数の逆数である(5.2節, p.83 参照).電子,陽子,中性子の質量を u 単位で記すと表14.1のようになる.陽子と中性子がほぼ 1 u の質量をもつことに注意されたい.エネルギーの単位として使われるのは**電子ボルト**(electron volt)である.それは電子(電荷 1.60218×10^{-19} C)が 1 V の電位差で加速されるとき得る運動エネルギーである.この運動エネルギーは一般に電荷×電位差で与えられる.CV=J であるから,1 eV は次のようになる.

$$1\,eV = 1.60218 \times 10^{-19}\,C \times 1\,V = 1.60218 \times 10^{-19}\,J \quad (14.1.2)$$

原子核の質量はそれを構成する陽子と中性子の質量の和より小さい.陽子と中性子の質量の和から原子核の質量を差し引いたものを**質量欠損**(mass defect)という.例として $_{2}^{4}He$ の質量欠損 Δm を計算してみよう.$_{2}^{4}He$ は電子2個,陽子2個,中性子2個からなる.$_{2}^{4}He$ の原子核の質量 m は $_{2}^{4}He$ の質量 4.002603 u から2個の電子の質量(表14.1)を引いて

$$m = 4.002603\,u - 0.000549\,u \times 2 = 4.001505\,u$$

となる.質量欠損 Δm は2個の陽子と2個の中性子の質量の和から m を引いて

$$\Delta m = 1.007276\,u \times 2 + 1.008665\,u \times 2 - 4.001505\,u = 0.030377\,u$$

である.

アインシュタインの特殊相対性理論によると、質量 m とエネルギー E は相互に変換可能で、次の関係がある。

$$E = mc^2 \qquad (14.1.3)^{1)}$$

ただし、c は真空中の光の速度で

$c^2 = (2.997925 \times 10^8 \text{ m s}^{-1})^2 = 8.98755 \times 10^{16} \text{ m}^2 \text{ s}^{-2} = 8.98755 \times 10^{16} \text{ J kg}^{-1}$

である。したがって、質量が膨大なエネルギーに転換する可能性がある。1 u に相当するエネルギーは (14.1.1)〜(14.1.3) から

$$E(1 \text{ u}) = 1.66054 \times 10^{-27} \text{ kg/u} \times 8.98755 \times 10^{16} \text{ J kg}^{-1} = 1.49242 \times 10^{-10} \text{ J/u}$$
$$= 9.31493 \times 10^8 \text{ eV/u} = 9.31493 \times 10^2 \text{ MeV/u} \qquad (14.1.4)$$

となる。この値を用いると、^4_2He 原子核の質量欠損に相当するエネルギーは

$$\Delta E = 0.030377 \text{ u} \times 9.31493 \times 10^2 \text{ MeV/u} = 28.30 \text{ MeV}$$

である。このエネルギーが、^4_2He 原子核が陽子2個と中性子2個から形成されるとき放出されるから、^4_2He 原子核の結合エネルギーと考えられる。結合エネルギーは核子1個当たり $28.29 \text{ MeV}/4 = 7.07 \text{ MeV}$ となる[2]。以上のように、欠損した質量がエネルギーに変わるので、エネルギーをそれと等価な質量と見なせば、質量保存則は成立する。

[例題 14.1] 黒鉛の燃焼反応の熱化学方程式は

$$\text{C(s, 黒鉛)} + \text{O}_2(\text{g}) = \text{CO}_2(\text{g}) \qquad \Delta H^\ominus_{298} = -393.51 \text{ kJ mol}^{-1}$$

である((9.2.2)参照)。炭素1原子当たり発生する熱量を eV 単位で求めよ。

[解] 上式のエンタルピー変化 $\Delta H^\ominus_{298}$ は原子1 mol 当たり発生する熱量である。まず、原子(または分子)1 mol(6.0221413×10^{23} 個)当たりの熱量(エネルギー)が 1 kJ mol^{-1} のとき、原子(分子)1個当たりの熱量(エネルギー)を計算すると

$$1 \text{ kJ mol}^{-1} = 10^3 \text{ J}/6.022141 \times 10^{23} = 1.66054 \times 10^{-21} \text{ J}$$
$$= 1.03643 \times 10^{-2} \text{ eV} \qquad (14.1.5)$$

ただし、(14.1.2) を用いた。よって、燃焼に伴って黒鉛の炭素1原子当たり発生する熱量は eV 単位で、$1.03643 \times 10^{-2} \text{ eV} \times 393.51 = \underline{4.078 \text{ eV}}$ となる。これは ^4_2He 原子核の質量欠損に伴うエネルギー 28.29 MeV の約 $1/(7 \times 10^6)$ である。なお、1 u に相当するエネルギーを kJ mol^{-1} 単位で表すと

---

[1] 相対性理論によると、物体が光速に近くなると、質量が変化する。この式の質量は物体の速度が0のときの質量で**静止質量**とよばれる。なお、本書で取り扱う質量はすべて静止質量である。

[2] 中間子その他の核内の微粒子の質量は陽子または中性子の質量に比べてはるかに小さく無視できる。

$$E(1\,\text{u}) = 8.98755 \times 10^{10}\,\text{kJ mol}^{-1}/\text{u} \tag{14.1.6}$$

である.これは(14.1.4)と(14.1.5)から得られるが,(14.1.3)からも直接求めることができる(章末問題14.1).

[**例題 14.2**] C—C 結合の結合エネルギーは $348\,\text{kJ mol}^{-1}$ である(表9.3).このエネルギーを eV 単位で計算し,^4_2He 原子核の核子1個当たりの結合エネルギーと比較せよ.
[**解**] (14.1.5)より C—C 結合の結合エネルギーは eV 単位で $1.036 \times 10^{-2}\,\text{eV} \times 348 = 3.61$ eV である.この値は ^4_2He 原子核の核子1個当たりの結合エネルギー $7.07\,\text{MeV}$ の約 $1/(2 \times 10^6)$ に過ぎない.

上の2つの例題からわかるように,原子核に関わるエネルギーは化学結合のエネルギー(原子の外殻の電子が関与するエネルギー)に比べて桁違いに大きい.通常,原子核のエネルギーには MeV が,化学結合のエネルギーには eV が使われるのはそのためである.

図14.2に安定な核種の質量数 A と核子1個当たりの原子核の結合エネルギー $\Delta E/A$ の関係を示す.$\Delta E/A$ の極大は $^{56}_{26}\text{Fe}$ のところにあり,この核がもっとも安定であることがわかる.質量が太陽の8倍程度以上の星において,核融合反応で鉄までの元素ができるのはこのためである(第3章コラム,p. 53参照).これより大きい核と小さい核は結合エネルギーが小さくなる.ゆえに,重い核を分割(**核分裂**(nuclear fission))して中程度の重さの核にす

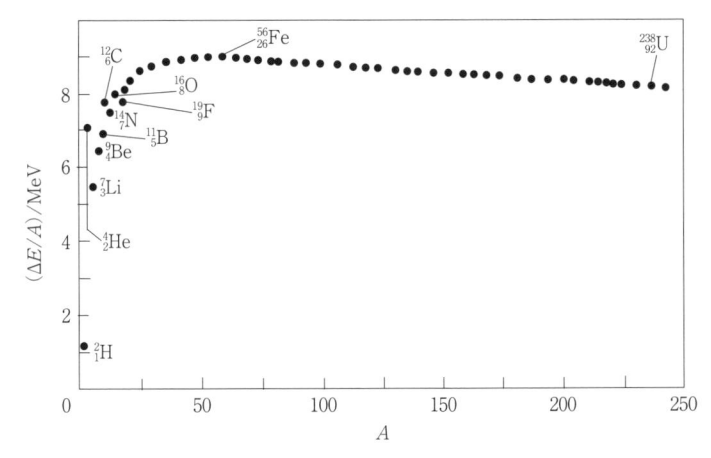

図14.2 核子1個当たりの結合エネルギー $\Delta E/A$ と質量数 A の関係

ると，エネルギーが放出される．また，軽い核同士を融合してより重い核にする場合（**核融合**（nuclear fusion））にも，エネルギーが得られる．図で $^4_2{\rm He}$ は付近の核種に比較して特に大きい結合エネルギーをもつ．実際，太陽のエネルギーは4個の $^1_1{\rm H}$ の核融合によって $^4_2{\rm He}$ が生成することによって放出される（14.5節）．

14.2 放射能

1896年ベクレル（Becquerel）は黒い紙で包んだ写真乾板をウラン化合物の側に置くと感光することからウランUの放射能を発見した．**放射能**（radioactivity）とは物質が自発的に放射線を出す現象である．$_{92}{\rm U}$ は最初に発見された放射性元素である．同じ年，トリウム $_{90}{\rm Th}$ が放射能をもつことをシュミット（Schmidt）とキュリー（Curie）夫人が独立に発見した．その後，キュリー夫妻はUの数倍の放射能をもつピッチブレンド（閃ウラン鉱，UO_2）を分析して，新しい放射性元素ポロニウム $_{84}{\rm Po}$ とラジウム $_{88}{\rm Ra}$ を発見した（1898年）．ポロニウムという名前はキュリー夫人の祖国ポーランドに由来する．また，ラジウムは塩化物が美しいリン光を発することから，ラテン語の radius（放射）に因んだ名前である．その後，ピッチブレンドの中からアクチニウム $_{89}{\rm Ac}$ （1899年）とプロトアクチニウム $_{91}{\rm Pa}$ （1918年），および Ra の崩壊で生じる希ガスのラドン $_{86}{\rm Rn}$ （1900年）が発見された．現在では80種余りの放射性核種が天然に見出されている．

1902年ラザフォード（Rutherford）らは放射性元素が放射線を出して別の元素に変わるという「放射性変換説」を提出し，元素が不変なものであるという考えを打ち破った．ラザフォードは磁場の効果と透過性の違いにより放射線を α 線，β 線および γ 線の3種に分類した（図14.3）．それらは次の通りである．

α 線 α 粒子（ヘリウムの原子核 He^{2+}）の流れで，速度は光速のほぼ10%以下である．電荷をもつため磁場で曲げられるが[1]，質量が大きいので，曲

---

1) 荷電粒子は磁場の作用で，進行方向と磁場方向の両方に直交する力を受ける．力の方向は荷電の正負によって互いに逆になる．

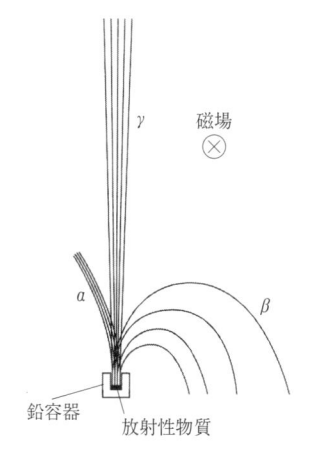

図 14.3 磁場と放射線
磁場は紙面に垂直で表から裏の方向に作用している．

がり方が小さい．粒子であるため透過力が小さく，紙または皮膚の表面で止まる．

β線 電子 e^- の流れで，速度は光速のほぼ 90% 以下である．負電荷をもつため磁場で α 線と逆方向に曲げられる．質量が小さいため α 粒子より曲がり方が大きい．透過力は α 線の 100 倍程度で，止めるには木片または防護服が必要である．

γ線 波長が 10^{-11} m 以下の電磁波である（図 2.10 参照）．電荷をもたないため，磁場による力を受けない．透過力はもっとも大きく，止めるには厚さ数 cm 程度の鉛の板が必要である．

14.3 原子核の崩壊

不安定な原子核が自然に別の原子核に変わる現象を原子核の**崩壊**（decay）または**壊変**という．崩壊過程には α 線，β 線および γ 線の放出を伴う**放射線崩壊（壊変）**の他に，**陽電子放出**（positron emission）と**電子捕獲**（electron capture）がある．

α崩壊 原子核が α 粒子を 1 個放射して崩壊するものである．このとき，

原子核は陽子と中性子を2個ずつ失うので，原子番号が2，質量数が4減少する．例えば，$^{228}_{92}$U の α 崩壊では

$$^{228}_{92}\text{U} \rightarrow {}^{224}_{90}\text{Th} + {}^{4}_{2}\text{He} \qquad (14.3.1)$$

となる．上式で，下付数字（陽子数 = 原子番号）について，右辺の和 (90+2) が左辺の値 92 に等しいことに注意されたい．同様に，上付数字（質量数）についても，右辺の和 (224+4) が左辺の値 228 に等しい．

β 崩壊（β⁻ 崩壊） 原子核が電子を1個放射して崩壊するものである．なお，後に述べる陽電子放出は β⁺ 崩壊とも呼ばれるので，それと区別するときは，電子放出による崩壊を β⁻ 崩壊という．β 崩壊では，まず核内で中性子が分解して陽子 $^{1}_{1}$p，電子 $^{0}_{-1}$e および反電子**ニュートリノ**[1] $\bar{\nu}_e$ になる．

$$^{1}_{0}\text{n} \rightarrow {}^{1}_{1}\text{p} + {}^{0}_{-1}\text{e} + \bar{\nu}_e \qquad (14.3.2)$$

上式で下付数字の和を両辺で合わせるため，電子の下付数字が -1 になっている．電子の上付数字は質量を無視してよいので 0 である．上の反応で生じた陽子は核内にとどまり，電子と反電子ニュートリノが放出される．例えば，$^{131}_{53}$I の β 崩壊では原子核の陽子が1個増えるので原子番号が1増して $^{131}_{54}$Xe が生じる．質量数は変わらない．

$$^{131}_{53}\text{I} \rightarrow {}^{131}_{54}\text{Xe} + {}^{0}_{-1}\text{e} + \bar{\nu}_e \qquad (14.3.3)$$

γ 崩壊 原子核からの γ 線（電磁波）の放射である．原子番号も質量数も変化しない．通常，α 崩壊や β 崩壊などで生じた新しい核種がエネルギーの高い状態（励起状態）になり，そこから基底状態（安定な状態）に移るとき放射される．例えば，$^{60}_{27}$Co は β 崩壊で Ni の励起状態 $^{60}_{28}$Ni* になった後，γ 線を放射する．

$$^{60}_{27}\text{Co} \rightarrow {}^{60}_{28}\text{Ni}^* + {}^{0}_{-1}\text{e} + \bar{\nu}_e \qquad {}^{60}_{28}\text{Ni}^* \rightarrow {}^{60}_{28}\text{Ni} + {}^{0}_{0}\gamma \qquad (14.3.4)$$

陽電子放出（β⁺ 崩壊） 原子核が**陽電子**（positron）を1個放射して崩壊するものである．陽電子は電子の反粒子[2]で正電荷をもち，質量は電子と同じである．陽電子放出では，まず核内で陽子 $^{1}_{1}$p が分解して中性子 $^{1}_{0}$n，陽電子

---

[1] ニュートリノ (neutrino) は素粒子の一種で**中性微子**ともいう．電荷は0，質量は非常に小さいが，0でないことが最近確認された．他の素粒子とほとんど相互作用せず，透過性が極めて高い．電子ニュートリノ ν_e，τ ニュートリノ ν_τ および μ ニュートリノ ν_μ とそれらの反粒子 $\bar{\nu}_e$，$\bar{\nu}_\tau$，$\bar{\nu}_\mu$ がある．

[2] 粒子と反粒子は質量と寿命が等しく，電荷や内部量子数については絶対値が等しく符号が反対である．

$_1^0$e および電子ニュートリノ ν_e になる.

$$_1^1 p \rightarrow {}_0^1 n + {}_1^0 e + \nu_e \tag{14.3.5}$$

電子の記号 $_{-1}^0$e に対し，陽電子の記号は $_1^0$e である．上の反応で生じた中性子は核内にとどまり，陽電子と電子ニュートリノが放出される．例えば，$_{29}^{64}$Cu の陽電子放出では原子核の陽子が1個中性子に変わるので原子番号が1減り $_{28}^{64}$Ni が生じる．質量数は変わらない．

$$_{29}^{64}\text{Cu} \rightarrow {}_{28}^{64}\text{Ni} + {}_1^0 e + \nu_e \tag{14.3.6}$$

電子捕獲 原子核がまわりの内核電子を捕獲して，核内の陽子 $_1^1$p が中性子 $_0^1$n と電子ニュートリノ ν_e になる現象である．すなわち

$$_1^1 p + {}_{-1}^0 e \rightarrow {}_0^1 n + \nu_e \tag{14.3.7}$$

である．電子捕獲が起きると，核の質量数は変わらないが，原子番号が1減る．例えば

$$_{80}^{197}\text{Hg} + {}_{-1}^0 e \rightarrow {}_{79}^{197}\text{Au} + \nu_e \tag{14.3.8}$$

である．上式は現代の錬金術に相当するが，$_{80}^{197}$Hg は天然の水銀（質量数が 196, 198〜202, 204 の混合物）ではなく，核変換反応（後述）でつくる必要があるので，費用がかかって引き合わない．

　放射線原子核の崩壊は確率的に起こる．単位時間に1個の原子核が崩壊する確率を λ とすると，N 個の原子核があるとき dt 時間に起きる崩壊の数は $dN = -\lambda N dt$ となるので

$$\frac{dN}{dt} = -\lambda N \tag{14.3.9}$$

となる．この式は1次反応の式(13.2.4)と同じである．この式を積分すると，(13.2.6)に対応する次式が得られる．

$$N = N_0 e^{-\lambda t} \tag{14.3.10}$$

N_0 は最初（$t=0$）の原子数である．最初の原子数が半分になるまでの時間が半減期である．それは(13.2.7)に対応して

$$t_{1/2} = \frac{\ln 2}{\lambda} = \frac{0.6931}{\lambda} \tag{14.3.11}$$

で与えられ，λ に反比例する．半減期の短い核種ほど崩壊確率が大きく強い放射能を与える．

　上で述べたように，天然の放射線核種が崩壊するとき，別の核種になる．

多くの核種は安定同位体であるが，生成した核種がさらに崩壊し，安定な核種になるまで崩壊が続くことがある．これが**崩壊系列**である．天然の崩壊系列として，**トリウム系列**，**ウラン系列**（図14.4）および**アクチニウム系列**の3種が知られている．これらの崩壊過程はα崩壊，β崩壊およびγ崩壊よりなるが，α崩壊では質量数が4減少し，β崩壊とγ崩壊では質量数が変わらないので，原子核が崩壊して質量が減るときは質量数が4ずつ減る．例えば，トリウム系列は $^{232}_{90}\text{Th}$（半減期 1.4×10^{10} 年，存在比～100%）に始まり，$^{208}_{82}\text{Pb}$（安定，～52.4%）で終わる系列で，質量数は $4n$ である．また，ウラン系列は $^{238}_{92}\text{U}$（4.46×10^9 年，99.27%）から $^{206}_{82}\text{Pb}$（安定，24.1%）までの系列で，質量数は $4n+2$，アクチニウム系列は $^{235}_{92}\text{U}$（7.04×10^8 年，0.72%）から $^{207}_{82}\text{Pb}$（安定，～22.1%）までの系列で，質量数は $4n+3$ である[1]．これらの系列の最初の核種の半減期は地球の年齢（$4.5 \sim 4.6 \times 10^9$ 年）と同程度またはそれ以上である．半減期が地球年齢よりかなり短い核種は現在では存在し

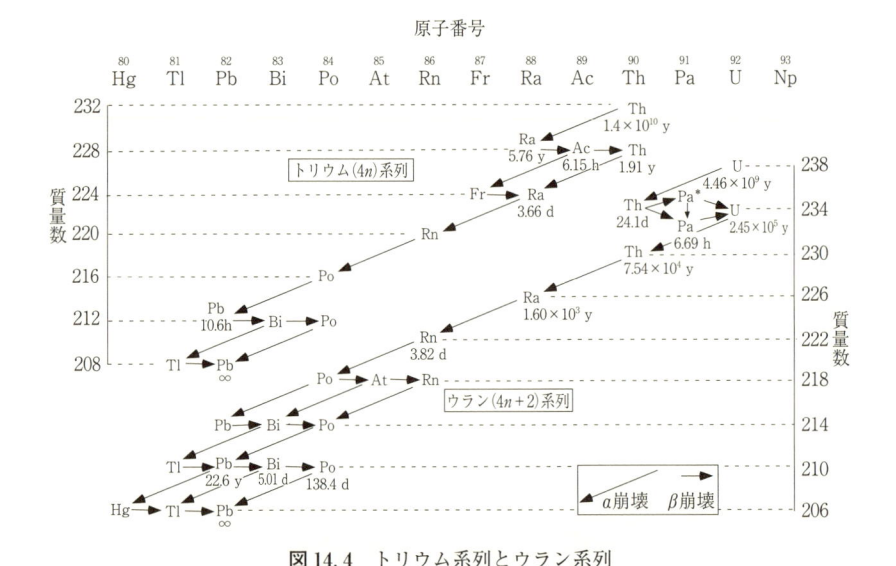

図14.4　トリウム系列とウラン系列
元素記号の下に半減期を示す．1時間以下の半減期は省略した．

---

[1] この系列では，最初の核種 $^{235}_{92}\text{U}$ の存在比が小さいため，系列の途中の核種 $^{227}_{89}\text{Ac}$ が先に発見されたので，アクチニウム系列と名付けられた．

ていないからである. なお, 地球誕生以来の核種としては, $^{40}_{19}$K (1.26×10^9 年, 0.012%), $^{87}_{37}$Rb (4.88×10^{10} 年, 27.8%), $^{147}_{62}$Sm (1.06×10^{11} 年, 15.0%) などがある. このうち, $^{40}_{19}$K は主に β^- 崩壊と電子捕獲, $^{87}_{37}$Rb は β^- 崩壊, $^{147}_{62}$Sm は α 崩壊して安定核種となる. 人工放射性元素の崩壊系列としては, $^{237}_{93}$Np (2.14×10^6 年, ~0%) から $^{209}_{83}$Bi (安定, ~100%) までの**ネプツニウム系列**がある. 質量数は $4n+1$ である.

[**例題 14.3**] $^{40}_{19}$K, $^{87}_{37}$Rb および $^{147}_{62}$Sm の崩壊過程の式を記せ.
[**解**]
$$^{40}_{19}\text{K} \rightarrow ^{40}_{20}\text{Ca} + ^{0}_{-1}\text{e} + \bar{\nu}_e \quad ^{40}_{19}\text{K} + ^{0}_{-1}\text{e} \rightarrow ^{40}_{18}\text{Ar} + \nu_e \tag{14.3.12}$$
$$^{87}_{37}\text{Rb} \rightarrow ^{87}_{38}\text{Sr} + ^{0}_{-1}\text{e} + \bar{\nu}_e \tag{14.3.13}$$
$$^{147}_{62}\text{Sm} \rightarrow ^{143}_{60}\text{Nd} + ^{4}_{2}\text{He} \tag{14.3.14}$$

なお, 天然における $^{40}_{20}$Ca, $^{40}_{18}$Ar, $^{87}_{38}$Sr, $^{143}_{60}$Nd の存在比はそれぞれ 96.94%, 99.6%, 7.00% および 12.18% である.

また, 天然放射線核種としては, 空気中の $^{14}_{7}$N が宇宙線に含まれる中性子と反応して生じる炭素 14 $^{14}_{6}$C やトリチウム $^{3}_{1}$H などがある.

$$^{14}_{7}\text{N} + ^{1}_{0}\text{n} \rightarrow ^{14}_{6}\text{C} + ^{1}_{1}\text{H} \tag{14.3.15}$$
$$^{14}_{7}\text{N} + ^{1}_{0}\text{n} \rightarrow ^{12}_{6}\text{C} + ^{3}_{1}\text{H} \tag{14.3.16}$$

両辺で原子番号の和と質量数の和がそれぞれ等しいことに注意されたい.

14.4 原子核の人工変換

1919 年ラザフォードは $^{214}_{84}$Po からの α 線を窒素ガスに照射すると陽子が放出することを見出した. この**核反応**

$$^{14}_{7}\text{N} + ^{4}_{2}\text{He} \rightarrow ^{17}_{8}\text{O} + ^{1}_{1}\text{H} \tag{14.4.1}$$

は原子核の人工変換の最初の例である. $^{214}_{84}$Po からの α 線をベリリウムに当てると強い透過力をもつ粒子が放射される. ラザフォードの弟子のチャドウィック (Chadwick) は, この粒子が陽子とほぼ同じ質量をもつことを確かめ, 電気的に中性であることから中性子と名付けた (1932 年). 反応は次の通りである.

$$^{9}_{4}\text{Be} + ^{4}_{2}\text{He} \rightarrow ^{12}_{6}\text{C} + ^{1}_{0}\text{n} \tag{14.4.2}$$

1934年ジョリオ・キュリー (Joliot-Curie) 夫妻[1]は $^{214}_{84}\text{Po}$ からの α 線をアルミニウムに衝突させて初めて人工放射線元素 $^{30}_{15}\text{P}$ をつくった.

$$^{27}_{13}\text{Al} + ^{4}_{2}\text{He} \rightarrow ^{30}_{15}\text{P} + ^{1}_{0}\text{n} \tag{14.4.3}$$

$^{30}_{15}\text{P}$ は半減期 2.50 分で陽電子を放出して安定なケイ素 $^{30}_{14}\text{Si}$ に変わる.

$$^{30}_{15}\text{P} \rightarrow ^{30}_{14}\text{Si} + ^{0}_{1}\text{e} + \nu_e \tag{14.4.4}$$

フェルミ (Fermi) は1934年から多数の元素に中性子を当てる実験をして, 約40種の元素について人工放射能を観測し, その性質を調べた. その結果, 中性子を衝突させたとき α 粒子を放出する (n, α) 反応の他, 陽子や γ 線を放出する (n, p) や (n, γ) 反応を見出した. 特に低速の中性子は原子核に捕捉されて核反応を有効に起こすことを発見した.

中性子は原子核の斥力を受けずに原子核に近づくことができるが, α 粒子, 陽子, 重陽子 (deutron) (重水素の原子核) などの荷電粒子に核反応を起こさせるためには, 加速して原子核に衝突させる必要がある. そのために, 線形加速器, サイクロトロン, シンクロトロンなどが用いられる[2].

天然の核種を使用しないで, 初めて原子核の人工変換を行ったのはコックロフト (Cockeroft) とウォルトン (Walton) である (1932年). 彼らはサイクロトロンで高速の陽子ビームをつくり, リチウムに打ち込むと2個の α 粒子に分裂することを観測した.

$$^{7}_{3}\text{Li} + ^{1}_{1}\text{H} \rightarrow 2\,^{4}_{2}\text{He} \tag{14.4.5}$$

1937年セグレ (Segrè) とペリエ (Perrier) はモリブデンにサイクロトロンで加速した**重陽子**を衝突させて, それまで見出されていなかった43番元素をつくった. この元素はギリシャ語の technikos (人工の) に因んでテクネチウムと命名された. 初めての人工元素である.

$$^{96}_{42}\text{Mo} + ^{2}_{1}\text{H} \rightarrow ^{97}_{43}\text{Tc} + ^{1}_{0}\text{n} \tag{14.4.6}$$

原子番号がウラン $_{92}\text{U}$ より大きい元素が**超ウラン元素** (trans-uranium el-

---

1) キュリー夫人 (Marie Curie) の長女イレーヌ (Irene) と助手のジョリオ (Joliot) は結婚して Joliot-Curie と名乗った.
2) 線形加速器は荷電粒子を高周波電場で直線軌道上で加速する. サイクロトロンは高周波電場と一定磁場でらせん軌道上で, シンクロトロンは高周波電場と可変磁場で円軌道上で加速する. 得られる粒子の運動エネルギーは, サイクロトロンで数 10 MeV 程度, シンクロトロンで GeV~TeV 程度である. スイスにある欧州原子核研究機構 (CERN) のシンクロトロンは円周約 26.7 km, エネルギーは 7 TeV 程度に達する.

ement) である. 超ウラン元素が初めて発見されたは 1940 年である. マクミラン (McMillan) とアベルソン (Abelson) は $^{238}_{92}U$ に遅い中性子を衝突させて, ネプツニウム $^{239}_{93}Np$ を得た. $^{239}_{92}U$ は 2 回の β^- 崩壊でプルトニウム $^{239}_{94}Pu$ に変換する.

$$^{238}_{92}U + ^1_0n \rightarrow {}^{239}_{92}U \underset{23\,\text{min}}{\overset{\beta^-}{\rightarrow}} {}^{239}_{93}Np \underset{2.355\,\text{d}}{\overset{\beta^-}{\rightarrow}} {}^{239}_{94}Pu \tag{14.4.7}$$

なお, この反応の $^{239}_{94}Pu$ がシーボーグ (Seaborg) のグループによって発見されたのは 1941 年である. その後, シーボーグのグループは $^{239}_{94}Pu$ の α 粒子衝撃によって $^{242}_{96}Cm$ を (1944 年), $^{239}_{94}Pu$ に 2 個中性子を吸収させてできた $^{241}_{94}Pu$ の β 崩壊によってアメリシウム $^{241}_{95}Am$ を得た (1945 年).

$$^{239}_{94}Pu + ^4_2He \rightarrow {}^{242}_{96}Cm + ^1_0n \tag{14.4.8}$$

$$^{239}_{94}Pu + 2^1_0n \rightarrow {}^{241}_{94}Pu \underset{14\,\text{y}}{\overset{\beta^-}{\rightarrow}} {}^{241}_{95}Am \tag{14.4.9}$$

このように, 重い人工元素に他の粒子を衝突させたり, 中性子を何個も吸収させてさらに重い超ウラン元素がつくられる.

現在認定されいる原子番号の最も大きい元素はリバモリウム Lv で, ロシアのドゥブナ合同原子核研究所で次の核反応によってつくられた (2000 年).

$$^{248}_{96}Cm + ^{48}_{20}Ca \rightarrow {}^{296}_{116}Lv^* \rightarrow {}^{293}_{116}Lv + 3^1_0n \tag{14.4.10}$$

$^{293}_{116}Lv$ の半減期は 61 ms である. その後, 同研究所はウンウンオクチウム $^{294}_{118}Uuo$ (2002 年) とウンウンセプチウム $^{293,294}_{117}Uus$ (2009 年) という暫定名の元素を合成している. また, アメリカのローレンスリバモア国立研究所との共同研究で, ウンウントリウム $^{283,284}_{113}Uut$ (2003 年) とウンウンペンチウム $^{288}_{117}Uup$ (2004 年) も提案しているが, いずれも現在認定されていない. なお, $_{113}Uut$ については, 2004 年我が国の理化学研究所が次の反応で合成に成功している.

$$^{70}_{30}Zn + ^{209}_{83}Bi \rightarrow {}^{279}_{113}Uut^* \rightarrow {}^{278}_{113}Uut + ^1_0n \tag{14.4.11}$$

$^{278}_{113}Uut$ の半減期は約 2 ms である[1].

---

1) 理研の申請が認められれば, 初めての日本発の新元素となる. なお, 1908 年小川正孝博士は 43 番元素 (現, Tc) をニッポニウムとして申請し, 一時認められたが, 後に間違いとわかり取り消された. 最近彼が発見した元素はレニウム $_{75}Re$ (1925 年発見) であったことが指摘されている.

14.5 核分裂と核融合

1939年ハーン（Hahn）とシュトラスマン（Strassmann）はウランに遅い中性子を当てるとバリウムと複数の中性子が発生することを見出した．この現象はマイトナー（Meitner）とフリッシュ（Frisch）の協力によって，初めての核分裂の概念の確立につながった．この反応は次のように天然ウランに 0.72% 含まれている $^{235}_{92}\text{U}$ が中性子を吸収して起こる．

$$^{235}_{92}\text{U} + ^{1}_{0}\text{n} \rightarrow ^{141}_{56}\text{Ba} + ^{92}_{36}\text{Kr} + 3^{1}_{0}\text{n} \tag{14.5.1}$$

当時，この核反応によって膨大なエネルギーの発生が予想された．

[例題 14.4] 上の反応によって $^{235}_{92}\text{U}$ 原子1個が核分裂したとき，放出されるエネルギーを計算せよ．ただし，$^{235}_{92}\text{U}$，$^{141}_{56}\text{Ba}$，$^{92}_{36}\text{Kr}$ および中性子の質量はそれぞれ 235.04392 u，140.91441 u，91.92611 u，1.00867 u である．また，$^{235}_{92}\text{U}$ 1 g が核分裂したとき放出されるエネルギーは，黒鉛何 t が燃焼したときに得られるエネルギーに相当するか．[例題 14.1] の数値を用いて求めよ．

[解] この反応の質量欠損は

$$\Delta m = 235.04392 \text{ u} - (140.91441 \text{ u} + 91.92611 \text{ u} + 1.00867 \text{ u} \times 2) = 0.18606 \text{ u}$$

(14.1.4) より放出されるエネルギーは

$$\Delta E = 9.31493 \times 10^2 \text{ MeV/u} \times 0.18606 \text{ u} = \underline{173.31 \text{ MeV}}$$

$^{235}_{92}\text{U}$ 1 g に含まれる原子数は $6.02214 \times 10^{23} / 235.04392 = 2.56213 \times 10^{21}$ であるから $^{235}_{92}\text{U}$ 1 g が核分裂したとき放出されるエネルギーは

$$173.31 \text{ MeV} \times 2.56213 \times 10^{21} = 4.4404 \times 10^{29} \text{ eV} = 7.1143 \times 10^{10} \text{ J}$$

ただし，eV から J への換算には (14.1.2) を用いた．一方，黒鉛 1 mol が燃焼するとき放出されるエネルギーは [例題 14.1] の数値から 393.51 kJ mol^{-1} である．よって，黒鉛 1 g 当たり (393.51 kJ/12.011)/g = 3.2762×10^4 J/g である．ゆえに，$^{235}_{92}\text{U}$ 1 g が核分裂したとき放出されるエネルギーは，黒鉛 7.1143×10^{10} J/(3.2762×10^4 J/g) = 2.172×10^6 g = $\underline{2.172 \text{ t}}$ が燃焼したときに得られるエネルギーに相当する．

(14.5.1) は $^{235}_{92}\text{U}$ の核分裂反応の一例に過ぎない．$^{235}_{92}\text{U}$ が遅い中性子を吸収すると核分裂によって質量数が 72～160 の範囲の約 80 種の核種を生じる．質量数 90 と 140 付近ものが多い．これらの核分裂生成物は中性子を過剰に含むものが多く，β^- 壊変をして崩壊していく．例えば，次の反応

$$^{235}_{92}\text{U} + ^{1}_{0}\text{n} \rightarrow ^{137}_{55}\text{Cs} + ^{95}_{37}\text{Rb} + 4^{1}_{0}\text{n} \tag{14.5.2}$$

で生じた $^{137}_{55}\text{Cs}$ と $^{95}_{37}\text{Rb}$ は次のように崩壊する．

$$\overset{137}{_{55}}\text{Cs} \underset{30\text{y}}{\overset{\beta^-}{\rightarrow}} \overset{137}{_{56}}\text{Ba}^* \underset{2.5\text{min}}{\overset{\gamma}{\rightarrow}} \overset{137}{_{56}}\text{Ba} \tag{14.5.3}$$

$$\overset{95}{_{37}}\text{Rb} \underset{0.4\text{s}}{\overset{\beta^-}{\rightarrow}} \overset{95}{_{38}}\text{Sr} \underset{24\text{s}}{\overset{\beta^-}{\rightarrow}} \overset{95}{_{39}}\text{Y} \underset{10\text{min}}{\overset{\beta^-}{\rightarrow}} \overset{95}{_{40}}\text{Zr} \underset{64\text{d}}{\overset{\beta^-}{\rightarrow}} \overset{95}{_{41}}\text{Nb} \underset{35\text{d}}{\overset{\beta^-}{\rightarrow}} \overset{95}{_{42}}\text{Mo} \tag{14.5.4}$$

$^{235}_{92}$U の 1 回の核分裂によって放出される中性子の数は平均 2.5 個である．$^{235}_{92}$U 原子が互いに近距離で一定量（**臨界量**）以上にあれば，核分裂により生じた中性子が次々と他の $^{235}_{92}$U の原子核を連鎖的に分裂させ爆発が起こる．これが原子爆弾（広島で投下された型）で，天然ウランに含まれる $^{235}_{92}$U の濃度が 90% 以上のものが使われる．一方，**原子炉**（nuclear reactor）[1]ではカドミウム Cd や炭化ホウ素 B_4C_{1-x}（$0 \leq x < 0.65$）のように中性子を吸収する物質を用いて連鎖反応を制御する．図 14.5 は沸騰水型原子炉による原子力発電の模式図である．原子炉の中には $^{235}_{92}$U 約 4% を含む核燃料棒が入っており，中性子を吸収する材質でできた制御棒の出し入れによって，核分裂が制御される．核燃料は水の中に浸されており，核分裂による熱で水が沸騰し，水蒸気の力でタービンを回し発電する．なお，$^{235}_{92}$U の原子核は遅い中

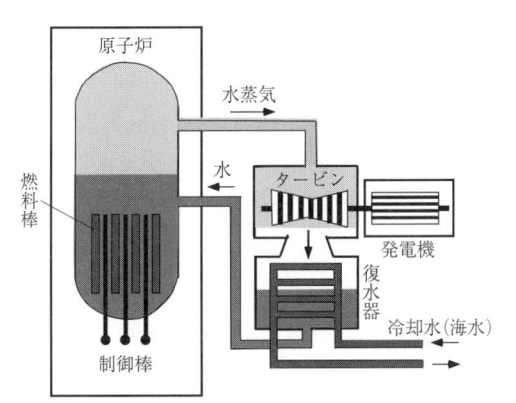

図 14.5 沸騰水型原子炉による原子力発電
福島第一原子力発電所の事故では，図の冷却水を送るポンプが停止した上，原子炉を直接冷却する機能も失われたため，原子炉が空焚き状態になった．

---

1) nuclear reactor の日本語訳は核（反応）炉のはずである．これは，日本人の核アレルギーに配慮した，「核隠し」の一例である．また，nuclear power station の訳は原子核発電所ではなく原子力発電所となっている．

性子を吸収して，核分裂を起こす．水は熱媒体であるとともに中性子の減速剤としてもはたらいている．2011年3月11日に事故を起こした福島第一原子力発電所の原子炉はこのタイプのものである．地震の揺れを感知して制御棒が挿入されて連鎖反応は停止したが，原子炉の冷却機能が喪失したため，(14.5.3), (14.5.4) のような分裂生成物の崩壊に伴う熱のため，原子炉が空焚き状態になり，暴走して放射性物質をまき散らしたのである．天然のウランには $^{238}_{92}U$, $^{235}_{92}U$ および $^{234}_{92}U$ がそれぞれ 99.2745%，0.7200%，0.0055% 含まれている．上で述べた $^{235}_{92}U$ による原子爆弾（広島型）や軽水炉（通常の水，H_2O を用いる炉）[1]では $^{235}_{92}U$ の純度を高めて用いる．

天然ウランの主成分である $^{238}_{92}U$ が中性子を吸収すると，反応

$$^{238}_{92}U + ^1_0n \rightarrow \,^{239}_{92}U \xrightarrow[23.5m]{\beta^-} \,^{239}_{93}Np \xrightarrow[2.4d]{\beta^-} \,^{239}_{94}Pu \tag{14.5.5}$$

により $^{239}_{94}Pu$ ができる．$^{239}_{94}Pu$ も $^{235}_{92}U$ と同じように中性子を吸収すると分裂するので核燃料となる．使用済みのウラン燃料に含まれている $^{239}_{94}Pu$（および残存している $^{235}_{92}U$）を精製して取り出し，$^{238}_{92}U$ と混ぜて原子炉中で高速の中性子[2]を衝突させると，$^{239}_{94}Pu$ の核分裂に伴って放出される中性子が，本来核燃料として使えない $^{238}_{92}U$ を $^{239}_{94}Pu$ に変え，核分裂で消費される以上の $^{239}_{94}Pu$ 燃料が得られる．これが高速増殖炉である．ただしこの種の原子炉は技術的困難[3]のため実用化されていない．$^{239}_{94}Pu$ も濃縮して原子爆弾に使われる．長崎に投下されたのはこのタイプの爆弾である．

前述したように，軽い原子核同士を核融合させると大きなエネルギーが放出される．ただし，核融合のためには核間の強いクーロン斥力に打ち勝って，核を合体させなければならないので，大きいエネルギーを必要とする．太陽を含む恒星が放出するエネルギーはいろいろな種類の核融合に基づいている．例えば，太陽の中心部は温度 1500 万 K，圧力 2000 億 atm，密度は約 160 g/cm^3 と推定されており，全体としての反応は，4個の陽子からヘリウムの原子核を生成する反応である．

---

[1] 中性子の減速材として重水 D_2O を用いるのが重水炉である．重水は高価であるが，中性子の吸収量が小さいので，天然ウランを核燃料として使うことができる．

[2] 高速の中性子は $^{239}_{94}Pu$ に吸収されたとき，核分裂で中性子を放出する確率が高い．

[3] 例えば，熱媒体として中性子を減速する水の代わりに，中性子を減速しないが取り扱いが難しい液体ナトリウムが使われる．

$$4{}_1^1\text{H} \to {}_2^4\text{He} + 2{}_1^0\text{e} + 2\nu_e \tag{14.5.6}$$

[例題 14.5] 上の反応で放出されるエネルギーは陽子 1 g 当たり何 J か. ただし, 表 14.1 の数値を用いよ. なお, ${}_2^4\text{He}$ の原子核の質量は 4.001505 u である. また, ニュートリノのエネルギーは無視するものとする.

[解] 表 14.1 より, 陽子の質量は 1.007276 u, 陽電子の質量 (= 電子の質量) は 0.000549 であるから, 上の反応の質量欠損は

$$\Delta m = (1.007276 \times 4 - 4.001505 - 0.000549 \times 2)\,\text{u} = 0.026501\,\text{u}$$

対応するエネルギーは (14.1.4) より

$$\Delta E = 0.026501\,\text{u} \times 9.31493 \times 10^2\,\text{MeV/u} = 24.685\,\text{MeV}$$

である. 陽子 1 g に含まれる陽子数は $6.02214 \times 10^{23}/1.007276 = 5.9786 \times 10^{23}$ であるから陽子 1 g が放出するエネルギーは

$$24.685\,\text{MeV} \times 5.9786 \times 10^{23} = 1.4758 \times 10^{25}\,\text{MeV} = \underline{2.364 \times 10^{12}\,\text{J}}$$

核融合の中でもっとも容易と考えられているのは重水素と三重水素との反応

$$ {}_1^2\text{H} + {}_1^3\text{H} \to {}_2^4\text{He} + {}_0^1\text{n} \tag{14.5.7}$$

である. 重水素は天然のものを用い, 三重水素は天然のリチウム (${}_3^6\text{Li}$ 7.5%, ${}_3^7\text{Li}$ 92.5%) に中性子を衝突させて, 次の反応でつくる.

$$ {}_3^6\text{Li} + {}_0^1\text{n} \to {}_1^3\text{H} + {}_2^4\text{He} \qquad {}_3^7\text{Li} + {}_0^1\text{n} \to {}_1^3\text{H} + {}_2^4\text{He} + {}_0^1\text{n} \tag{14.5.8}$$

(14.5.7) の核融合を行うには, 温度 1 億℃以上, 密度 100 兆個/cm^3 の条件で粒子を 1 s 以上炉内に閉じこめる必要があり, 技術的困難のため核融合炉は現在実現していない.

リチウム水素爆弾では, (14.5.7), (14.5.8) に相当する反応を重水素化リチウム LiD (= Li^{2}H) を用いて起こさせる. その際, 通常の原子爆弾で起爆して, LiD が装填された部分を超高温・超高圧にする.

14.6 放射線の線量単位と検出

生体に影響を与える放射線は主に電離作用をもつ放射線 (**電離放射線**) である. 電離放射線には, 14.2 節で述べた α, β, γ 線の他, 陽子 (p) 線, 中性子 (n) 線, X 線, 宇宙線[1] などが含まれる.

---

1) 宇宙線は地表近くではミュー粒子 (電子と等しい電荷をもつが, 質量が約 200 倍の粒子), 電子, 陽電子, 中性子などを含む.

これらの放射線の線量の単位として次のものが使われる．

- **ベクレル**（becquerel, Bq）1秒間の崩壊数が1個であるときの放射線量を1 Bq とする．以前はキュリー（curie, Ci）が使われた．1 Ci = 3.7×10^{10} Bq である[1]．

- **グレイ**（gray, Gy）吸収線量の単位で，物質1 kg 当たり1 J のエネルギーが放射線から与えられるときの吸収線量を1 Gy（= 1 J/kg）とする．吸収線量は照射される物質および放射線の種類によって異なる．以前は rad（radiation の略）が使われた．1 rad = 100 Gy である．

- **シーベルト**（sievert, Sv）放射線の実効線量の単位で，放射線がヒトに当たったときにどのような影響があるかを評価する．人体が受ける放射線の影響は，放射線の種類と対象組織によって異なるので，それらに基づく係数，放射線加重係数と組織加重係数を吸収線量（Gy）にかけて求める．すなわち

$$\text{Sv 値} = \text{放射線加重係数} \times \text{組織加重係数} \times \text{Gy 値}$$

で，SI 単位は Gy と同じく J/kg である．放射線加重係数は X 線，γ 線，β 線は1，陽子線は5，α 線は20，中性子線ではエネルギーにより5〜20である．また組織加重係数は全身を1として，次の割合で計算する．骨髄，結腸，肺，胃，乳房で各 0.12，生殖腺で 0.08，膀胱，肝臓，食道，甲状腺で各 0.04，骨表面，脳，唾液腺，皮膚で各 0.01，その他の組織で 0.12 とする（これらの数値の和は1）．以前は Sv の代わりに rem[2] が使われた．1 Sv = 100 rem である．

- **レントゲン**（roentgen, R）X 線・γ 線の線量の単位で，0℃，1 atm の乾燥空気 1 cm^3 中でそれぞれ1静電単位（3.34×10^{-10} C）の電荷をもつ正負のイオンを与える放射線強度である．現在ではあまり使われない．

放射線を検出するには，放射線が物質に及ぼす電離作用，発光作用および写真作用などを利用する．よく使用されるものを次に挙げる．

(a) **ガイガー・ミュラー計数管**（Geiger-Müller counter）

これは **GM 計数管** または **ガイガー・カウンター** とも呼ばれる．模式図を

---

1) 1 Ci はラジウム 1 g の1秒間の崩壊数である．
2) roentgen equivalent in man and mammal の略．もともと，1 rem は 1 R の X 線と同じ影響を与える放射線量として定義された．

14.6 放射線の線量単位と検出——243

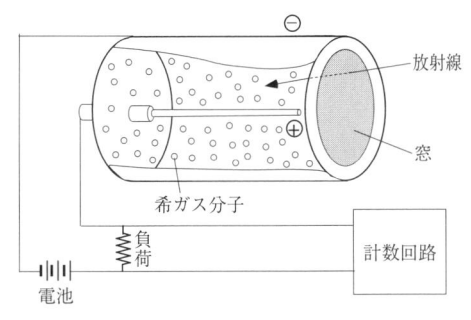

図 14.6 ガイガーカウンター

図 14.6 に示す．窓（雲母の薄板）から放射線が入射すると管内の希ガス分子（He, Ar など）がイオン化される（電離作用）．イオン化により生じた電子が高圧の電場で加速されて次々と他の希ガス分子をイオン化して，イオン数を増幅し，中心の陽極と管壁の陰極の間に，パルス電流を流す．このパルス数を数えて放射線の粒子数を知る．粒子のエネルギーはわからないので，放射線の種類を区別できない．

(b) **半導体検出器**（semiconductor radiation counter）

シリコン，ゲルマニウム，化合物半導体などの固体の電離作用を利用した検出器である．放射線のエネルギーも測定できるため，放射線の核種の分析にも使える．簡便な検出器として電子式ポケット線量計もある．

(c) **シンチレーション検出器**（scintillation counter）

放射線が発光物質（シンチレーターという）に入るとそれを構成する分子が励起され，もとに戻るとき発光を生じる．この発光をシンチレーションという．発光の回数と光エネルギーを電子回路で増幅して測定し，放射線の量と種類を知ることができる．シンチレーターとしてはヨウ化ナトリウム NaI の結晶（タリウム Tl を少量含む）が広く使われる．

(d) **フイルムバッジ**（film badge）

光では感光しないが，放射線では感光するフィルムを使い，定期的にフィルムを現像して黒化度から放射線による被曝度を知る．主に放射線業務者が使う．

14.7 放射線の人体への影響

2011年3月11日の東京電力の原子力発電所の事故以来，放射線被曝について世間の関心が高まっている．この節ではやや詳しく放射線の人体への影響について述べておこう．

放射線被曝には放射線の発生源が体外にあるもの（外部被曝）と体内にあるもの（内部被曝）がある．外部被曝は体の表面から放射線を浴びるのに対し，内部被曝は食物の摂取や呼吸によって放射線の影響を受ける．これらの被曝線量は前節で述べたシーベルト（Sv）で評価される．

日常ヒトは自然放射線に曝されている．自然放射線による1年間の被曝線量の世界平均値は2.4 mSvである．また日本平均値は1.5 mSvで，その内訳を表14.2に示す．表において外部被曝を起こす大気中の核種は宇宙線が大気に衝突して生じたものである．また，呼吸による内部被曝の原因となる^{222}Rnと^{220}Rnは天然の^{238}Uと^{232}Thが崩壊して生成する（図14.4参照）．^{40}K（天然の存在比0.0117%，半減期1.26×10^9 y）と微量の^{14}C（半減期5715 y）は植物が地中から取り込み，食物を通じて体内に入る．なお，東京—ニューヨーク間をジェット機で往復したとき宇宙線から受ける放射線量は0.2 mSbである．医療の場合，胸のCT検査，胃および胸のX線検査で受ける放射線量はそれぞれ約7 mSv，0.6 mSv，0.05 mSvといわれる．

内部被曝の場合，特定の臓器に結びつきやすい放射性核種がある．例えば，^{131}Iは甲状腺に，^{222}Rnは肺に主に集まる．^{90}SrはCaと同族で主に骨に，^{137}CsはNa，Kと同族で筋肉をはじめ全身の臓器に取り込まれる．放射線核

表14.2 自然放射線による1年間の被爆線量（日本平均）

被爆	発生源	線量/mSv	主な核種
外部	大気 地面	0.3 0.4	^{3}H, ^{7}Be, ^{24}Na, ^{14}C ^{238}U, ^{232}Th, ^{40}K
内部	呼吸 食物	0.55 0.25	^{222}Rn, ^{220}Rn ^{14}C, ^{40}K
計		1.5	

表 14.3 放射線核種の半減期

核種	物理学的半減期	生物学的半減期	実効半減期
^{137}Cs	30.2 年	110 日	109 日
^{131}I	8.04 日	120 日（甲状腺） 12 日（その他）	7.5 日 4.8 日
^{90}Sr	29.1 年	49 年	18.3 年
^{239}Pu	2.41×10^4 年	50 年（骨）	50 年

種は新陳代謝で体外に排泄されるので，物理的半減期に加えて生物学的半減期がある．両者を考慮したものが実効半減期である（表14.3）．

生体分子に対する放射線の作用には，**直接作用**と**間接作用**がある．直接作用では，分子内で化学結合に関与している電子をはじき飛ばして結合を切断する．間接作用の主なものは次のように放射線が生体中の水分子に作用して生じるヒドロキシラジカル HO· によるものである．

$$H_2O + 放射線 \rightarrow H_2O^+ + e^- \tag{14.7.1}$$
$$H_2O^+ \rightarrow HO\cdot + H^+ \tag{14.7.2}$$

HO· は不対電子をもつため反応性が極めて強く，生体分子を攻撃して結合状態を変える（13.4 節，p.214 参照）．

放射線障害には，一度に大量の放射線を浴びたときに受ける**確定的影響**と低放射線に長期間曝された場合に受ける**確率的影響**がある．確定的影響は放射線被曝後，数時間から数週間以内に起こる急性症状で，白血球の減少や臓器の壊死を伴う．確定的影響を与えるしきい値（障害を受ける最低値）を表14.4 に示す．

確率的影響で問題になるのは放射線被曝によるがんの発症リスクである．放射線は，直接作用と間接作用によって，遺伝子の DNA の分子鎖を切断したり，塩基対に障害を与える（図 1.5，図 4.19 参照）．ただし，生体側にも防御機能がある．DNA には修復作用があるし，修復できないときは細胞死もありうる．しかし，このような防御機能が及ばないときは突然変異が起こり，がんを誘発する．国際放射線防護委員会（International Commission on Radiational Protection, ICRP）は，広島・長崎の 12 万人の被曝者について，原爆投下 5 年後からの調査の結果，「1000 mSv の緩慢な被曝で，生涯でが

表 14.4　確定的影響（一度に放射線を大量に浴びた場合）のしきい値

線量/mSb	部位	症状
250 以下	全身	臨床症状なし
500	全身	白血球の一時的減少
1000	全身	悪心・嘔吐
2500	卵巣	永久不妊
3000	皮膚	脱毛
3000	全身	死亡（50%の人）
5000	水晶体	白内障
5000	皮膚	紅斑
7000	全身	死亡（100%の人）
10000 以上	皮膚	潰瘍

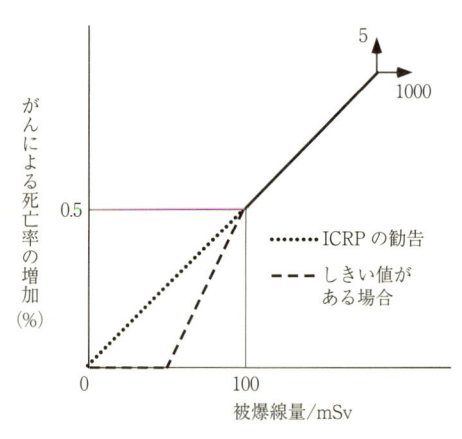

図 14.7　がんによる死亡確率の増加（%）と被曝線量の関係

んで死亡する確率は 5% 増加する．ただし，100 mSv 以下の低線量被曝の影響はあるかどうかわからない」としている．なお，ICRP は 100 mSv 以下の領域を含め，被曝線量とがんによる死亡率の増加の間に，図 14.7 のような直線関係があるするモデルに基づいて放射線防護をするように勧告している．また，ICRP は自然放射線および医療被曝を除く一般人の年間被曝限度を 1 mSv に設定している．

子供は細胞分裂が盛んなため，DNAの損傷が大きい．10歳と50歳で被曝した場合，60歳でのがんによる死亡率は3:1といわれる．

[例題 14.6] ICRPのモデルに従って，50年間被曝限度1 mSvの放射線を浴びた場合のがんによる死亡確率の増加を求めよ．
[解] 50年間の累積被曝線量は50 mSvである．100 mSvでがんによる死亡確率は0.5%増加するから50 mSvでは0.25%の増加となる．

被曝がないとき，日本人ががんで死亡する確率は20%程度（2009年度，男26%，女16%）である．したがって，上の被曝でがんによる死亡確率は20.25%となる[1]．年間の被曝放射線量の算定法については本章末のコラムを参照されたい．

14.8 放射線核種の利用

放射線核種は原子力発電に利用されるだけでなく，次に述べるような，さまざまな利用法がある．代表的な例を次に挙げる．

14.8.1 トレーサーとしての利用

トレーサー（tracer）とは「追跡子」という意味で，元素や物質の挙動を追跡するために加える物質のことである．放射性同位体はトレーサーとして広く用いられている．同位体は放射能のあるなしにかかわらず化学的性質が同じなので，特定の元素に微少量の放射性同位体を加えておき，その放射能を目印（標識）としてその元素の挙動を知ることができる．放射性物質の検出感度は非常に高いので，この方法は，化学分析[2]，原子・分子の拡散の測定，化学反応機構の研究などの有力な手段となっている．炭素，リン，硫黄，ナトリウムなどの放射性同位体は生体反応の研究に使われる．カルヴィン

---

[1] 非喫煙者に対する喫煙者のがんによる死亡確率の増加は1983〜2003年の統計で男100%，女60%である．すなわち，喫煙者ががんにより死亡する確率は男52%，女25.6%である．年間被爆限度の2倍の放射線を50年間浴びてもがんによる死亡確率の増加は0.5%であるから，たばこの害の大きさがわかる．
[2] 化学分析に使われる同位体希釈分析法についてはp.250参照．

(Calvin) は光照射の下で $^{14}CO_2$ を含む一酸化炭素を緑藻に吸収させて，光合成でできる炭素化合物を放射能を手がかりとして分析し光合成の機構を明らかにした．

14.8.2 年代測定

炭素14 ^{14}C は反応（14.3.15）によって大気中の窒素と宇宙線の中性子との反応で絶えずつくられている．^{14}C の生成量はその半減期（5715年）に従って消滅していく量と釣り合っていて，その存在比（$^{14}C : ^{12}C \cong 1 : 10^{12}$）は一定である（炭素1g当たり15カウント）．$^{14}CO_2$ は通常の CO_2 と混じって光合成で植物に取り込まれ，その植物を動物が食べることによって，^{14}C はすべての生物に含まれる．生物が生きている間は体内の ^{14}C の存在比は大気のそれと同じである．生物が死ぬと ^{14}C が取り込まれなくなるので，^{14}C の崩壊に伴って $^{14}C/^{12}C$ の比は減っていく．したがって，宇宙線中の中性子の強度が多少の変動があっても一定とすれば，木材や貝などの昔の生体試料中の ^{14}C の存在比を測定することによって，その試料がどの程度古いものか知ることができる．この方法は1000〜20000年の試料の年代測定に使われる．カリウム40 ^{40}K の ^{40}Ar への壊変（(14.3.12) 参照）や，ウラン238 ^{238}U の ^{206}Pb への壊変（章末問題14.5）も年代測定に用いられる．

14.8.3 食品の貯蔵

放射線照射により細菌が死滅するので，コバルト60 ^{60}Co からの γ 線は消毒に使われる．ジャガイモなどの食品に応用すると殺菌の効果の他に発芽が抑制されるので，貯蔵期間を延ばすことができる．タマネギ，米，小麦などにもこの方法は有効である．

14.8.4 核医学

医学では，放射線核種を診断と治療に使う．診断においては，放射線核種で標識した薬品を体内に投与して，臓器や組織から体外に放出される γ 線をガンマカメラ（シンチレーターを用いる）で検出しコンピューター処理をして，体の横断面のスライス像を得る．これを**単一光子放射断層撮影法**（single photon emission computed tomography, SPECT）という．これとは

別に陽電子を放出する核種を含む薬品を体内に入れる場合もある．体内の組織から放出した陽電子は近傍の原子の電子と衝突して，どちらも消滅し（**対消滅**），陽電子（または電子）の質量に相当するエネルギー（511 keV）をもつ2個の光子（γ線）を放出する．この2個の光子をガンマカメラで検出してSPECTと同様な方法で断層撮影像を得る．これを**ポジトロン（放射）断層法**（positron emission tomography, **PET**）という．表14.5にSPECTとPETで用いられる主な放射線核種の半減期と放出されるγ線のエネルギーを示した．これらの核種は半減期が短くγ線のエネルギーもあまり大きくないので人体への影響が小さい．PETで使われる核種の半減期は特に短いので，投与直前に病院内に設置したサイクロトロンで陽子や重陽子を照射してつくる．表の核種は，^{133}Xe[1)]を除き，特定の臓器や組織に集積しやすい化合物にして使われる．SPECTで最もよく用いられるのが^{99m}Tcで，半減期が短く，いろいろな化合物と錯体[2)]をつくりやすいので，骨，心筋，脳など多くの組織の診断に応用される．PETは中枢神経系の代謝を観察するのに用いられてきたが，最近ミリ単位の早期がんの発見に使われるようになった．その場合，グルコースの－OHの1つを^{18}Fで置換した^{18}F-フルオロデ

表14.5 SPECTとPETに使われる核種

方法	核 種	半減期	主なエネルギー/keV
SPECT	^{99m}Tc[a)]	6.01 h	142
	^{111}In	2.81 d	171,245
	^{123}I	13.2 h	159
	^{133}Xe	5.24 d	81
	^{201}Tl	72.91 h	71,135,167
PET	^{11}C	20.4 min	511
	^{13}N	10.0 min	
	^{15}O	2.04 min	
	^{18}F	110.0 min	

a) ^{99m}Tcは^{99}Tc（半減期2.1×10^5年）の準安定（metastable）同位体でγ線を放射して^{99}Tcに変わる．

1) 気体の^{133}Xeは患者の呼吸によって肺に取り込まれる．
2) 中心の原子またはイオンに他の化合物が水素結合や配位結合で結びついた分子．

オキシグルコース (FDG) が投与される．がん細胞は正常細胞より増殖が盛んなため，エネルギー源であるグルコースががん細胞に集積するので，PET によってがんの位置がわかるのである．

以上は，患者に放射性薬品を投与して診断する方法であるが，患者から採取した血液や尿などの試料中に含まれる化合物を放射分析によって高感度で定量する方法もある．この方法では，定量しようとする化合物 A の元素を放射性同位体元素で置き換えた標識化合物 A* を用意する．その比放射能 (単位質量当たりの放射線量) を S^* とする．A* の一定量 W^* を試料に混ぜて均一にした後，試料から (A + A*) の一部を取り出す．その比放射能を S, 試料中の A の質量を W とすると，混合前の A* の放射線量と混合後の試料の放射線量は等しいので，$S^*W^* = S(W + W^*)$ が成立する．この式から

$$W = (S^*/S - 1)W^* \qquad (14.8.1)$$

によって，試料中の A の質量が求められる．この方法を**同位体希釈分析法**という．その特徴は目的とする成分を試料から完全に分離する必要はなく一部を純粋に取り出せばよいことである．

がんに対する**放射線療法** (radiation therapy) は，細胞分裂の盛んながん細胞は正常細胞に比べて放射線による損傷効果が大きく，また損傷からの回復も遅いことを利用する．この療法には，体外から放射線を照射する**外照射法**と体内に放射性物質を投与し目的の組織に集積させて内部から照射する**内照射法**がある．外照射法では正常細胞への影響を避けるため，^{60}Co から放射される γ 線を腫瘍に集中させる．特に脳腫瘍などの治療に使われるガンマナイフでは約 200 個の線源を半球状に配置し放射線を小領域に集める．個々の線源からの γ 線は細く弱いが，病変部に対しては大きな線量となる．X 線や γ 線が与える放射線量は体の表面から数 cm 付近でもっとも大きく，深くなると減少する．これに対し，サイクロトロンで H^+ や C^{6+} を加速して得られる陽子線や炭素線などの粒子線では，放射線量が体の深部で鋭いピーク[1]を示す．ピークの深さは粒子のエネルギーに依存するので，体内のがんをねらい打ちできる．

内照射法では外照射法に比べてはるかに選択的に放射線を当てることがで

---

1) このピークをブラッグピーク (Bragg peak) という．

きる．例えば，^{131}I は投与後甲状腺に集積してチロキシン（甲状腺ホルモン）に取り込まれる．^{131}I から放出されるβ線は数 mm 程度しか透過しないため，病変組織周辺の細胞のみを殺傷する[1]．内照射法のうち，**小線源法**では放射性物質を密封した微小のカプセルを患部に埋め込み放射線を当てる．これは前立腺がんなどの治療に使われる．最近注目されているのが，**ホウ素中性子捕捉療法**（boron neutron capture therapy, BNCT）である．BNCT では，がん組織にホウ素（^{10}B）化合物を選択的に取り込ませておき，人体に無害なエネルギーの低い（0.5 eV 以下[2]）中性子線を照射する．このとき次の核反応が起こる．

$$^{10}_{5}B + ^{1}_{0}n \rightarrow ^{4}_{2}He + ^{7}_{3}Li \qquad (14.8.2)$$

この反応で生じる $^{4}_{2}$He（α線），^{7}Li およびγ線が与えるエネルギーは計 2.79 MeV でがん細胞を殺傷するに十分な値である．ただし，これらの核種の到達距離は 5〜9 μm とほぼ細胞 1 つの大きさであるため，がん細胞だけが殺傷され，周囲の正常細胞は損傷を受けない．このように選択的にがん細胞が殺傷されるため，BNCT は治療が困難な悪性の脳腫瘍[3]や頭頸部のがんなどの治療に適用される．なおホウ素化合物としては $(HO)_2 {}^{10}B$-基をもつフェニルアラニン[4]などが使われる．フェニルアラニンはアミノ酸の一種で，増殖速度の大きいがん細胞に取り込まれる．

---

[1] 一般に正常な甲状腺組織の方ががん組織よりヨウ素の摂取能力が高いので，この治療を行うためにはあらかじめ健康な甲状腺を全摘しておかなければならない．
[2] 最近ではややエネルギーの大きい中性子線（1〜10 keV）も使われるようになった．
[3] 例えば，神経膠芽腫では腫瘍が周囲の脳にしみこむように広がり，周囲の正常細胞と区別がつかない．
[4] 天然のホウ素は ^{10}B を 19.9%，^{11}B を 80.1% 含むので，この化合物の合成に際して ^{10}B を濃縮精製しておく必要がある．

年間の被曝放射線量

表 14.2 に示したように，放射線被爆には外部被爆と内部被爆がある．外部被爆は我々の住んでいる環境（空間）からの被爆（以下空間被爆と呼ぶ）である．内部被爆のうち，呼吸による被爆値は，放射性物質の放出事故後，しばらく経つと平常値（0.55 mSv）に戻る．以下では，1 年間の被曝値を空間放射線量（外部被爆）と食物による放射線量（内部被爆）に分けて述べる．

(a) 空間放射線量（外部被曝）

日本各地の1時間当たりの空間放射線量（空間線量率）は原子力規制委員会のウェブページ（http://radioactivity.nsr.go.jp/map/ja/）で知ることができる．それによると，例えば，2013年4月28日，東京都新宿区の測定値は $0.045\,\mu\mathrm{Sv/h}$，東京電力の福島第一原子力発電所構内にある8ヶ所のモニタリングポストの最高値は $6.3\,\mu\mathrm{Sv/h}$ である．新宿区と，発電所の場合で，年間の被曝線量を計算すると次のようになる．

$$0.045\,\mu\mathrm{Sv/h} \times (24 \times 365)\,\mathrm{h} = 390\,\mu\mathrm{Sv} = 0.39\,\mathrm{mSv}$$
$$6.3\,\mu\mathrm{Sv/h} \times (24 \times 365)\,\mathrm{h} = 5.5 \times 10^4\,\mu\mathrm{Sv} = 55\,\mathrm{mSv}$$

(b) 食物による放射線量（内部被曝）

食品中に含まれる放射性物質の検査結果は厚生労働省のウェブページ（http://www.mhlw.go.jp/stf/houdou/2r98520000030roo.html）にある．食品中の放射性物質濃度は Bq/kg の単位で表される．核種によって体への影響が違うので，年間の内部被曝量は実効線量係数（表14.6）[a] を用いて次式で計算される．

年間内部被曝量（mSv）＝放射線物質濃度（Bq/kg）×年間摂取量（kg）
　　　　　　　　　　×実効線量係数（mSv/Bq）

例えば，^{137}Cs を 200 Bq/kg 含む水を毎日 $0.5\,\mathrm{dm}^3$（0.5 kg）飲んだ場合，次のようになる．

年間内部被曝量（mSv）＝ $200\,\mathrm{Bq/kg} \times 0.5 \times 365\,\mathrm{kg} \times 1.3 \times 10^{-5}\,\mathrm{mSv/Bq} = 0.47\,\mathrm{mSv}$

(c) 被曝放射線量の増加

年間の被曝放射線量は(a)と(b)の計算値に年間の呼吸による内部被曝の値 0.55

表14.6　実効線量係数

核種	実効線量係数/(mSv/Bq)
^{134}Cs	1.9×10^{-5}
^{137}Cs	1.3×10^{-5}
^{131}I	2.2×10^{-5}
^{90}Sr	2.8×10^{-5}
^{239}Pu	2.5×10^{-4}

表14.7　食品基準値

食品群	基準値/(Bq/kg)
飲料水	10
牛乳	50
一般食品	100
乳幼児食品	50

---

[a] 年齢が低い場合，実効放射線量の値は成人の場合と異なる．例えば，^{137}Cs では成人を1とすると，3月の幼児で 1.6，1歳で 0.92，2〜7歳で 0.75，7〜12歳で 0.77，12歳以上で1である．

mSv を加えて得られる.自然放射線による年間被曝線量の日本平均値は 1.5 mSv であるから

　　　年間の被曝線量の増加 = {(a)の計算値+(b)の計算値+0.55 mSv} − 1.5 mSv

となる.ICRP の勧告によると,この値が 1 mSv を超えなければよいことになる.

厚生労働省は 2012 年 4 月 1 日食品基準値の表(表 14.7)を公表した.この表の基準値は年齢別に年間摂取量を推定し,実効線量係数をかけて求めた被曝放射線量の総和が年間 1 mSv を超えないよう設定したものである(章末問題 14.7 参照).表の基準値を超える食品については出荷制限をするとしている.

章末問題

14.1 真空中の光速を $c = 2.997925 \times 10^8 \mathrm{~m~s^{-1}}$ とすると,1 u に相当するエネルギーは
$$E(1\mathrm{~u}) = (2.997925 \times 10^8)^2 \times 10^{-6} \mathrm{~kJ~mol^{-1}/u} = 8.98755 \times 10^{10} \mathrm{~kJ~mol^{-1}/u}$$
であることを示せ.

14.2 ^{208}Po は α 崩壊して核種 A を生じる.
(1) 上の核反応の式を記し,核種 A を求めよ.
(2) ^{208}Po,^{4}He および核種 A の質量はそれぞれ 207.981231 u,4.002603 u,203.973028 u である.この核反応に伴い放出されるエネルギーを MeV と kJ mol^{-1} の単位で求めよ.

14.3 ^{51}Cr と ^{55}Cr は,それぞれ電子捕獲と β 崩壊によって,安定な核種に変わる.また,^{46}Cr は 2 回の陽電子放出によって安定核種となる.これらの核反応を記せ.

14.4 ^{226}Ra の半減期は 1600 y である.
(1) 1 g の ^{226}Ra の 1 秒間の壊変数を求めよ.
(2) ^{226}Ra の 90% が壊変するには何年かかるか.

14.5 あるウラン鉱物に含まれている ^{206}Pb と ^{238}U の質量比は 0.225 である.この鉛がすべてウランの壊変により生じたとして,この鉱物の年齢を推定せよ.^{238}U の半減期は 4.46×10^9 年である.
(注)^{206}Pb はウラン系列の崩壊で ^{238}U から生じるが,中間生成物は半減期が短いので無視してよい.

14.6 現在の ^{238}U と ^{235}U の原子数の比は 138:1 である.^{238}U と ^{235}U の半減期は,それぞれ 4.46×10^9 y,7.04×10^8 y である.5 億年前の ^{238}U と ^{235}U の原子数の比を求めよ.

14.7 表 14.6 と表 14.7 のデータを用いて,1 日に飲料水 1 L,一般食品 2 kg を摂取した場合の ^{134}Cs による年間内部被曝量を計算せよ.ただし,飲料水と一般食品は表 14.7 の基準値まで汚染されているものとする.

A 付録

A.1 対数

$$x = a^y \tag{A.1.1}$$

のとき，x の逆関数 y を

$$y = \log_a x \tag{A.1.2}$$

と記して，$\log_a x$ を a を**底**（base）とする x の**対数**（logarithm）という．例えば，$16 = 2^4$ であるから，$4 = \log_2 16$ である．また，$1000 = 10^3$, $0.001 = 10^{-3}$ であるから，$\log_{10} 1000 = 3$, $\log_{10} 0.001 = -3$ である．10 を底とする対数を**常用対数**（common logarithm）と呼び，底の表記を省略する．すなわち

$$\log_{10} x = \log x \tag{A.1.3}$$

である．ただし，数学では底が $e = 2.718281828\cdots\cdots$ のとき[1]，底を省略する．すなわち，$\log_e x = \log x$ と記す．e を底とする対数を**自然対数**（natural logarithm）という．化学や物理では

$$\log_e x = \ln x \tag{A.1.4}$$

と書くことが多い．

$a = a^1$, $1 = a^0$ であるから，(A.1.1), (A.1.2) より

$$\log_a a = 1 \quad \log_a 1 = 0 \tag{A.1.5}$$

である．また，$\log_a M = m$, $\log_a N = n$ とすれば，$M = a^m$, $N = a^n$ となるから，$MN = a^{m+n}$, $M/N = a^{m-n}$, $M^n = a^{mn}$ である．よって，次式が成り立つ．

$$\log_a MN = \log_a M + \log_a N \quad \log_a \frac{M}{N} = \log_a M - \log_a N \tag{A.1.6}$$

$$\log_a M^n = n \log_a M \tag{A.1.7}$$

以下，上の式を常用対数に応用すると，(A.1.5) より

$$\log 10 = 1 \quad \log 1 = 0$$

となる．また，(A.1.7) より

$$\log 10^n = n \log 10 = n \quad \log(1/10^n) = \log 10^{-n} = -n \log 10 = -n$$

である．例えば，$\log 10000 = 4$, $\log 0.0001 = -4$, $\log \sqrt{10} = \log 10^{1/2} = 0.5$ である．次に，対数表によると，$\log 2 \cong 0.3010$, $\log 3 \cong 0.4771$, $\log 7 \cong 0.8451$ である．(A.1.6) から

---

[1] e は $e \equiv \lim_{n \to \infty} \left(1 + \frac{1}{n}\right)^n$ で定義され，ネイピア数（Napier constant）と呼ばれる．

$$\log 6 = \log(2\times 3) = \log 2 + \log 3 \cong 0.3010 + 0.4771 = 0.7781$$
$$\log 5 = \log(10/2) = \log 10 - \log 2 \cong 1 - 0.3010 = 0.6990$$

[**例題 A.1**] 次の対数値を求めよ．
(1) $\log 8$ (2) $\log 28$ (3) $\log(6\times 10^{23})$ (4) $\log 0.00054$

[**解**] (1) $\log 8 = \log 2^3 = 3\log 2 \cong 3\times 0.3010 = \underline{0.9030}$
(2) $\log 28 = \log(2^2\times 7) = 2\log 2 + \log 7 \cong 2\times 0.3010 + 0.8451 = \underline{1.4471}$
(3) $\log(6\times 10^{23}) = \log(2\times 3\times 10^{23}) = \log 2 + \log 3 + \log 10^{23} \cong 0.3010 + 0.4771 + 23 = \underline{23.7781}$
(4) $\log 0.00054 = \log(2\times 3^3\times 10^{-5}) = \log 2 + 3\log 3 + \log 10^{-5} \cong 0.3010 + 3\times 0.4771 - 5 = \underline{-3.2677}$

次に，$\log_a M = x$ とすれば，$a^x = M$ である．この式の両辺の b を底とする対数をとると，(A.1.7)より $x\log_b a = \log_b M$ となる．よって

$$\log_a M = \frac{\log_b M}{\log_b a} \qquad (A.1.8)$$

となる．この式は底を変換するときに使われる．例えば

$$\ln M = \frac{\log M}{\log e} \cong \frac{\log M}{\log 2.71828} \cong \frac{\log M}{0.43429} \cong 2.3026 \log M \qquad (A.1.9)$$

[**例題 A.2**] $\ln 10 \cong 2.3026$ である．この値を用いて(A.1.9)を導け．
[**解**] (A.1.8)より

$$\log M = \frac{\ln M}{\ln 10} \cong \frac{\ln M}{2.3026}$$

となるから，この式を変形すると(A.1.9)が得られる．

[**例題 A.2**] 次式を導け．

$$e^x = 10^{x\log e} = 10^{0.43429x} \qquad (A.1.10)$$

[**解**] $e^x = 10^y$ として，両辺の常用対数をとると，$y = x\log e = 0.43429x$．

A.2 熱力学のまとめ[1]

熱力学（thermodynamics）は熱的現象と力学的現象を統一的に論じようとする立場から発展してきた学問である．熱力学は第1法則と第2法則という2つの経験法則に基礎をおいており，それを用いて化学反応における熱の出入りや化学反応の進行の傾向を統一的に論じることができる．以下，熱力学の原理をまとめておく．

---

[1] この節の項目の詳しい解説については巻末参考書9, 10を参照されたい．

(1) **熱力学第 1 法則　内部エネルギー U**

　熱力学では，考察の対象とする部分を**系**（system）と呼び，それ以外の部分を**外界**（surrounding）という．系には外界からエネルギーと物質が出入りする（図A.1）．系のうち，物質の出入りがある系を**開いた系**（open system），物質の出入りがない系を**閉じた系**（closed system）という．閉じた系のうち，エネルギーの出入りもない系，すなわち，外界と交渉がない系を**孤立系**（isolated system）という．

　熱力学第 1 法則（first law of thermodynamics）は次のように表現される．

> 　閉じた系が平衡状態 A から平衡状態 B に移る過程で，系が外界から吸収する熱量 q と外界からされる仕事 w の和 $q+w$ は，系の変化の前後の状態 A, B のみにより決まり，途中の経路に依らない．

　ここで，平衡状態とは孤立系を十分長時間放置したとき，達成される状態である．例えば，容器に気体を入れて外部からの影響を絶つと，気体は最初どのような状態にあったとしても，最終的には**マクロに見て一定の状態**に達する．これが気体の**平衡状態**である．この状態でも，ミクロな視点では，系を構成する個々の原子・分子の運動状態は絶えず変化しているが，体積，温度，圧力などのマクロな物理量は一定値をとる．このように，系の平衡状態に応じて一義的に決まる物理量を**状態量**という．例えば，圧力は分子が容器の壁に衝突することによって生じるが，いろいろな速さと方向をもつ無数（6×10^{23} 個程度）の分子の衝突による総合的結果が一定となるのである（7.2 節，p.109 参照）[1]．熱力学はマクロな系の熱現象を体積，温度，圧力などの状態量を用いて記述する学問である．したがって，通常，熱力学を非平衡状態に適用することはできない．

　さて，第 1 法則を図示すると図 A.2 のようになる．平衡状態 A から B へ移る経路はいろいろあり，系が外界から吸収する熱量（熱の形で入ってくるエネルギー）q_1,

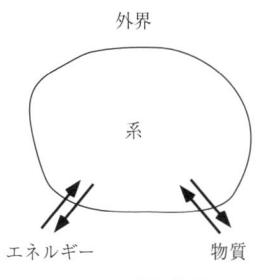

図 A.1　系と外界

---
[1] このときの分子の速度の分布がマクスウェル-ボルツマンの速度分布である．

$q_2, \cdots$ と外界からされる仕事（力学的エネルギー）$w_1, w_2, \cdots$ は経路 $C_1, C_2, \cdots$ ごとに異なる可能性があるが、それらの和 $q_1+w_1, q_2+w_2, \cdots$ は A, B が決まっている限り等しいのである．そこで，ΔU を終状態 B と始状態 A の間のエネルギー差，q と w を状態 A から B への任意の経路に伴って外界から吸収される熱量と外界からされる仕事とすれば，次式が成立する．

$$\Delta U = q + w \tag{A.2.1}$$

したがって，平衡状態 A のエネルギーを U_A とすれば[1]，平衡状態 B のエネルギーは $U_B = U_A + \Delta U$ となり，U_B の値は，途中の経路に依らず，平衡状態 B に応じて一義的に決まるのである．したがって，U は状態量である．なお，q も w も外界から系に入ってくるとき正にしてあることに注意されたい．系が外界に熱を放出したり，系が外界に仕事をするときは q も w も負である．

熱力学では，エネルギーとして，系全体の運動や位置エネルギーは考慮しない[2]．系の内部に含まれるエネルギーだけを対象にする．したがって，U は**内部エネルギー**（internal energy）と呼ばれる．力学でエネルギーに用いられる文字 E と区別するため U が使われるのはそのためである．(A.2.1) は，系の状態変化に伴って熱と仕事の形で外界から系に流入するエネルギーは，系の内部に貯えられて内部エネル

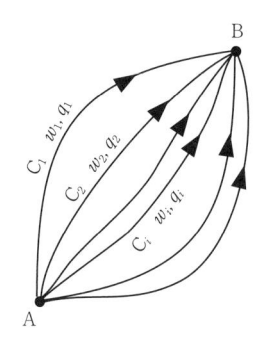

$$w_1 + q_1 = w_2 + q_2 = \cdots$$

図 A.2 平衡状態 A から B への変化

状態 A から B への経路の相違により仕事と熱量の値は異なるが，両者の和は一定．

---

1) 熱力学では 2 つの状態のエネルギー差だけを問題とするので，A 点とその点のエネルギー U_A は任意に選ぶことができる．
2) 例えば，進行中の列車内の系と静止している系のエネルギーを区別しない．また，1 階にある系と 2 階にある系のエネルギーは同じとする．

ーの増加 ΔU となることを意味する.したがって,系と外界をまとめて考えると,エネルギーは一定である.すなわち,熱力学第1法則は**エネルギー保存則**(law of energy conservation)の1つの表現である.

昔から,周期的に動いて燃料を供給することなく仕事が取り出せる機械をつくろうとした人々がいたが,これらの人々の努力はすべて徒労になった.このような機械を**第1種永久機関**(perpetual engine of the first kind)という.第1種永久機関の1周期の過程(1サイクル)について(A.2.1)を適用すると,1サイクルの後には元の平衡状態に戻っているから,状態量 U の値は運動前と変わらない.すなわち,$\Delta U=0$ である.したがって,(A.2.1)から

$$0=q+w$$

となる.また,燃料を用いないで仕事を取り出すためには,$q=0$, $w<0$ でなければならない.したがって,上式は成立しない.すなわち,熱力学第1法則によって,第1種永久機関は実現不可能であることが明確になったのである.

(2) **体積変化の仕事**

熱力学における力学的仕事の代表的な例が次に述べる系の膨張と圧縮に伴うものである.

図 A.3 のように,ピストンのついた容器に気体が入っているものとする.いま,外からピストンに一定の圧力 P_e[1] を加えて気体を圧縮するものとする.圧力は単位面積当たりにはたらく力であるから,このときピストンに作用する外力 F はピストンの面積を S として $F=P_e S$ である.外力 F がはたらいてピストンが距離 l だけ移動するとすれば,その間に外力のする仕事は

$$w=Fl=P_e Sl$$

である.Sl は気体の体積の減少量 $-\Delta V$ に等しいから(V の増加量:$\Delta V<0$ であるから,$-\Delta V>0$),上式は

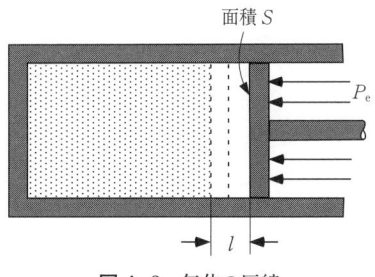

図 A.3 気体の圧縮

---

[1] P の添字 e は external(外の)の頭文字である.

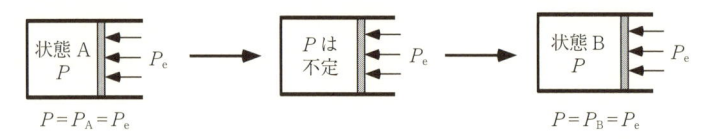

図 A.4 定圧過程（外圧 P_e が一定）

$$w = -P_e \Delta V \quad (A.2.2)$$

となる．すなわち，系が圧縮される場合（$\Delta V < 0$）には，系は外界から $w\ (>0)$ の仕事をされる．逆に膨張の場合（$\Delta V > 0$）には，系は外界に $-w\ (>0)$ の仕事をすることになる．

(3) 定積過程と定圧過程　エンタルピー H

以下，系に出入りする仕事として体積変化に伴う仕事(A.2.2)だけを考える．まず，定積過程（系の体積が一定という条件での状態変化）では，$w=0$ であるから(A.2.1)より

$$q_V = \Delta U \quad (A.2.3)$$

となる．q の添字 V は定積を意味する．すなわち，定積過程では，系に出入りする熱量は系の内部エネルギーの変化に等しい．

次に定圧過程について考える．ただし，定圧過程とは外圧 $P_e = $ 一定という条件（例えば，大気圧の下）での状態変化である（図 A.4）．この場合，変化の前後の状態を A, B とすれば，それぞれが平衡状態であるから，外圧 P_e と系の圧力 P は等しい．すなわち，$P = P_A = P_e$，$P = P_B = P_e$ である．ただし，一般に，A→B の経路の途中では，必ずしも平衡状態にないので，系の圧力 P の値は決まらない．定圧過程では(A.2.2)が適用できるから，(A.2.1)と組み合わせて

$$q_P = \Delta U + P_e \Delta V = \Delta U + P \Delta V \quad (A.2.4)$$

ただし，q の添字 P は定圧を意味する．また，最右辺の P は系の変化の前または後の平衡状態における系の圧力（P_A または P_B）である．

ここで，新しい状態量として

$$H = U + PV \quad (A.2.5)$$

を定義する．H はエンタルピー（enthalpy）と呼ばれる．平衡状態では，状態量 U, P, V は確定しているので，H も確定する．よって，H も状態量である．平衡状態 A から B への変化に伴う H の変化は，$\Delta H = H_B - H_A = (U_B + P_B V_B) - (U_A + P_A V_A) = (U_B - U_A) + (P_B V_B - P_A V_A)$ となる．定圧変化では，$P_A = P_B = P_e$ であるから，$\Delta H = \Delta U + P_e (\Delta V)$ となる．よって，(A.2.4)より

$$q_P = \Delta H \quad (A.2.6)$$

が得られる．上式は，定圧過程で系に出入りする熱量は状態量である系のエンタルピーの変化に等しいことを意味する．このことから，ヘスの法則が導かれる．状態量は

状態が決まれば確定値をとるから，始状態 A と終状態 B を指定すれば，その間のエンタルピーの変化 $\Delta H = H_B - H_A$ は A→B の経路に依らず一定値をとる．すなわち，反応が一段で起こっても，数段に分かれて起こっても反応熱の総和は変わらないのである．同様に，(A.2.3) の定積反応熱 $q_V = \Delta U$ の場合もヘスの法則が成立する．

(4) 熱力学第 2 法則

2.3 節，p.23 において，図 2.3(c') の金属球が地面の乱雑な運動エネルギーをかき集めて元の高さ h に戻ることはない，すなわち，熱エネルギー（原子・分子の無秩序なエネルギー）は<u>自然には</u>仕事（原子・分子の全体としての方向性のある運動を引き起こすエネルギー）に変わらないと述べた．それでは，熱を仕事に変えるにはどのようにすればよいのであろうか．熱エネルギーを仕事に変える装置として昔から使われているのが，**熱機関**（heat engine）である．例えば，蒸気機関では水を加熱して水蒸気にし仕事をさせた後，水蒸気を冷却して水に戻す．この**循環過程＝サイクル**（cycle）を繰り返すことによって継続的に仕事を取り出すのである．このように，熱機関は 1 つの熱源でははたらかない．温度の高い熱源と低い熱源（高熱源と低熱源）を必要とする．水冷や空冷のエンジンも熱機関と考えてよい．燃料を燃焼させて高熱源とし，水や空気を低熱源にしているのである．

さて，熱力学第 2 法則を導入しよう．この法則にはいろいろな表現があるが，次の 2 つが代表的なものである．

トムソン（Thomson）の原理

循環過程により，1 つの熱源から熱をとり，それを完全に仕事に変えることは不可能である．

クラウジウス（Clausius）の原理

低温の物体から熱をとり，それを高温の物体に移す以外に何も残さないようにすることはできない．

これらの原理は互いに同等で一方から他方を導くことができる[1]．

まず，トムソンの原理について説明する．トムソンの原理で否定されるような循環過程（サイクル）が可能だとすると，このようなサイクル（熱機関）を使えば，海水のもつ膨大な熱エネルギーを利用して船を走らせることができる．また，空気や地球の熱エネルギー用いて飛行機や車を動かすこともできる．われわれの経験によるとこのような熱機関は存在しないのである．上で述べたように，熱機関には必ず高熱源と低熱源が必要で，高熱源からの熱 q_1 の<u>一部</u> $q_1 - q_2$ が仕事 w として使われ，残りの熱 q_2 が低熱源に放出されるのである．トムソンの原理で否定される熱機関を**第 2 種永**

---

[1] 巻末参考書 9 参照．

久機関(perpetual engine of the second kind)という．したがって，トムソンの原理は

「第2種永久機関は存在しない」

と言い換えることができる．このようにして，第1種永久機関は熱力学第1法則によって，第2種永久機関は熱力学第2法則によって否定されるのである．

次にクラウジウスの原理は低温の物体から高温の物体に熱が移動しないというわれわれの経験をふまえたものである．ただし，この原理には「(熱移動以外には) 何の変化も残さない」という制限がついている．何か変化を残してよければ，低温の物体から高温の物体へ熱を移すことができる．例えば，冷蔵庫やクーラーはその例で，外部から電気的仕事を供給して(外部に変化を残して)，低温の庫内や室内から熱を「汲み上げて」，それを高温の庫外や室外に放出している．これらの機器の仕組みがヒートポンプと呼ばれるのはそのためである．

(5) 第2法則の数式的表現　エントロピー S

まず，可逆過程と不可逆過程という言葉を定義しておこう．「系が状態 A から他の状態 B へ移った後，何らかの方法で<u>外界に何の変化も残さず</u>に系をもとの状態 A に戻すことができるとき，初めの過程 A→B を**可逆過程**(reversible process)という」．これに対し，「可逆でない過程を**不可逆過程**(reversible process)という」．自然界で自発的に起こる過程はすべて不可逆過程である．例えば，気体の真空中への拡散(図9.4)，異なる気体の混合(図9.5)，高温の物体から低温の物体への熱移動などは不可逆過程である[1]．なお，可逆過程は理想的な極限として考えられるだけで，自然界では実現しない．

さて，熱力学第2法則の数式的表現は次のようになる．この表現はトムソンの原理やクラウジウスの原理と同等であることが証明される[2]．

> 系が状態 A から B まで変化するとき，その微小変化に伴って系が熱力学的温度(絶対温度) T_e の外界から吸収する熱量を $d'q$ とすると
>
> $$\Delta S = S_B - S_A \geq \int_A^B \frac{d'q}{T_e} \qquad (A.2.7)$$
>
> が成立する．ただし，S は系の状態量(エントロピー)，等号は過程 A→B が可逆過程の場合，不等号は不可逆過程の場合である．

---

[1] 図9.4において，気体を左半分の空間に戻そうとすれば，気体に圧力をかけなければならない．また，図9.5では混合した気体を元通り右と左に分けるには分留などの手段が必要である．また，熱移動を元に戻すには，低温の物体から高温の物体に熱を移すため，ヒートポンプなどを使う必要がある．このような元に戻す操作をすると，必ず外界に変化が残る．

[2] 巻末参考書 9, 10 参照．

(A.2.7)の最右辺は，**経路積分**と呼ばれるもので，A→Bの経路Cを忠実に再現するため，Cを微小区間δC_iに分けて，各区間で絶対温度T_{ei}の熱源から系が吸収する熱量を$\delta'q_i$として[1]，$\delta'q_i/T_{ei}$を全区間にわたって加えたものである（図A.5）．

$$\int_A^B \frac{d'q}{T_e} = \lim_{\delta C_i \to 0} \sum_i \frac{\delta'q_i}{T_{ei}} \tag{A.2.8}$$

(A.2.7)を熱が出入りしない断熱系（$d'q = 0$または$\delta'q = 0$）に適用すると

$$\Delta S \geq 0 \tag{A.2.9}$$

となる．よって，エントロピーは不可逆変化では増大し，可逆変化では一定である．ところで，自然界で起こる変化はすべて不可逆変化であるから，断熱系で変化が起これば必ずエントロピーが増大する．このことは，断熱系はエントロピーが増大する方向に変化することを意味している．これを**エントロピー増大の原理**という．系のエントロピーが増大して極大値になると，もはや系は変化しない．これが系の平衡状態である．孤立系（熱も仕事も出入りしない系）は断熱系の特別な場合であるから，孤立系でも上と同じことがいえる．以上をまとめると

断熱系（孤立系）の変化の方向　　$\Delta S > 0$　　　　(A.2.10)

断熱系（孤立系）の平衡条件　　　$S = $ 極大　　　(A.2.11)

となる．例えば，図9.4と図9.5において，自然に起こる(a)→(b)の変化はいずれもエントロピーが増加する方向への変化である[2]．(b)の状態はエントロピー極大の状態で，平衡状態であるからこれ以上変化しない．

外界も系に含めるとすべての系は孤立系になる．したがって系のエントロピーS

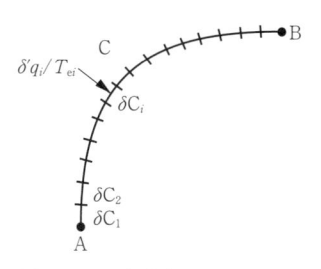

図A.5　平衡状態AからBへの経路Cの微小区間δC_iへの分割

---

1) 熱量は状態を指定しても決まらないから状態量ではない．熱力学では状態量ではない微少量にはダッシュを付けることになっている．
2) 図9.4と図9.5の(a)→(b)の変化の間，外界から熱も仕事も出入りしないので，これらの系は孤立系と考えてよい．

と外界のエントロピー S_e の和

$$S_{total} = S + S_e \tag{A.2.12}$$

をあらためて S とみなすと，(A.2.10)，(A.2.11)はどのような系についても成立する．

9.5.1項，p.145では，エントロピー S は乱雑さの尺度としてが導入されたが，上述のように熱力学では(A.2.7)によって S が定義されるのである．

(6) **ヘルムホルツエネルギー A とギブズエネルギー G**

次の2つの新しい状態量

$$A \equiv U - TS \tag{A.2.13}$$

$$G \equiv U - TS + PV$$
$$= A + PV = H - TS \tag{A.2.14}$$

を定義する（(A.2.5)参照）．A は**ヘルムホルツ（の自由）エネルギー**（Helmholtz (free) energy）[1]，G は**ギブズ（の自由）エネルギー**（Gibbs (free) energy）と呼ばれる．上式で，U, S, V は状態量，であるから，それらの組み合わせである A と G も状態量である．

ここで，系が状態 A から B まで定温変化（等温変化）する場合を考える．定温変化とは，外界の温度 T_e が一定の変化である．定圧変化の場合と同様に，変化の前後の状態は平衡状態であるから，外界の温度 T_e と系の圧力 T は等しい．すなわち，$T = T_A = T_e$, $T = T_B = T_e$ である．この場合，第2法則の式(A.2.7)は T_e が一定だから

$$\Delta S \geq \int \frac{d'q}{T_e} = \frac{1}{T_e} \int d'q = \frac{q}{T_e} \qquad \geq 0：不可逆 \ = 0：可逆 \tag{A.2.15}$$

となる．ただし，q は状態変化 A→B の間に系が吸収する熱量である．この式を第1法則の式(A.2.1)に代入すると

$$\Delta U - T_e \Delta S \leq w \tag{A.2.16}$$

が得られる（絶対温度 $T_e > 0$ に注意）．w は状態変化 A→B に伴って系が外界からされる仕事である．変化の前後の状態 A，B に着目すれば，上式の T_e を系の温度 T におきかえることができる．よって

$$\Delta U - T \Delta S \leq w \tag{A.2.17}$$

となる．(A.2.13)より，定温変化に伴う A の変化は

$$\Delta A = \Delta U - T \Delta S \tag{A.2.18}$$

である[2]．上の2つの式から

$$\Delta A \leq w \qquad 定温変化 \tag{A.2.19}$$

この式は系の定温変化に伴って外界からされる仕事 w は可逆変化のとき最小で，

---

1) ヘルムホルツエネルギーとして，A の代わりに F が使われることもある．
2) (A.2.5)の下の $\Delta(PV)$ の変形参照．$\Delta(TS) = T_B S_B - T_A S_A = T(S_B - S_A) = T \Delta S$.

その値はヘルムホルツ自由エネルギーの増加に等しいことを意味する[1]. 仕事として体積変化の仕事しかないときは，定積（$\Delta V=0$）では，(A.2.2)より$w=0$であるから

$$\Delta A \leq 0 \quad \text{定温定積変化} \tag{A.2.20}$$

となる. よって，定温定積において系のヘルムホルツエネルギーAは不可逆変化では減少し，可逆変化では一定である. 自然に起こる変化はすべて不可逆変化であるから，定温定積では系はAが減少する方向に変化する. そして，Aが極小になると，それ以上変化は起こらない. すなわち

$$\text{定温定積変化の方向} \quad \Delta A<0 \tag{A.2.21}$$
$$\text{定温定積変化の平衡条件} \quad A=\text{極小} \tag{A.2.22}$$

となる.

次に，定温定圧変化（$T_e=P_e=$一定）の場合，ギブズエネルギーの変化は(A.2.14)より

$$\Delta G = \Delta U - T\Delta S + P\Delta V = \Delta H - T\Delta S \tag{A.2.23}$$

ただし，TとPは変化の前後の状態における系の温度と体積である. 上式と(A.2.17)より

$$\Delta G \leq w + P\Delta V \quad \text{定温定圧変化} \tag{A.2.24}$$

となる. 仕事として体積変化の仕事しかない場合は(A.2.2)より，$w=-P\Delta V$となるので

$$\Delta G \leq 0 \quad \text{定温定圧変化} \tag{A.2.25}$$

が得られる[2]. よって，定温定圧変化において系のギブスエネルギーGは不可逆変化

---

1) (A.2.19)の両辺の符号を変えて，右辺と左辺を入れ替えると
$$-w \leq -\Delta A$$
この式は，定温変化で系が外界にする仕事$-w$は可逆変化のとき最大で，それは系のヘルムホルツ自由エネルギーの減少に等しいことを意味する. すなわち，定温では，系が外界に自由に供給できる仕事は最大でもヘルムホルツ自由エネルギーの減少分に等しい. Aを自由エネルギーと呼ぶのはこのためである.

2) 系が体積変化以外の仕事をされるときは，(A.2.24)は
$$\Delta G \leq w-(-P\Delta V) \equiv w_{\text{net}} \quad \text{定温定圧変化} \tag{1}$$
となる. ただし，w_{net}は外界からされる体積変化以外の仕事で，**正味の仕事**（net work）と呼ばれる. 上式の両辺の符号を変えると
$$-\Delta G \geq -w_{\text{net}} \tag{2}$$
この式は系が外界にする正味の仕事は可逆変化のとき最大で，その値は系のギブスエネルギーの減少に等しいことを意味する. 例えば，電池や生体内で進行する反応に伴って放出される仕事は体積変化による仕事と正味の仕事よりなるが，電池や生体が利用するのは後者（正味の仕事＝有効な仕事）だけである. 正味の仕事は，電池では電気的仕事に，生体では力学的仕事（筋肉運動など）と生体物質の合成のための仕事（化学的エネルギー）などに使われる. 一般に，系が自由に取り出しうる最大の正味の仕事はギブズ自由エネルギーの減少分に等しい. Gを自由エネルギーと呼ぶのはこのためである.

では減少し，可逆変化では一定である．自然に起こる変化はすべて不可逆変化であるから，定温定圧では系は G が減少する方向に変化する．そして，G が極小になると，それ以上変化は起こらない．すなわち

$$\text{定温定圧変化の方向} \quad \Delta G < 0 \tag{A.2.26}$$
$$\text{定温定圧変化の平衡条件} \quad G = \text{極小} \tag{A.2.27}$$

となる．

(7) 状態変化と平衡条件

(5)と(6)で述べた状態量の変化と平衡条件を表 A.1 にまとめた．通常の力学ではエネルギー極小が平衡条件である．これに対し，マクロな系を対象とする熱力学では，ミクロな状態の出現確率が問題となるので，エントロピー S の大小が直接（断熱変化），または A，G を通じて間接（定温定積変化，定温定圧変化）に平衡に関与する．表の平衡条件のうち，$S=$ 極大がもっとも一般的である．外界も系に含めると全系は孤立系になるので，$S=$ 極大は何の制限もなしに成り立つからである．これに対し，定温定積および定温定圧変化の条件，$A=$ 極小や $G=$ 極小は系に出入りする仕事が体積変化による仕事のみの場合に成立する．化学では，定圧（特に大気圧）における状態変化を取り扱うことが多いので，$\Delta G \leq 0$ の式および $G=$ 極小の条件がもっともよく使われる．

(8) 平衡定数

理想混合気体において，成分気体 A の分圧を p_A とすると，1 mol 当たりのギブズエネルギーは

$$\mu_A = \mu_A^{\ominus} + RT \ln p_A \tag{A.2.28}$$

で表される[1]．ただし，p_A は A の分圧の数値（無名数），$\mu_A^{\ominus}$ は標準状態（通常圧力 1 bar とする）における純気体 A の 1 mol 当たりのギブズエネルギーである[2]．上式を用いると，反応

$$a\text{A} + b\text{B} \rightleftarrows c\text{C} + d\text{D} \tag{A.2.29}$$

に伴うギブズエネルギー変化は

表 A.1 状態量の変化と平衡条件

変化	状態量の変化[a]	平衡条件	備考
断熱	$\Delta S \geq 0$	$S=$ 極大	孤立系で成立
定温定積	$\Delta A \leq 0$	$A=$ 極小	体積変化による仕事のみ
定温定圧	$\Delta G \leq 0$	$G=$ 極小	体積変化による仕事のみ

a) 不等号は不可逆変化，等号は可逆変化の場合．

---

1) 巻末参考書 9，10 参照．μ は正確には化学ポテンシャルと呼ばれる量である．説明をやさしくするため，以後の式の導出過程は多少厳密さを欠いている．
2) $p_A = 1$ のとき，$\mu_A = \mu_A^{\ominus}$ になることに注意．

$$\Delta G = c(\mu_C^\ominus + RT \ln p_C) + d(\mu_D^\ominus + RT \ln p_D) - a(\mu_A^\ominus + RT \ln p_A) - b(\mu_B^\ominus + RT \ln p_B)$$
$$= \Delta G^\ominus + RT \ln K_P \tag{A.2.30}$$

ただし
$$\Delta G^\ominus = c\mu_C^\ominus + d\mu_D^\ominus - a\mu_A^\ominus - b\mu_B^\ominus \tag{A.2.31}$$

$$K_P = \frac{p_C{}^c p_D{}^d}{p_A{}^a p_B{}^b} \tag{A.2.32)$^{1)}$$

で,$\Delta G^\ominus$ は反応に伴う標準ギブズエネルギー変化[2],K_P は圧平衡定数である.(A.2.27)より,定温定圧の平衡状態ではギブズエネルギーは極小値をとるはずであるから,$\Delta G = 0$ となる.この条件を(A.2.30)に入れると,平衡状態で

$$\Delta G^\ominus = -RT \ln K_P \tag{A.2.33}$$

が得られる.

気相反応以外でも,適当な標準状態を選ぶと,反応に関与する物質の 1 mol 当たりのギブズエネルギーとして(A.2.28)に対応する式が得られる.例えば,溶液中の反応では,溶質 A のモル濃度を c_A として,1 mol 当たりのギブズエネルギーは次式で表される[3].

$$\mu_A^{(c)} = \mu_A^{(c)\ominus} + RT \ln c_A \tag{A.2.34}$$

ただし,c_A は A の濃度の数値(無名数)$\mu_A^{(c)\ominus}$ は $c_A = 1$ のときのモルギブズエネルギー $\mu_A^{(c)}$ である.(A.2.28)から(A.2.33)が得られたように,上式から(A.2.29)の形の溶質間の反応について

$$\Delta G^{(c)\ominus} = -RT \ln K_c \tag{A.2.35}$$
$$\Delta G^{(c)\ominus} = c\mu_C^{(c)\ominus} + d\mu_D^{(c)\ominus} - a\mu_A^{(c)\ominus} - b\mu_B^{(c)\ominus} \tag{A.2.36}$$

$$K_c = \frac{c_C{}^c c_D{}^d}{c_A{}^a c_B{}^b} \tag{A.2.37}$$

が導かれる.

---

1) $cRT \ln p_C = RT \ln p_C{}^c$ となることに注意.
2) 標準状態($P = 1$ bar)にある反応系の物質が化学反応式にしたがって標準状態($P = 1$ bar)にある生成系の物質になるときのギブズエネルギー変化.
3) 巻末参考書 9, 10.

参考書

1. 原田義也,生命科学のための基礎化学Ⅰ　有機化学の基礎,東京大学出版会 (2004).
2. 原田義也,生命科学のための基礎化学Ⅱ　生化学の基礎,東京大学出版会 (2004).
3. J. McMurry, M. Castellion, D. S. Ballantine, C. A. Hoeger, V. E. Peterson, 菅原二三男監訳,マクマリー生物有機化学　基礎化学編,第3版,丸善 (2010).
4. J. McMurry, M. Castellion, D. S. Ballantine, C. A. Hoeger, V. E. Peterson, 菅原二三男監訳,マクマリー生物有機化学　有機化学編,第3版,丸善 (2010).
5. M. M. Bloomfield, 伊藤俊洋,伊藤佑子,岡本義久,北由憲三,清野　肇,松野昻士訳,生命科学のための基礎化学　無機物理化学編,丸善 (1995).
6. M. M. Bloomfield, 伊藤俊洋,伊藤佑子,岡本義久,北由憲三,清野　肇,松野昻士訳,生命科学のための基礎化学　有機・生化学編,丸善 (1995).
7. 吉岡甲子郎,化学通論,裳華房 (1976).
8. 下井　守,基礎無機化学,東京化学同人 (2009).
9. 原田義也,化学熱力学,修訂版,裳華房 (2002).
10. 原田義也,化学熱力学,裳華房 (2012).
11. 原田義也,統計熱力学,裳華房 (2010).
12. 中田宗隆,化学結合論,裳華房 (2012).
13. 大野公一,量子化学,裳華房 (2012).
14. 長浜邦雄,加藤　覚,栃木勝己,栗原清文,化学数学,朝倉書店 (2004).

章末問題解答

1.1 (1) 表から H_2 分子,N_2 分子,O_2 分子の相対質量は 2, 28, 32 であるから,H 原子,N 原子 O 原子の相対質量はそれぞれ 1,14,16 になる.したがって,N 原子 1 個と H 原子 3 個からなる NH_3 分子の相対質量は $\underline{17}$,O 原子 1 個と H 原子 2 個からなる H_2O 分子の相対質量は $\underline{18}$ である.

(2) 表において,アンモニアと水を除き,沸点は分子の質量の順に高くなっている.水の沸点が異常に高いのは,本文で述べたように,水素結合のためである.アンモニアも水を除く他の分子に比べて質量が小さいにもかかわらず,沸点が高い.したがって,分子間に強い相互作用があることが予想される(実際には,水ほどは強くないが,アンモニア分子間にも水素結合が存在する(4.3.3 項,p.71).

1.2 4種類の塩基を1つずつ選んで並べるとすると,先頭における塩基の数は 4 個,2 番目と 3 番目における塩基の数もそれぞれ 4 個であるから,$4\times4\times4=64$ 通りの並べ方がある.ゆえに,64 種類のアミノ酸を指定できる.

2.1 答の桁数は問の数字のもっとも少ない桁数(有効数字,2.1 節,p.14)に合わせた.

(1) $\dfrac{0.0345\times(-68900)}{-235.4\times(-0.0123)} = \dfrac{-3.45\times6.89}{2.354\times1.23}\times\dfrac{10^{-2}\times10^4}{10^2\times10^{-2}} = \underline{-8.21\times10^2}.$

(2) $\dfrac{-123450\times0.00003331}{-93.546\times0.06892} = \dfrac{1.2345\times3.331}{9.3546\times6.892}\times\dfrac{10^5\times10^{-5}}{10^1\times10^{-2}} = 0.06378\times10^1 = \underline{6.378\times10^{-1}}.$

2.2 はじめの位置エネルギー mgh が運動エネルギー K に変わるので
$$K = mgh = 8.00\text{ kg}\times9.81\text{ m s}^{-2}\times12.5\text{ m} = \underline{981\text{ J}}.$$
また,(2.3.7) より,$v = \sqrt{2gh} = \sqrt{2\times9.81\text{ m s}^{-2}\times12.5\text{ m}} = \underline{15.7\text{ ms}^{-1}}$.

2.3 高さを h とすれば,はじめの運動エネルギー $(1/2)mv_0^2$ が位置エネルギー $V=mgh$ に変わるので,$(1/2)mv_0^2 = mgh$ となる.km/h $= 1000$ m/(60×60) s $= 0.2778$ m s^{-1} を用いて
$$120\text{ km/h} = 120\times0.2778\text{ m s}^{-1} = 33.34\text{ m s}^{-1}.$$
$$h = (1/2)v_0^2/g = (1/2)\times(33.34\text{ m s}^{-1})^2/9.81\text{ m s}^{-2} = \underline{56.6\text{ m}}.$$
$$V = mgh = 145\times10^{-3}\text{ kg}\times9.81\text{ m s}^{-2}\times56.6\text{ m} = \underline{80.5\text{ J}}.$$

2.4 圧力と高さの間には式 (2.4.5),$P=\rho gh$ が成立する.g cm$^{-3} = 10^{-3}$ kg$(10^{-2}$ m$)^{-3} = 10^3$ kg m^{-3} を用いて
$$h = \frac{P}{\rho g} = \frac{1.013\times10^5\text{ Pa}}{1.000\times10^3\text{ kg m}^{-3}\times9.807\text{ ms}^{-2}} = \underline{10.33\text{ m}}.$$

2.5 波長 3.65×10^{-7} m の光子のエネルギーは (2.5.5) より
$$E = \frac{hc}{\lambda} = \frac{6.626\times10^{-34}\text{ J s}\times2.998\times10^8\text{ m s}^{-1}}{3.65\times10^{-7}\text{ m}} = 5.44\times10^{-19}\text{ J}.$$
このエネルギーのうち,最低 3.78×10^{-19} J が電子の放出に使われるので,残りのエネルギー(電子の最大運動エネルギー K_{max})は
$$K_{max} = (5.44-3.78)\times10^{-19}\text{ J} = \underline{1.66\times10^{-19}\text{ J}}.$$
対応する電子の速度を v_{max},質量を m_e とすると,$K_{max} = (1/2)m_e v_{max}^2$ であるから
$$v_{max} = \sqrt{2K_{max}/m_e} = \sqrt{2\times1.66\times10^{-19}\text{ J}/9.11\times10^{-31}\text{ kg}} = \underline{6.04\times10^5\text{ m s}^{-1}}.$$

3.1　$^{31}_{15}$P：原子番号＝陽子数＝電子数＝15，質量数＝31，中性子数＝16，最外殻の電子数＝5；$^{27}_{13}$Al：原子番号＝陽子数＝電子数＝13，質量数＝27，中性子数＝14，最外殻の電子数＝3；$^{133}_{55}$Cs：原子番号＝陽子数＝電子数＝55，質量数＝133，中性子数＝78，最外殻の電子数＝1．

3.2　概略の質量比は質量数の比であるから，40：42：43：44：46：48．

3.3　$_{12}$Mg：$(1s)^2(2s)^2(2p)^6(3s)^2$．　$_{15}$P：$(1s)^2(2s)^2(2p)^6(3s)^2(3p)^3$．
　　$_{37}$Rb：$(1s)^2(2s)^2(2p)^6(3s)^2(3p)^6(4s)^2(3d)^{10}(4p)^6(5s)$．

```
        1s    2s      2p       3s       3p
 15P   [●●] [●●] [●●|●●|●●] [●●]  [● |● |● ]
```

3.4　(1) Mg^{2+}，マグネシウムイオン，Ne　(2) I^-，ヨウ化物イオン，Xe
　　(3) Rb^+，ルビジウムイオン，Kr

3.5　(1) $_8O^{2-}$：$(1s)^2(2s)^2(2p)^6$　(2) $_{19}K^+$：$(1s)^2(2s)^2(2p)^6(3s)^2(3p)^6$
　　(3) $_{30}Zn^{2+}$：$(1s)^2(2s)^2(2p)^6(3s)^2(3p)^6(3d)^{10}$
　　(注) $ns(n-1)d$ 軌道に電子をもつ遷移金属は溶液中では ns 電子を失う．
　　例えば，Mn：$(1s)^2(2s)^2(2p)^6(3s)^2(3p)^6(4s)^2(3d)^5$ の Mn^{2+}，Mn^{3+}，Mn^{4+} イオンの電子配置は，$(1s)^2(2s)^2(2p)^6(3s)^2(3p)^6$ を省いて書くと，それぞれ$(3d)^5$，$(3d)^4$，$(3d)^3$ である．

3.6　O^{2-}，F^-，Na^+ の電子配置は希ガス原子である Ne の電子配置と同じである．原子核の正電荷はこの順に増しているから，イオン半径はこの順に小さくなる．すなわち，イオン半径の順序は $Na^+<F^-<O^{2-}$．同族の原子よりなるイオンは周期が大きくなると半径が大きくなるので，$Li^+<Na^+$，$O^{2-}<S^{2-}$ である．よって，<u>$Li^+<Na^+<F^-<O^{2-}<S^{2-}$</u> となる．

3.7　Mg，Al，S は第3周期の原子で，周期表でこの順に右に位置しているから，電気陰性度の順は Mg＜Al＜S である．周期表で K は Mg の左下にあるから K＜Mg，O は S の上にあるから，S＜O である．以上により，<u>K＜Mg＜Al＜S＜O</u> となる．

4.1　(1) $PbCl_2$　塩化鉛　(2) $Al_2(SO_4)_3$　硫酸アルミニウム
　　(3) $(NH_4)_2CO_3$　炭酸アンモニウム　(4) $Ca_3(PO_4)_2$　リン酸カルシウム
　　(5) $NaHSO_3$　亜硫酸水素ナトリウム

4.2　(1) KNO_3　(2) Fe_2O_3　(3) HCN　(4) $Mg_3(PO_4)_2$　(5) $KMnO_4$

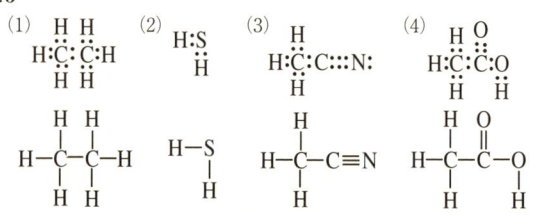

4.3
(1) H:C̈:C̈:H with H's around　(2) H:S̈:H　(3) H:C̈:C⋮⋮⋮N:　(4) H:C̈:C̈:Ö with H and O arrangement

```
    H H              H O
    | |              | ‖
H－C－C－H    H－S    H－C－C≡N    H－C－C－O
    | |              |                 |     |
    H H              H                 H     H
```

4.4
　　:N⋮⋮⋮N:Ö:　　N≡N－O

4.5

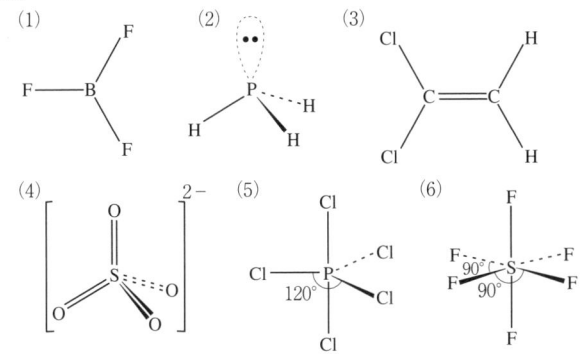

(1) F–B(–F)(–F) structure with three F around B
(2) PH₃ with lone pair on P
(3) CCl₂=CH₂-like: Cl₂C=CH₂ (two Cl on one C, two H on other)
(4) [SO₄]²⁻
(5) PCl₅ (trigonal bipyramidal, 120°)
(6) SF₆ (octahedral, 90°)

4.6

(1) $\overset{\delta+}{Be} \to \overset{\delta-}{Br}$

(2) BCl₃ with Cl atoms $\delta-$ and B $\delta+$ (net dipole zero shown)

(3) $\overset{\delta-}{O} \to \overset{\delta+}{Si} \leftarrow \overset{\delta-}{O}$

(4) SO₂-like, S $\delta+$, O $\delta-$, with net dipole arrow

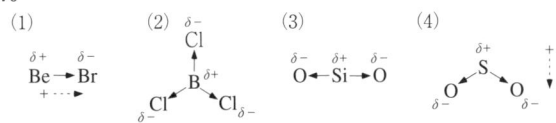

4.7 (1) 水素結合　(2) 分散力　(3) 双極子—双極子相互作用　(4) 水素結合
(5) 分散力　(6) 双極子—双極子相互作用

4.8 (1) 右図からわかるように，体心立方構造の場合，最隣接原子間の距離は対角線 AB の 1/2 である（面心立方構造の場合は対角線 CB の 1/2）．よって，求める距離は単位格子の 1 辺の長さを a として

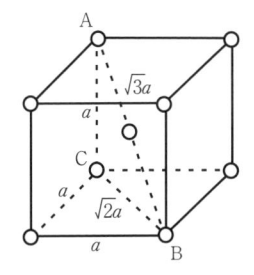

$$(\sqrt{3}/2)a = (1.732/2) \times 0.429 \text{ nm} = \underline{0.372 \text{ nm}}$$

(2) 原子 1 個の質量を m，結晶の密度を d とすると，原子は単位格子に 2 個入っているから，$d = 2m/a^3$ となる．よって

$$m = \frac{da^3}{2} = \frac{0.971 \text{ g cm}^{-3} \times (0.429 \times 10^{-7} \text{ cm})^3}{2}$$

$$= \underline{3.83 \times 10^{-23} \text{ g}}.$$

5.1 $19.9924 \times 0.9048 + 20.9938 \times 0.0027 + 21.9914 \times 0.0925 = \underline{20.18}$.

5.2 アンモニア NH₃ の分子量は $14 + 1 \times 3 = 17$．ゆえに 17 g の中にアボガドロ数の分子が含まれている．分子 1 個の質量は $17 \text{ g}/(6 \times 10^{23}) \cong \underline{2.8 \times 10^{-23} \text{ g}}$．

5.3 $0.022 \text{ g} \times 6 \times 10^{23}/(4.5 \times 10^8 \times 10^6 \text{ g/y}) = \underline{2.9 \times 10^7 \text{ y}}$.

5.4 (1) $2\text{KI} + \text{Cl}_2 \to 2\text{KCl} + \text{I}_2$
(2) $\text{CH}_4\text{O} + (3/2)\text{O}_2 \to \text{CO}_2 + 2\text{H}_2\text{O}$
(3) $\text{KClO}_3 \to \text{KCl} + (3/2)\text{O}_2$
(4) $\text{MnO}_2 + 2\text{HCl} \to \text{MnCl}_2 + \text{H}_2\text{O} + (1/2)\text{O}_2$
(5) $\text{K}_2\text{Cr}_2\text{O}_7 + 3\text{H}_2 + 4\text{H}_2\text{SO}_4 \to \text{K}_2\text{SO}_4 + \text{Cr}_2(\text{SO}_4)_3 + 7\text{H}_2\text{O}$
(注) (2)～(4) は両辺を 2 倍して分数の係数を整数にしてもよい．

5.5 (1) $\text{C}_2\text{H}_2 + (5/2)\text{O}_2 = 2\text{CO}_2 + \text{H}_2\text{O}$
(2) C_2H_2 の分子量は $12 \times 2 + 1 \times 2 = 26$ であるから，C_2H_2 1.3 g は $1.3 \text{ g}/26 \text{ g mol}^{-1} = 0.050$

mol. (1)から C_2H_2 1 mol と反応する O_2 の物質量は 5/2 mol であるから，求める物質量は 0.050 mol×(5/2)≅<u>0.13 mol</u>．0.13 mol の O_2 中に含まれる酸素原子 O の数は，0.26 mol であるから，酸素原子数＝$6×10^{23}$ mol^{-1}×0.26 mol≅<u>$1.6×10^{23}$</u>．
(3) (1)より C_2H_2 1 mol から CO_2 2 mol が生成するので，C_2H_2 0.050 mol から CO_2 0.10 mol が生じる．この体積は標準状態で 22.4 dm^3×0.10＝<u>2.2 dm^3</u>．
(4) (1)より C_2H_2 0.05 mol から H_2O 0.05 mol が生成する．H_2O の分子量は 18 であるから，生じた H_2O の質量は 0.05 mol×18 g mol^{-1}＝0.90 g．水の密度が 1.0 g cm^{-3} であるから，水の体積は 0.90 g/1.0 g cm^{-3}＝<u>0.90 cm^3</u>．

5.6 (1) $BaCl_2 + Na_2SO_4 \rightarrow 2NaCl + BaSO_4\downarrow$　　　$Ba^{2+} + SO_4^{2-} \rightarrow BaSO_4\downarrow$
(2) $BaCl_2$ 水溶液 10 cm^3 中には 0.0030 mol の $BaCl_2$ が含まれている．これとちょうど反応する Na_2SO_4 の物質量は 0.0030 mol である．したがって，Na_2SO_4 水溶液 1 dm^3 中に含まれている Na_2SO_4 の物質量は 0.0030 mol×1000 cm^3/20 cm^3＝<u>0.15 mol</u>．
(3) 沈殿した $BaSO_4$ の物質量は <u>0.0030 mol</u>．$BaSO_4$＝137＋32＋16×4＝233 であるから，沈殿した $BaSO_4$ の質量は 233 g×0.0030＝<u>0.70 g</u>．

5.7 (1) $C_6H_{12}O_6 + 6O_2 \rightarrow 6CO_2 + 6H_2O$．
(2) $C_6H_{12}O_6$＝12×6＋1×12＋16×6＝180 であるから，グルコースのモル数は 72.0/180＝0.4 mol．また，67.2 dm^3 の酸素の物質量は 67.2/22.4＝3.00 (mol)．(1)から 0.4 mol の $C_6H_{12}O_6$ と反応する O_2 は 0.4 mol×6＝2.4 mol であるから，残った O_2 は (3－2.4) mol＝0.6 mol．O_2＝32 であるから，残った酸素の質量は 32×0.6＝<u>19.2 g</u>．
(3) 0.4 mol の $C_6H_{12}O_6$ から，0.4 mol×6＝2.4 mol ずつの CO_2 と H_2O（分子量 18）が生じるので，二酸化炭素の体積は標準状態で 22.4 dm^3 mol^{-1}×2.4 mol＝<u>53.8 dm^3</u>，水の質量は 18 g mol^{-1}×2.4 mol＝<u>43.2 g</u>．

6.1 水のモル質量は (16.00＋1.01×2) g/mol＝18.02 g/mol であるから，1 g 当たりの融解熱と蒸発熱は

$$\text{融解熱 (J/g)} = \frac{6.01 \times 1000 \text{ J mol}^{-1}}{4.184 \text{ J/cal} \times 18.02 \text{ g mol}^{-1}} = 79.7 \text{ cal/g}$$

$$\text{蒸発熱 (J/g)} = \frac{40.65 \times 1000 \text{ J mol}^{-1}}{4.184 \text{ J/cal} \times 18.02 \text{ g mol}^{-1}} = 539.2 \text{ cal/g}$$

よって，必要な熱量は

$$q = (0.49 \times 10 + 79.7 + 1.00 \times 100 + 539.2) \text{ cal/g} \times 100 \text{ g} = \underline{72.4 \text{ kcal}}.$$

6.2 (1) O_2, 分子量が大きい．(2) NH_3, 水素結合をする．(3) NO, 極性分子である．
(4) C_2H_5OH, 水素結合をする．

6.3 (1) ジエチルエーテル，エタノール，水　　(2) ジエチルエーテル
(3) 約 0.45 atm.

6.4 (1) O_1B：斜方硫黄と気相が共存，斜方硫黄の昇華曲線，O_1O_2：単斜硫黄と気相が共存，単斜硫黄の昇華曲線，O_1O_3：斜方硫黄と単斜硫黄が共存，転移曲線，O_3C：斜方硫黄と液相が共存，斜方硫黄の融解曲線，O_2O_3：単斜硫黄と液相が共存，単斜硫黄の融解曲線．
(2) O_1：斜方硫黄，単斜硫黄，気相が共存，O_2：単斜硫黄，液相，気相が共存，O_3：斜方硫黄，単斜硫黄，液相が共存．
(3) D 点で単斜硫黄に転移，E 点で融解．
(4) D：転移点，E：単斜硫黄の融点．

7.1 理想気体の体積は絶対温度に比例し，圧力に反比例するので，求める体積は

$$V = 5.00 \text{ dm}^3 \times \frac{273 \text{ K} \times 2.00 \times 10^5 \text{ Pa}}{300 \text{ K} \times 1.01 \times 10^5 \text{ Pa}} = \underline{9.01 \text{ dm}^3}.$$

7.2 CO_2 のモル質量は 44 g mol^{-1} であるから，(7.1.12)より

$$V = \frac{wRT}{PM} = \frac{15.0 \text{ g} \times 8.21 \times 10^{-2} \text{ dm}^3 \text{ atm K}^{-1} \text{ mol}^{-1} \times 300 \text{ K}}{(740/760) \text{ atm} \times 44 \text{ g mol}^{-1}} = \underline{8.62 \text{ dm}^3}.$$

密度は $\rho = w/V = 15.0 \text{ g}/8.62 \text{ dm}^3 = \underline{1.74 \text{ g dm}^{-3}}$.

7.3 密度 $\rho = w/V$ であるから，(7.1.12)よりモル質量は

$$M = \frac{\rho RT}{P} = \frac{2.34 \text{ dm}^{-3} \times 8.21 \times 10^{-2} \text{ dm}^3 \text{ atm K}^{-1} \text{ mol}^{-1} \times 273 \text{ K}}{1 \text{ atm}} = 52.4 \text{ g mol}^{-1}$$

で，分子量は 52.4 である．炭素と窒素の原子数の比は

$$C : N = \frac{46.2}{12} : \frac{100 - 46.2}{14} = 3.85 : 3.84 \approx 1 : 1.$$

よって，組成式は CN で，式量は 26 である．上の分子量はこの値のほぼ 2 倍であるから，分子式は C_2N_2 となる．

(注) C_2N_2 は通常 $(CN)_2$ と書かれる．ジシアンという猛毒の気体である．

7.4 (7.2.4)より

$$E = N\bar{\varepsilon_k} = \frac{3}{2}PV = \frac{3}{2} \times 5.0 \text{ atm} \times 10 \text{ dm}^3 = 75 \text{ atm dm}^3 = 75 \times 1.01 \times 10^2 \text{ J} = \underline{7.6 \times 10^3 \text{ J}}.$$

atm dm^3 から J への換算については [例題 7.1] 参照．

7.5 (7.2.7)より

$$\sqrt{\overline{u^2}} = \sqrt{\frac{3RT}{M}} = \sqrt{\frac{3 \times 8.31 \text{ J K}^{-1} \text{ mol}^{-1} \times 300 \text{ K}}{16 \times 2 \times 10^{-3} \text{ kg mol}^{-1}}} = \underline{483 \text{ ms}^{-1}}.$$

(7.2.4)より 1 mol 当たりの運動エネルギーと体積を E_m, V_m とすれば

$$E_m = N_A\bar{\varepsilon_k} = \frac{3}{2}PV_m = \frac{3}{2}RT = \frac{3}{2} \times 8.31 \text{ J K}^{-1} \text{ mol}^{-1} \times 300 \text{ K} = \underline{3.74 \times 10^3 \text{ J mol}^{-1}}.$$

7.6 (1) 各成分のモル数は

$n(CO) = 1.26 \text{ g}/(28 \text{ g mol}^{-1}) = 0.0450 \text{ mol}$ $n(CO_2) = 2.74 \text{ g}/(44 \text{ g mol}^{-1}) = 0.0623 \text{ mol}.$

理想混合気体の式(7.3.2)より

$$V = \frac{\{n(CO) + n(CO_2)\}RT}{P} = \frac{0.1073 \text{ mol} \times 8.21 \times 10^{-2} \text{ dm}^3 \text{ atm K}^{-1} \text{ mol}^{-1} \times 323 \text{ K}}{2.50 \text{ atm}} = \underline{1.14 \text{ dm}^3}.$$

(2) $x(CO) = \dfrac{n(CO)}{n(CO) + n(CO_2)} = \dfrac{0.0450}{0.1073} = \underline{0.419},$ $x(CO_2) = \dfrac{n(CO_2)}{n(CO) + n(CO_2)} = \dfrac{0.0623}{0.1073}$
$= \underline{0.581}.$

(3) (7.3.9) より

$p(CO) = x(CO)P = 0.419 \times 2.50 \text{ atm} = \underline{1.05 \text{ atm}},$ $p(CO_2) = x(CO_2)P = 0.581 \times 2.50 \text{ atm} = \underline{1.45 \text{ atm}}.$

7.7 気体を捕集した容器内では，気体と水蒸気の混合気体の全圧が大気圧 P_0 になっている．よって，気体の分圧は $p = P_0 - 3.57 \text{ kPa} = 101.33 \text{ kPa} - 3.57 \text{ kPa} = 97.76 \text{ kPa}.$
$pV = nRT$ より

$$n = \frac{pV}{RT} = \frac{97.76 \times 10^3 \text{ Pa} \times 0.518 \text{ dm}^3}{8.31 \times 10^3 \text{ dm}^3 \text{ Pa K}^{-1} \text{ mol}^{-1} \times 300 \text{ K}} = \underline{2.03 \times 10^{-2} \text{ mol}}.$$

7.8 アンモニアの物質量は $20.0 \text{ g}/17.0 \text{ g mol}^{-1} = 1.18 \text{ mol}$ である．(7.4.3)より

$$P = \frac{nRT}{V - nb} - a\left(\frac{n}{V}\right)^2$$

$$= \frac{1.18 \text{ mol} \times 8.31 \times 10^{-2} \text{ dm}^3 \text{ bar K}^{-1} \text{ mol}^{-1} \times 360 \text{ K}}{3.56 \text{ dm}^3 - 1.18 \text{ mol} \times 0.0371 \text{ dm}^3 \text{ mol}^{-1}}$$

$$-4.225 \text{ bar dm}^6 \text{ mol}^{-2} \times \left(\frac{1.18 \text{ mol}}{3.56 \text{ dm}^3}\right)^2$$

$$= \frac{35.3 \text{ bar dm}^3}{3.56 \text{ dm}^3 - 0.044 \text{ dm}^3} - 0.464 \text{ bar} = \underline{9.58 \text{ bar}}.$$

理想気体の場合は,上式で $a=b=0$ とおいて,$P = \underline{9.92 \text{ bar}}$.

8.1 混合溶液中の食塩の質量は $203 \text{ g} \times 0.05 + 297 \text{ g} \times 0.08 = 33.9 \text{ g}$, 食塩の物質量は $33.9 \text{ g}/\{(23+35.5)\text{g mol}^{-1}\} = 0.579 \text{ mol}$, 溶液の質量は $(203+297)\text{g} = 500 \text{ g}$, 溶液の体積は 500 cm^3, 水の質量は $(500-33.9)\text{g} = 466.1 \text{ g}$ である.

$$\text{重量パーセント濃度} = \frac{33.9 \text{ g}}{500 \text{ g}} \times 100 = \underline{6.78(\%)} \qquad \text{モル濃度} = \frac{0.579 \text{ mol}}{0.5 \text{ dm}^3} = \underline{1.16 \text{ mol/dm}^3}$$

$$\text{質量モル濃度} = \frac{0.579 \text{ mol}}{0.4661 \text{ kg}} = \underline{1.24 \text{ mol/kg}}.$$

8.2 (1) 水 100 g に KNO_3 は 170 g 溶けているから

$$\text{重量パーセント濃度} = \frac{170 \text{ g}}{(100+170) \text{ g}} \times 100 = \underline{63.0(\%)}.$$

(2) 溶液 270 g 中に KNO_3 は 170 g 溶けるから,溶液 300 g 中に w_1 g 溶けるとすると

$$\frac{270 \text{ g}}{170 \text{ g}} = \frac{300}{w_1} \qquad \therefore w_1 = \frac{170 \times 300}{270} \text{g} = 189 \text{ g}.$$

同様に,水を蒸発した後の溶液 250 g に KNO_3 は $w_2 = (170 \times 250)/270 \text{ g} = 157 \text{ g}$ 溶けている.析出する KNO_3 の質量は $w_1 - w_2 = \underline{32 \text{ g}}$.

8.3 5 atm の下で 1 dm^3 の水に溶解する水素の体積は $0.0182 \text{ dm}^3 \times 5 = 0.0910 \text{ dm}^3$. これは標準状態ときの値である.0°C, 1 atm では,気体 1 mol の体積は 22.4 dm^3 であるから,1 dm^3 に溶けている水素の物質量は (0.0910/22.4) mol. よってモル濃度は $\underline{4.06 \times 10^{-3} \text{ mol/dm}^3}$.

8.4 水とグルコースの分子量はそれぞれ 18 と 180 で,それぞれの物質量は $(500/18)$ mol $= 27.8$ mol と $(36.0/180)$ mol $= 0.200$ mol である.(8.3.2) より,蒸気圧降下は

$$\Delta P = x_B P^* = \frac{0.200}{(27.8+0.200)} \times 3.169 \text{ kPa} = 0.021 \text{ kPa}$$

溶液の蒸気圧は $P^* - \Delta P = (3.169 - 0.021) \text{ kPa} = \underline{3.148 \text{ kPa}}$.

8.5 この溶液の質量モル濃度は

$$m = \frac{(0.585/60.1)\text{mol}}{30.8 \times 10^{-3} \text{ kg}} = 3.16 \times 10^{-1} \text{ mol kg}^{-1}.$$

(8.3.3) より $K_b = \Delta T_b/m = 0.162 \text{ K}/(3.16 \times 10^{-1} \text{ mol kg}^{-1}) = \underline{0.513 \text{ K kg mol}^{-1}}$.

8.6 表 8.2 の値を用いて,$\Delta T_f = 178.8°C - 162.5°C = 16.3°C$,凝固点降下の場合も (8.3.5) と同様な式が成立するので

$$M = \frac{w_B K_f}{w_A \Delta T_f} = \frac{0.026 \text{ g} \times 37.8 \text{ K kg mol}^{-1}}{0.402 \text{ g} \times 16.3 \text{ K}} = 150 \text{ g mol}^{-1}.$$

分子量は $\underline{150}$ となる.

8.7 (8.3.4) より血液の有効質量モル濃度は $m_{eff} = \Delta T_f/K_f = 0.56 \text{ K}/1.86 \text{ K kg mol}^{-1} = 0.30$ mol kg^{-1}. 溶質の存在によって水の体積変化がないとすれば,有効モル濃度(モル浸透圧濃度)は $c_{eff} = 0.30 \text{ mol dm}^{-3}$. 浸透圧は (8.3.6) より $\Pi = c_{eff} RT = 0.30 \text{ mol dm}^{-3} \times 8.21 \times 10^{-2} \text{ dm}^3 \text{ atm K}^{-1} \text{ mol}^{-1} \times 309 \text{ K} = \underline{7.6 \text{ atm}}$. 食塩の場合,溶液中で Na^+ と Cl^-

に分かれるから，モル濃度は $0.15\ \mathrm{mol\ dm^{-3}}$ であればよい．食塩の式量は 58.5 であるから，$1\ \mathrm{dm^3}$ 中に $58.5 \times 0.15\ \mathrm{g} = \underline{8.8\ \mathrm{g}}$．

8.8 溶質の質量とモル質量を w, M, 溶液の体積を V とすると，モル濃度は $c = (w/M)/V$ である．この式を(8.3.6)の右辺に代入して変形すると

$$M = \frac{wRT}{V\Pi} = \frac{0.36\ \mathrm{g} \times 8.31 \times 10^3\ \mathrm{dm^3\ Pa\ K^{-1}\ mol^{-1}} \times 300\ \mathrm{K}}{0.1\ \mathrm{dm^3} \times 3.3 \times 10^2\ \mathrm{Pa}} = 2.7 \times 10^4\ \mathrm{g\ mol^{-1}}.$$

ゆえに分子量は $\underline{2.7 \times 10^4}$．この化合物の $0.36\ \mathrm{g}$ は $0.36/(2.7 \times 10^4)\ \mathrm{mol} = 1.3 \times 10^{-5}\ \mathrm{mol}$ で，この溶液の $100\ \mathrm{cm^3}$ に含まれる水はほぼ $100\ \mathrm{g}$ であるから，溶液の質量モル濃度は $1.3 \times 10^{-4}\ \mathrm{mol/kg}$ である．よって，この溶液の沸点上昇と凝固点降下は

$$\Delta T_b = 0.51\ \mathrm{K\ kg\ mol^{-1}} \times 1.3 \times 10^{-4}\ \mathrm{mol/kg} = 6.6 \times 10^{-5}\ \mathrm{K}$$
$$\Delta T_f = 1.86\ \mathrm{K\ kg\ mol^{-1}} \times 1.3 \times 10^{-4}\ \mathrm{mol/kg} = 2.4 \times 10^{-4}\ \mathrm{K}$$

で，どちらも値が小さすぎて測定できない．

（注）高分子化合物の場合は蒸気圧降下，沸点上昇，凝固点降下などは値が小さくて，測定できない．

8.9 (2) K_2SO_4．水酸化鉄ゾルの粒子は正に帯電している．そのため，陰イオンを含む溶液で凝析するが，価数の多い陰イオンを含む溶液ほど凝析させやすいので，K_2SO_4 となる．

9.1
$$\mathrm{C(s, 黒鉛)} + \mathrm{O_2(g)} = \mathrm{CO_2(g)} \qquad \Delta H_{298}^{\ominus} = -393.51\ \mathrm{kJ\ mol^{-1}} \qquad (1)$$
$$\mathrm{C(s, ダイヤ)} + \mathrm{O_2(g)} = \mathrm{CO_2(g)} \qquad \Delta H_{298}^{\ominus} = -395.41\ \mathrm{kJ\ mol^{-1}} \qquad (2)$$

(1)−(2)より

$$\mathrm{C(s, 黒鉛)} = \mathrm{C(s, ダイヤ)}; \qquad \Delta H_{298}^{\ominus} = \underline{1.90\ \mathrm{kJ\ mol^{-1}}}.$$

9.2 $1\ \mathrm{mol}$ の蒸発熱は次の反応の反応熱に相当する．

$$\mathrm{H_2O(l)} = \mathrm{H_2O(g)}$$

25℃における $\mathrm{H_2O(g)}$ と $\mathrm{H_2O(l)}$ の標準生成熱の差をとると

$$\Delta H_{298}^{\ominus} = (-241.82) - (-285.83)\ \mathrm{kJ\ mol^{-1}} = \underline{44.01\ \mathrm{kJ\ mol^{-1}}}.$$

9.3 $\mathrm{C_2H_5OH(l)} + 3\mathrm{O_2(g)} = 2\mathrm{CO_2(g)} + 3\mathrm{H_2O(l)}$

$\Delta H_f^{\ominus}/\mathrm{kJ\ mol^{-1}}$ -277.69 0 $2 \times (-393.51)$ $3 \times (-285.83)$

$\Delta H_{298}^{\ominus} = \{2 \times (-393.51) + 3 \times (-285.83) - (-277.69)\}\ \mathrm{kJ\ mol^{-1}} = \underline{-1366.82\ \mathrm{kJ\ mol^{-1}}}.$

9.4 $\mathrm{C(s, 黒鉛)} + \mathrm{H_2O(g)} = \mathrm{CO(g)} + \mathrm{H_2(g)}$

$\Delta H_f^{\ominus}/\mathrm{kJ\ mol^{-1}}$ 0 -241.82 -110.53 0

$\Delta H_{298}^{\ominus} = \{-110.53 - (-241.82)\}\ \mathrm{kJ\ mol^{-1}} = \underline{131.29\ \mathrm{kJ\ mol^{-1}}}.$

9.5 表9.3の値を用いて

$\mathrm{C_2H_2} = 2\mathrm{C(g)} + 2\mathrm{H(g)} \qquad \Delta H^{\ominus} = (820 + 412 \times 2)\ \mathrm{kJ\ mol^{-1}} = 1644\ \mathrm{kJ\ mol^{-1}}$ (1)

$\mathrm{H_2} = 2\mathrm{H(g)} \qquad \Delta H^{\ominus} = 436\ \mathrm{kJ\ mol^{-1}}$ (2)

$\mathrm{C_2H_4} = 2\mathrm{C(g)} + 4\mathrm{H(g)} \qquad \Delta H^{\ominus} = (605 + 412 \times 4)\ \mathrm{kJ\ mol^{-1}} = 2253\ \mathrm{kJ\ mol^{-1}}$ (3)

(1)+(2)−(3)より

$$\mathrm{C_2H_2(g)} + \mathrm{H_2(g)} = \mathrm{C_2H_4(g)} \qquad \Delta H^{\ominus} = \underline{-173\ \mathrm{kJ\ mol^{-1}}}.$$

表9.2のデータより，$\Delta H^{\ominus} = (52.26 - 226.73 - 0)\ \mathrm{kJ\ mol^{-1}} = \underline{-174.47\ \mathrm{kJ\ mol^{-1}}}$．
よって，両者はほぼ一致する．

9.6 (1) 熱伝導は物体の高温の部分から低温の部分への熱移動である．物体が高温の部分（分子運動の活発な領域）と定温の部分（分子運動の不活発な領域）に分かれた状態は，熱伝導後の温度が均一な状態（分子運動が平均化された状態）に比べてより秩序がある．このため，乱雑な状態に移ろうとして熱伝導が起こる．

(2) 気体分子が膨張して体積を増加させようとする傾向と同様に，溶液中の溶質分子は，気相から溶媒分子を引き込んでより広い空間を運動して乱雑さを増そうとする傾向がある．このため，気相の蒸気圧が下がり，沸点が上昇する．
(3) 溶液中の溶質分子は，固相から溶媒分子を引き込んでより広い空間を運動して乱雑さを増そうとする傾向がある．このため，固相の溶媒分子が融けるので，凝固点が降下する．
(4) 溶液中の溶質分子は，純相から溶媒分子を引き込んでより広い空間を運動して乱雑さを増そうとする傾向がある．このため，浸透圧を生じる．

9.7 表9.1，表9.2のデータより
(1) $NO_2(g) = NO(g) + (1/2)O_2(g)$
  $\Delta G_f^\ominus$/kJ mol^{-1} 51.31   86.55   0
  $\Delta G_{298}^\ominus = 35.24$ kJ mol$^{-1} > 0$ 自然には進行しない．
(2) $C_2H_2(g) + 2H_2(g) = C_2H_6(g)$
  $\Delta G_f^\ominus$/kJ mol^{-1} 209.20   0 -32.82
  $\Delta G_{298}^\ominus = -242.02$ kJ mol$^{-1} < 0$ 自然に進行する．
(3) $C_2H_4(g) + H_2O(l) = C_2H_5OH(l)$
  $\Delta G_f^\ominus$/kJ mol^{-1} 68.15 -237.13 -174.78
  $\Delta G_{298}^0 = -5.80$ kJ mol$^{-1} < 0$ 自然に進行する．

9.8 (1) 表9.1と表9.2のデータより
  $C_2H_4(g) = C_2H_2(g) + H_2(g)$
  $\Delta H_f^\ominus$/kJ mol^{-1} 52.26   226.73   0
  ΔG_f^0/kJ mol^{-1} 68.15   209.20   0
  $\Delta H_{298}^\ominus = (226.73 - 52.26)$ kJ mol$^{-1} = \underline{174.47\ \text{kJ mol}^{-1}}$
  $\Delta G_{298}^\ominus = (209.20 - 68.15)$ kJ mol$^{-1} = \underline{141.05\ \text{kJ mol}^{-1}}$．
  $\Delta G_{298}^\ominus > 0$ であるため，自然には進行しない．
(2) $\Delta G_{298}^0 = \Delta H_{298}^\ominus - T\Delta S_{298}^\ominus$ より
  $\Delta S_{298}^\ominus = (\Delta H_{298}^\ominus - \Delta G_{298}^\ominus)/T = 33.42 \times 10^3$ J mol^{-1}/(298.15 K) $= \underline{112.09\ \text{J mol}^{-1}\ \text{K}^{-1}}$．
(3) 等温変化では，$\Delta G = \Delta H - T\Delta S$ が成り立つ．反応が自然に進行するためには $\Delta G < 0$ であるから，温度の条件は，ΔH と ΔS に25℃の値を用いて
  $T > \Delta H/\Delta S = 174.47 \times 10^3$ J mol^{-1}/112.09 J mol^{-1} K$^{-1} = \underline{1557\ \text{K}}$．

10.1 下の平衡式からわかるように，N_2O_4 1 mol から NO_2 2 mol が生じるから，分解した N_2O_4 は 1.0 mol である．

	$N_2O_4(g)$	$\rightleftarrows$	$2NO_2(g)$	計
最初のモル数	4.0		0	4.0
平衡時のモル数	3.0		2.0	5.0
平衡時の分圧	3.0P/5.0		2.0P/5.0	

(1) N_2O_4 の物質量は $\underline{3.0\ \text{mol}}$．
(2) (10.2.2)，(10.2.5)より
$K_P = \dfrac{p(NO_2)^2}{p(N_2O_4)} = \dfrac{(0.4P)^2}{0.6P} = 0.267P = 0.267 \times 5\ \text{bar} = \underline{1.3\ \text{bar}}$．
$K_C = K_P(RT)^{-1} = 1.3\ \text{bar}/(8.31 \times 10^{-2}\ \text{dm}^3\ \text{bar K}^{-1}\ \text{mol}^{-1} \times 329\ \text{K}) = \underline{4.8 \times 10^{-2}\ \text{mol dm}^{-3}}$．

10.2 PCl_5 の最初のモル数を n_0, 解離度を α, 全圧を P とすると

$$PCl_5(g) \rightleftarrows PCl_3(g) + Cl_2(g) \quad 計$$

最初のモル数	n_0	0	0	n_0
平衡時のモル数	$(1-\alpha)n_0$	αn_0	αn_0	$(1+\alpha)n_0$
平衡時の分圧	$(1-\alpha)P/(1+\alpha)$	$\alpha P/(1+\alpha)$	$\alpha P/(1+\alpha)$	

$$K_P = \frac{p(PCl_3)\,p(Cl_2)}{p(PCl_5)} = \frac{\alpha^2 P}{1-\alpha^2}$$

この式を α について解いて, 数値を入れると

$$\alpha = \sqrt{\frac{K_P}{K_P+P}} = \sqrt{\frac{1.78\ \text{atm}}{(1.78+2.00)\ \text{atm}}} = \underline{0.686}.$$

10.3 (1) ル・シャトリエの原理によって, 平衡は HI の濃度の増加を打ち消す方向, すなわち, 左方に移動する.

(2) 分子数が変わらない反応であるから, 平衡の位置は圧力に無関係である. したがって, 平衡は移動しない.

(3) この反応のエンタルピー変化は $-2 \times 6.10\ \text{kJ mol}^{-1} = -12.20\ \text{kJ mol}^{-1}$ で, 反応は発熱的である. ゆえに, ル・シャトリエの原理によって, 平衡は系の温度上昇を打ち消す方向, すなわち, 左方に移動する.

10.4 (10.5.1), $\Delta G^\ominus = -RT \ln K_P$ より

$$2.303 \log K_P = \frac{23.23 \times 10^3\ \text{J mol}^{-1}}{8.314\ \text{J K}^{-1}\ \text{mol}^{-1} \times 700\ \text{K}} = 3.992 \quad \therefore K_P = \underline{54.12}.$$

(10.2.6)式, $K_P = 4(1-\alpha)^2/\alpha^2$ より $(K_P-4)\alpha^2 + 8\alpha - 4 = 0$. この式の有意な解を求めると

$$\alpha = \frac{-4+\sqrt{16+4(K_P-4)}}{K_P-4} = \frac{-4+\sqrt{4 \times 54.12}}{50.12} = \underline{0.214}.$$

10.5 (1) HgO の解離圧を P とすると, $P = p(Hg) + p(O_2)$ であるから, $p(Hg) = (2/3)P$, $p(O_2) = (1/3)P$ となる. ゆえに, 解離定数は

$$K_P = \{p(Hg)\}^2 p(O_2) = \left(\frac{2}{3}P\right)^2 \left(\frac{1}{3}P\right) = \frac{4}{27}P^3 = \frac{4}{27}\left(\frac{86}{760}\ \text{atm}\right)^3 = \underline{2.15 \times 10^{-4}\ \text{atm}^3}.$$

(2) Hg の通常沸点では, $p(Hg) = 1$ atm であるから

$$p(O_2) = \frac{K_P}{\{p(Hg)\}^2} = \frac{2.15 \times 10^{-4}\ \text{atm}^3}{1\ \text{atm}^2} = 2.15 \times 10^{-4}\ \text{atm} = \underline{0.163\ \text{mmHg}}.$$

11.1 次の酸(1)－塩基(1), 酸(2)－塩基(2)である.

(1) $H_2CO_3 + H_2O \rightleftarrows H_3O^+ + HCO_3^-$
   酸(1)　塩基(2)　酸(2)　塩基(1)

(2) $CO_3^{2-} + H_2O \rightleftarrows HCO_3^- + OH^-$
   塩基(1)　酸(2)　酸(1)　塩基(2)

11.2 (1) $H_2CO_3 \rightleftarrows H^+ + HCO_3^-$ $\quad \dfrac{[H^+][HCO_3^-]}{[H_2CO_3]} = K_1 = 4.5 \times 10^{-7}\ \text{mol dm}^{-3}$ (a)

$HCO_3^- \rightleftarrows H^+ + CO_3^{2-}$ $\quad \dfrac{[H^+][CO_3^{2-}]}{[HCO_3^-]} = K_2 = 4.7 \times 10^{-11}\ \text{mol dm}^{-3}$ (b)

なお, (2), (3)で使うため, 表 11.2 の K_1 と K_2 の値を記した.

(2) $K_1 \gg K_2$ であるから, 解離(a)に対して, 解離(b)を無視してよい. よって, (11.2.8)より

$$[H^+] = \sqrt{K_1 c} = \sqrt{4.5 \times 10^{-7} \text{ mol dm}^{-3} \times 0.034 \text{ mol dm}^{-3}} = 1.2 \times 10^{-4} \text{ mol dm}^{-3}$$
$$\text{pH} = -\log[H^+] = -\log 1.2 + 4 = -0.079 + 4 = \underline{3.92}.$$

(3) $[HCO_3^-] \cong [H^+] = \underline{1.2 \times 10^{-4} \text{ mol dm}^{-3}}$

$$[CO_3^{2-}] = K_2 \frac{[HCO_3^-]}{[H^+]} \cong \underline{4.7 \times 10^{-11} \text{ mol dm}^{-3}}.$$

11.3 (11.2.9)より $\alpha = \sqrt{K/c} = \sqrt{1.8 \times 10^{-5} \text{ mol dm}^{-3}/0.1 \text{ mol dm}^{-3}} = \underline{1.3 \times 10^{-2}}$

$[OH^-] = \sqrt{Kc} = \sqrt{1.8 \times 10^{-5} \text{ mol dm}^{-3} \times 0.1 \text{ mol dm}^{-3}} = 1.3 \times 10^{-3} \text{ mol dm}^{-3}$

$[H^+] = K_W/[OH^-] = 1 \times 10^{-14} \text{ mol}^2 \text{ dm}^{-6}/1.3 \times 10^{-3} \text{ mol dm}^{-3} = \underline{7.7 \times 10^{-12} \text{ mol dm}^{-3}}$

$\text{pH} = -\log(7.7 \times 10^{-12}) = -0.89 + 12 = \underline{11.11}.$

11.4 リン酸 H_3PO_4 は3価の酸，水酸化バリウム $Ba(OH)_2$ は2価の塩基であるから，

$$(11.4.6) \text{から}, \quad V_b = \frac{3c_a V_a}{2c_b} = \frac{3 \times 0.040 \text{ mol dm}^{-3} \times 20 \text{ cm}^3}{2 \times 0.30 \text{ mol dm}^{-3}} = \underline{4.0 \text{ cm}^3}.$$

11.5 CH_3COONa は強電解質で $CH_3COONa \rightarrow CH_3COO^- + Na^+$ のように解離する．CH_3COO^- の一部は加水分解して

$$CH_3COO^- + H_2O \rightleftarrows CH_3COOH + OH^- \tag{1}$$

となる．CH_3COONa の全濃度を c とすると，上式から

$$[CH_3COO^-] = (1-h)c \qquad [CH_3COOH] = [OH^-] = ch$$

である．加水分解定数 K_h は h が十分小さいとすると

$$K_h = \frac{[CH_3COOH][OH^-]}{[CH_3COO^-]} = \frac{ch^2}{1-h} \cong ch^2$$

となる．よって $h \cong \sqrt{K_h/c}$ となる．(11.5.7)の関係，$K_h = K_W/K_a$ を用いると次式が得られる．

$$h \cong \sqrt{\frac{K_W}{K_a c}} = \sqrt{\frac{1.0 \times 10^{-14} \text{ mol}^2 \text{ dm}^{-6}}{1.75 \times 10^{-5} \text{ mol dm}^{-3} \times 0.05 \text{ mol dm}^{-3}}} = \underline{1.07 \times 10^{-4}}$$

$$[H^+] = \frac{K_W}{[OH^-]} = \frac{K_W}{ch} = \frac{1.0 \times 10^{-14} \text{ mol}^2 \text{ dm}^{-6}}{0.05 \text{ mol dm}^{-3} \times 1.07 \times 10^{-4}} = \underline{1.87 \times 10^{-9} \text{ mol dm}^{-3}}$$

$$\text{pH} = -\log\{[H^+]/(\text{mol dm}^{-3})\} = -\log(1.87 \times 10^{-9}) = -0.27 + 9 = \underline{8.73}.$$

11.6
$$\frac{[H^+][A^-]}{[HA]} = K_a \quad \text{より} \quad \log\frac{[H^+]}{\text{mol dm}^{-3}} + \log\frac{[A^-]}{[HA]} = \log\frac{K_a}{\text{mol dm}^{-3}}$$

$$\therefore \text{pH} = pK_a + \log\frac{[A^-]}{[HA]}.$$

11.7 前問の式より

$$\text{pH} = pK_a + \log\frac{[HCO_3^-]}{[H_2CO_3]} = -\log(4.5 \times 10^{-7}) + \log\frac{20}{1} = 6.35 + 1.30 = \underline{7.65}.$$

ただし，$NaHCO_3$ は完全に解離しており，H_2CO_3 はほとんど解離していないので，$[HCO_3^-]:[H_2CO_3] = 20:1$ とした．

11.8 等量点では溶液の体積は 20 cm^3 で，0.05 mol dm^{-3} の酢酸ナトリウムの水溶液になっている．よって，pHは問題11.5で求めてある．$\text{pH} = \underline{8.73}$ である．なお，図11.4(a)のpHは，等量点までは弱酸とその塩の溶液であるから，問題11.6の(1)式で，等量点の後はNaOH（完全解離）の濃度を用いて計算される．また，HClをNaOHで滴定するときのpHは，等量点の前後で，それぞれ中和しないで残っているHClとNaOHの濃度で計算される．

11.9 混合溶液中の $MgCl_2$ および NH_3 の濃度はともに $0.05\ mol\ dm^{-3}$ である．
よって，$[Mg^{2+}] = 0.05\ mol\ dm^{-3}$．また，(11.2.9)より
$[OH^-] \cong \sqrt{Kc} = \sqrt{1.8 \times 10^{-5}\ mol\ dm^{-3} \times 0.05\ mol\ dm^{-3}} = 9.5 \times 10^{-4}\ mol\ dm^{-3}$
$[Mg^{2+}][OH^-]^2 = 0.05\ mol\ dm^{-3} \times (9.5 \times 10^{-4}\ mol\ dm^{-3})^2 = 4.5 \times 10^{-8}\ mol^3\ dm^{-9}$.
この値は溶解度積 $5.6 \times 10^{-12}\ mol^3\ dm^{-9}$ より大きいので<u>沈殿する</u>．

12.1 (1) $\quad 2S^{2-} \to 2S + 4e^-\quad$ 酸化される
$\underline{\quad 4H^+ + SO_2 + 4e^- \to S + 2H_2O\quad}$ 還元される
$\quad 2H_2S + SO_2 \to 3S + 2H_2O$

(2) $\quad 2Al \to 2Al^{3+} + 6e^-\quad$ 酸化される
$\underline{\quad Fe_2O_3 + 6e^- \to 2Fe + 3O^{2-}\quad}$ 還元される
$\quad Fe_2O_3 + 2Al \to 2Fe + Al_2O_3$

12.2 酸化数を x とおく．
(1) 電離すると $Cr_2O_7^{2-}$ となるので，$2x + (-2) \times 7 = -2$ より，$x = \underline{6}$．
(2) 電離すると PO_4^{3-} となるので，$x + (-2) \times 4 = -3$ より，$x = \underline{5}$．
(3) $x + (-2) \times 3 = -1$ より，$x = \underline{5}$．
(4) $1 + x + (-2) \times 4 = 0$ より，$x = \underline{7}$．
(5) $x + 1 \times 4 = 1$ より，$x = \underline{-3}$．

12.3 (1) O の数の調節 $\quad Cr_2O_7^{2-} \to 2Cr^{3+} + 7H_2O$
$\quad\quad H^+$ の数の調節 $\quad Cr_2O_7^{2-} + 14H^+ \to 2Cr^{3+} + 7H_2O$
$\quad\quad e^-$ の数の調節 $\quad Cr_2O_7^{2-} + 14H^+ + 6e^- \to 2Cr^{3+} + 7H_2O$

(2) O の数の調節 $\quad SO_2 \to S + 2H_2O$
$\quad\quad H^+$ の数の調節 $\quad SO_2 + 4H^+ \to S + 2H_2O$
$\quad\quad e^-$ の数の調節 $\quad SO_2 + 4H^+ + 4e^- \to S + 2H_2O$

12.4 表 12.1 より
$\quad MnO_4^- + 8H^+ + 5e^- \to Mn^{2+} + 4H_2O \quad\quad (1)$
$\quad Sn^{2+} \to Sn^{4+} + 2e^- \quad\quad (2)$
$(1) \times 2 + (2) \times 5$ より
$\quad 2MnO_4^- + 16H^+ + 5Sn^{2+} \to 2Mn^{2+} + 8H_2O + 5Sn^{4+}$
両辺に $2K^+ + 26Cl^-$ を加えると
$\quad 2KMnO_4 + 16HCl + 5SnCl_2 \to 2MnCl_2 + 5SnCl_4 + 2KCl + 8H_2O$.

12.5 亜鉛，鉄，スズの間でイオン化傾向を比べると，$Zn > Fe > Sn$ である．トタンでは Fe に比べて，Zn の方がイオン化傾向が大きいので，Zn が Zn^{2+} となって水に溶け出し，Fe が保護される．ブリキでは Sn に比べて，Fe の方がイオン化傾向が大きいので，Fe が Fe^{2+} となって水に溶け出すので，ブリキの方がトタンより鉄が腐食しやすい．
（注）トタンでは Zn^{2+} が溶けだした後に残った電子は Fe の方に移り，Fe の表面で水に溶けた酸素を還元して OH^- を生じる：$(1/2)O_2 + H_2O + 2e^- \to 2OH^-$．この反応はブリキでは Fe 側から移動した電子によって，Sn の表面で起こる．

12.6 Al の方が Zn よりイオン化傾向が大きいので，電池反応は次の通りである．
$\quad$ 左 の 極 $\quad 2Al = 2Al^{3+} + 6e^- \quad$ 酸化
$\underline{\quad 右 の 極 \quad 3Zn^{2+} + 6e^- = 3Zn \quad 還元 \quad}$
$\quad$ 電池反応 $\quad 2Al + 3Zn^{2+} = 3Zn + 2Al^{3+}$
また，電池図は $Al\ |\ Al^{3+}\ |\ Zn^{2+}\ |\ Zn$ である．

12.7 流れた電気量は $q = 0.10 \text{ A} \times 4.0 \times 60 \times 60 \text{ s} = 1440 \text{ As} = 1440 \text{ C}$.
対応する電子の物質量は $n = q/F = 1440 \text{ C}/(9.65 \times 10^4 \text{ C mol}^{-1}) = 0.015 \text{ mol}$.
1 mol の電子の放電によって，負極では 1/2 mol の Pb が $PbSO_4$ に，正極では 1/2 mol の PbO_2 が $PbSO_4$ に変わる．分子量は $PbSO_4 = 303$，$PbO_2 = 239$ であるから

　　　　負極の質量変化 $= (303 - 207) \text{ g mol}^{-1} \times 0.015 \text{ mol} \times (1/2) = \underline{0.72 \text{ g}}$.
　　　　正極の質量変化 $= (303 - 239) \text{ g mol}^{-1} \times 0.015 \text{ mol} \times (1/2) = \underline{0.48 \text{ g}}$.

12.8 陰極では，イオン化傾向の小さい Ag^+ が還元されて Ag が析出する．$\underline{Ag^+ + e^- \rightarrow Ag}$．陽極では，酸化されにくい NO_3^- の代わりに，OH^- が酸化されて，O_2 が発生する．$\underline{2OH^- \rightarrow (1/2)O_2 + H_2O + 2e^-}$．発生した気体（酸素）のモル数は $4.48 \text{ cm}^3/(22.4 \text{ dm}^3 \text{ mol}^{-1}) = 2.00 \times 10^{-4} \text{ mol}$．発生した気体の質量は $w = 32.0 \text{ g mol}^{-1} \times 2 \times 10^{-4} \text{ mol} = \underline{6.40 \times 10^{-3} \text{ g}}$．2 mol の電子が流れると 1/2 mol の酸素が発生するので，酸素 2.00×10^{-4} mol は 8.00×10^{-4} mol の電子が流れたとき発生する．これに相当する電気量は $q = 8.00 \times 10^{-4} \text{ mol} \times F = 8.00 \times 10^{-4} \text{ mol} \times 9.65 \times 10^4 \text{ C mol}^{-1} = \underline{77.2 \text{ C}}$.

13.1 (1) 零次反応の場合，$d[A]/dt = k[A]^0 = k$ となるので，反応速度は一定である．したがって，25% の 3 倍の 75% が分解するのは $200 \text{ s} \times 3 = \underline{600 \text{ s}}$ 後である．

(2) 1 次反応では，(13.2.5) より $\ln([A]_0/[A]) = kt$．$t = 200 \text{ s}$ のとき，$[A] = (1 - 0.25) \times [A]_0 = 0.75 [A]_0$ であるから，$k = \dfrac{1}{200 \text{ s}} \ln \dfrac{1}{0.75} = -\dfrac{\ln 0.75}{200 \text{ s}}$．$[A] = (1 - 0.75)[A]_0 = 0.25 [A]_0$ のときの時刻は $t = \dfrac{1}{k} \ln \dfrac{1}{0.25} = -\dfrac{200 \text{ s}}{\ln 0.75} \ln \dfrac{1}{0.25} = 200 \text{ s} \dfrac{\ln 0.25}{\ln 0.75} = 200 \times \dfrac{-1.39}{-0.288} = \underline{965 \text{ s}}$.

(3) 2 次反応では (13.3.4) より $([A]_0 - [A])/[A] = k[A]_0 t$．$t = 200 \text{ s}$ のとき，$[A] = 0.75[A]_0$ であるから，$k[A]_0 = \dfrac{1}{200 \text{ s}} \dfrac{1 - 0.75}{0.75} = \dfrac{1}{200 \text{ s}} \dfrac{0.25}{0.75}$．$[A] = 0.25 [A]_0$ のときの時刻は $t = \dfrac{1}{k[A]_0} \dfrac{1 - 0.25}{0.25} = 200 \text{ s} \dfrac{0.75}{0.25} \dfrac{0.75}{0.25} = \underline{1800 \text{ s}}$.

13.2 (13.2.6)，$[A] = [A]_0 e^{-kt}$ において，$t = t_{1/n}$ のとき，$[A] = [A]_0/n$ とすると $n = e^{kt_{1/n}}$ $\therefore t_{1/n} = \ln n/k$．これは初濃度に依らない．

13.3 この反応の分圧と全圧は次の通りである．

$$(CH_3)_2O(g) \rightarrow CH_4(g) + H_2(g) + CO(g)$$

$t = 0$　　$p_0(= 312 \text{ Torr})$　　0　　0　　0
$t = t$　　　p　　　　　　$p_0 - p$　$p_0 - p$　$p_0 - p$

t における全圧は $P = 3p_0 - 2p$ であるから，$p = (3p_0 - P)/2$．p と $\ln(p/\text{Torr})$ の時間変化は次のようになる．

t/s	0	390	777	1195	3155
p/Torr	312	264	224	187	78.5
$\ln(p/\text{Torr})$	5.743	5.576	5.412	5.231	4.363

(1) t に対して $\ln(p/\text{Torr})$ をプロットすると次頁の図のようになるので，この反応は 1 次反応である．直線の勾配から，$k = \underline{4.38 \times 10^{-4} \text{ s}^{-1}}$．

(2) (13.2.5) より $\ln(p/\text{Torr}) = \ln(p_0/\text{Torr}) - kt$ となる．この式で $t = 2000 \text{ s}$ とすると

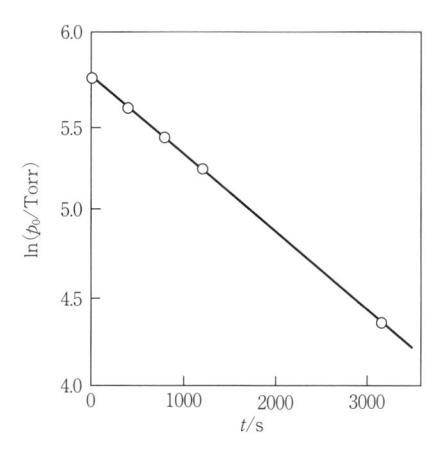

$\ln(p/\mathrm{Torr}) = \ln 312 - 4.38 \times 10^{-4}\,\mathrm{s}^{-1} \times 2000\,\mathrm{s} = 4.867$,
∴ $p = e^{4.867}\,\mathrm{Torr} = 2.718^{4.867}\,\mathrm{Torr} = 130\,\mathrm{Torr}$. $P = 3p_0 - 2p = \underline{676\,\mathrm{Torr}}$.

13.4 $\mathrm{NH_4OCN}$ の初濃度を $[\mathrm{A}]_0$ とすると, 時刻 t における $\mathrm{NH_4OCN}$ の濃度は $[\mathrm{A}] = [\mathrm{A}]_0 - x$ である. 各時刻で $[\mathrm{A}]$, $\ln([\mathrm{A}]/\mathrm{mol\,dm^{-3}})$, $1/[\mathrm{A}]$ を計算すると, 表のようになる.

t/min	0	20	50	65	150
$[\mathrm{A}]/\mathrm{mol\,dm^{-3}}$	0.382	0.265	0.180	0.157	0.087
$\ln([\mathrm{A}]/\mathrm{mol\,dm^{-3}})$	-0.96	-1.33	-1.71	-1.85	-2.44
$[\mathrm{A}]^{-1}/\mathrm{mol^{-1}\,dm^3}$	2.62	3.77	5.56	6.37	11.5

(1) t に対して $\ln([\mathrm{A}]/\mathrm{mol\,dm^{-3}})$ をプロットすると直線にならないが, $[\mathrm{A}]^{-1}$ をプロットすると図のように直線になるので, この反応は1次反応ではなく, 2次反応で, 勾配が k を与える ((13.3.4)参照). 図から $k = \underline{0.0592\,\mathrm{mol^{-1}\,dm^3\,min^{-1}}}$.

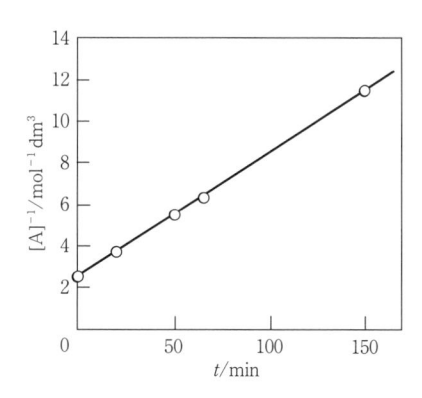

(2) (13.3.4)：$1/[A] - 1/[A]_0 = kt$. この式で $[A] = (3/4)[A]_0$ とすると，$1/(3[A]_0) = kt$

$$\therefore t = \frac{1}{3k[A]_0} = \frac{1}{3 \times 0.0592 \text{ mol}^{-1} \text{ dm}^3 \text{ mim}^{-1} \times 0.382 \text{ mol dm}^{-3}} = \underline{14.7 \text{ min}}.$$

13.5 平衡状態では

$$\frac{d[A]}{dt} = -k_1[A] + k_2[B] = 0 \quad \therefore \frac{[B]}{[A]} = \frac{k_1}{k_2}$$

が成り立つ．このときの A の濃度の減少を x とすると，$[A] = [A]_0 - x$，$[B] = x$ である．

よって $\dfrac{x}{[A]_0 - x} = \dfrac{k_1}{k_2}$ となる．これを解いて，$x = \dfrac{k_1[A]_0}{k_1 + k_2}$ を得る．平衡状態では

$$[A] = [A]_0 - x = \underline{k_2[A]_0/(k_1 + k_2)} \quad [B] = x = \underline{k_1[A]_0/(k_1 + k_2)}.$$

13.6 (1) (13.5.3)：$\ln k = C - E_a/(RT)$ より，$\ln 2 = -(E_a/R)\{1/(310 \text{ K}) - 1/(300 \text{ K})\}$.

$$E_a = -\frac{R \ln 2}{1/(310 \text{ K}) - 1/(300 \text{ K})} = \frac{8.314 \text{ J K}^{-1} \text{ mol}^{-1} \times 0.693}{1.075 \times 10^{-4} \text{ K}^{-1}} = \underline{53.6 \text{ kJ mol}^{-1}}.$$

(2) 上の E_a を用いて

$$\ln \frac{k_2}{k_1} = \frac{53.6 \text{ kJ mol}^{-1}}{8.314 \text{ J K}^{-1} \text{ mol}^{-1}} \left(\frac{1}{300 \text{ K}} - \frac{1}{400 \text{ K}} \right) = 5.37 \quad \frac{k_2}{k_1} = \underline{215}.$$

13.7 (1) $\ln k = C - E_a/(RT)$ のプロットをするための表をつくると

$10^3 \text{ K}/T$	1.799	1.739	1.590	1.502
$\ln(k/\text{mol}^{-1} \text{ dm}^3 \text{ s}^{-1})$	-14.86	-13.62	-10.41	-8.42

これをプロットすると，図のようになる．直線の勾配は $-E_a/R = -21.65 \times 10^3$ K であるから

$E_a = 8.314 \text{ J K}^{-1} \text{ mol}^{-1} \times 21.65 \times 10^3 \text{ K} = \underline{180.0 \text{ kJ mol}^{-1}}$. 直線から C を求めると，$C = 24.06$. $C = \ln A$ であるから，$A = e^{24.06} = 2.81 \times 10^{10}$. 正しい単位（$k$ と同じ単位）をつけて表すと，頻度因子 $= \underline{2.81 \times 10^{10} \text{ mol}^{-1} \text{ dm}^3 \text{ s}^{-1}}$.

(2) (13.5.2)に上の数値を用いて，600 K における速度定数は

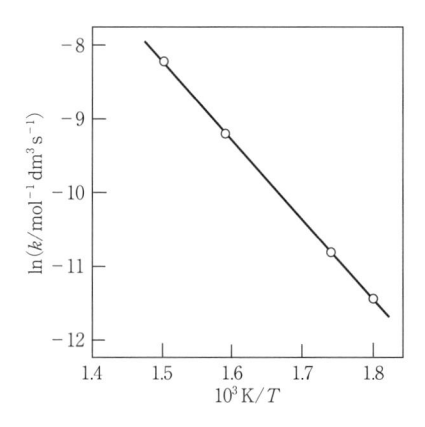

$$k = Ae^{-E_a/(RT)} = 2.81 \times 10^{10} \text{ mol}^{-1} \text{ dm}^3 \text{ s}^{-1} \exp\left(\frac{-180.0 \times 10^3 \text{ J mol}^{-1}}{8.314 \text{ J mol}^{-1} \text{ K}^{-1} \times 600 \text{ K}}\right)$$
$$= \underline{5.99 \times 10^{-6} \text{ mol}^{-1} \text{ dm}^3 \text{ s}^{-1}}.$$

14.1 1 u に相当する質量はアボガドロ数 N の逆数に g をつけた値,すなわち,(14.1.1) $(1/N)$ g である ((14.1.1))。$E(1\text{u}) = mc^2/\text{u} = (1/N) \times 10^{-3} \text{ kg} \times (2.997925 \times 10^8 \text{ m s}^{-1})^2/\text{u} = (1/N) \times (2.997925 \times 10^8)^2 \times 10^{-6} \text{ kJ/u}$ である.1 kJ mol^{-1} は,1 kJ のエネルギーをもつ 1 mol (N 個)の粒子のエネルギーであるから,$1 \text{ kJ} = N \text{ kJ mol}^{-1}$. よって
$$E(1\text{u}) = (2.997925 \times 10^8)^2 \times 10^{-6} \text{ kJ/u} = 8.98755 \times 10^{10} \text{ kJ mol}^{-1}/\text{u}.$$

14.2 (1) $^{208}_{84}\text{Po} \rightarrow {}^{4}_{2}\text{He} + {}^{204}_{82}\text{Pb}$. 核種 A は $^{204}_{82}\text{Pb}$.

(2) 質量欠損 $\Delta m = (207.981231 - 4.002603 - 203.973028)\text{u} = 0.0056 \text{ u}$

(14.1.4) より $\Delta E = 0.0056 \times 9.31 \times 10^2 \text{ MeV} = \underline{5.2 \text{ MeV}}$. また,(14.1.6) から $\Delta E = 0.0056 \times 8.99 \times 10^{10} \text{ kJ mol}^{-1} = \underline{5.0 \times 10^8 \text{ kJ mol}^{-1}}$.

14.3 $^{51}_{24}\text{Cr} + {}^{0}_{-1}\text{e} \rightarrow {}^{51}_{23}\text{V} + \nu_e$, $^{55}_{24}\text{Cr} \rightarrow {}^{55}_{25}\text{Mn} + {}^{0}_{-1}\text{e} + \bar{\nu}_e$, $^{46}_{24}\text{Cr} \rightarrow {}^{46}_{23}\text{V} + {}^{0}_{1}\text{e} + \nu_e \rightarrow {}^{46}_{22}\text{Ti} + {}^{0}_{1}\text{e} + \nu_e$.

14.4 (1) (14.3.11) より $\lambda = \dfrac{0.693}{t_{1/2}} = \dfrac{0.693}{1600 \text{ y}} = 4.33 \times 10^{-4} \text{ y}^{-1} = 1.37 \times 10^{-11} \text{ s}^{-1}$. ただし,$1 \text{ y} = 365 \times 24 \times 60 \times 60 \text{ s}$ とした.1 g の原子数は $N = 6.02 \times 10^{23}/226 = 2.66 \times 10^{21}$. (14.3.9) より 1 s 間の壊変数は $\Delta N = \lambda N \Delta t = 1.37 \times 10^{-11} \text{ s}^{-1} \times 2.66 \times 10^{21} \times 1 \text{ s} = \underline{3.6 \times 10^{10}}$. (注) 1 s は半減期に比べてはるかに小さいので,(14.3.9): $-dN = \lambda N dt$ から上のような計算をしてもよい.

(2) (14.3.10) より $N/N_0 = e^{-\lambda t}$. 両辺の対数をとると,$\ln(N/N_0) = -\lambda t$. この式から
$$t = \frac{1}{\lambda} \ln \frac{N_0}{N} = \frac{1}{4.33 \times 10^{-4} \text{ y}^{-1}} \ln \frac{1}{1-0.9} = \frac{\ln 10}{4.33 \times 10^{-4} \text{ y}^{-1}} = \underline{5300 \text{ y}}.$$

14.5 (14.3.11) より $\lambda = \dfrac{0.693}{t_{1/2}} = \dfrac{0.693}{4.46 \times 10^9 \text{ y}} = 1.55 \times 10^{-10} \text{ y}^{-1}$. この鉱物ができたときと現在の ^{238}U の原子数を,それぞれ N_0,N とすれば,現在の ^{206}Pb の原子数は $N_0 - N$ である.よって
$$\frac{N_0 - N}{N} = 0.225 \times \frac{238}{206} = 0.260 \qquad \therefore \frac{N_0}{N} = 1.260$$

前問と同様に
$$t = \frac{1}{\lambda} \ln \frac{N_0}{N} = \frac{\ln 1.260}{1.55 \times 10^{-10} \text{ y}^{-1}} = \underline{1.49 \times 10^9 \text{ y}}.$$

14.6 ^{238}U と ^{235}U の,現在の原子数を N,N',t 年前の原子数を N_0,N'_0,壊変定数を λ,λ' とすれば
$$\frac{N}{N'} = \frac{N_0 e^{-\lambda t}}{N'_0 e^{-\lambda' t}} \qquad \therefore \frac{N_0}{N'_0} = \frac{N e^{-\lambda' t}}{N' e^{-\lambda t}}$$

上式に $N/N' = 138$,$\lambda' = 0.693/(7.04 \times 10^8 \text{ y})$,$\lambda = 0.693/(4.46 \times 10^9 \text{ y})$,$t = 5 \times 10^8 \text{ y}$ を代入すると
$$\frac{N_0}{N'_0} = 138 \times \frac{e^{-0.492}}{e^{-0.0777}} = 138 \times \frac{0.611}{0.925} = 91.2$$

よって 5 億年前の ^{238}U と ^{235}U の原子数の比は $\underline{91:1}$ である.

14.7 第 14 章末のコラムで述べたように年間内部被曝量(mSv)= 放射線物質濃度(Bq/kg)× 年間摂取量(kg)× 実効線量係数(mSv/Bq)である.基準値まで汚染された,飲料水 1 L(= 1 kg)と一般食品 2 kg を摂取した場合,^{134}Cs による年間内部被曝量は

年間内部被曝量（^{134}Cs）= $(10 \times 1 + 100 \times 2) \times 365$ Bq $\times 1.9 \times 10^{-5}$ mSv/Bq = 1.5 mSv.
なお，この値は飲料水と一般食品がすべて基準値まで汚染されている場合である．通常の食品を摂取している場合，内部被曝量はこの値よりかなり小さい．

索 引

[あ行]

アイソトープ 38
アインシュタイン 28, 228
アクチニウム 230
アクチニウム系列 234
アクチノイド 46
アシドーシス 175
亜硝酸菌 202
価標 61
圧平衡定数 155
圧力 24
アデニン 8, 72
アデノシン二リン酸 161
アデノシン三リン酸 161
アドレナリン 31
アボガドロ 85, 91
　　──数 83
アボガドロの法則 85, 91
アミノ酸 221
アミラーゼ 220
アメリシウム 237
アルカリ金属 49
アルカリ性 163
アルカリ性症 175
アルカリ電池 194
アルカリ土類金属 49
アルカローシス 175
アルコール発酵 201
アレニウス 163
　　──の式 214
アンモニア 6, 60, 62, 64, 68, 71, 78, 157, 164, 202
アンモニウムイオン 61, 65
胃液 170, 180
硫黄 97, 102
　　──細菌 202
イオン 49, 50
　　──化エネルギー 43, 44
　　──化傾向 189

　　──化例 190
　　──結合 58
　　──式 49, 89
　　──積 169
　　──反応式 88
胃潰瘍 181
位置エネルギー 19
一酸化炭素 115
一酸化窒素 78, 189
一酸化二窒素 78
1次電池 192
1次反応 206-208
遺伝子 10
遺伝情報 9
陰イオン 49
陰極 197
ウェーラー 5
宇宙 53
　　──線 241
　　──の晴れ上がり 53
海 54
ウラン 225, 230, 238, 240, 248
　　──系列 234
ウンウンオクチウム 237
ウンウンセプチウム 237
ウンウンペンチウム 237
運動エネルギー 18
エアロゾル 130
液体 93
エタノール 72, 73, 97, 118
エタン 64, 65, 143, 213
エチレン 64, 65, 213, 219
X線 27
エネルギー 18
　　──保存則 21, 151, 259
塩 49, 172
塩化アンモニウム 157, 165
塩化銀 179
塩化水素 213
塩化ナトリウム 57, 68, 119, 158

塩基　163, 165
　　──性　163, 169
　　──対　9
塩酸　180
塩析　132
塩素　60
エンタルピー　136, 260
エントロピー　144, 145, 147, 151, 262
　　──増大の原理　151, 263
王水　189
オキシヘモグロビン　114
オキソニウムイオン　61, 65
オクテット則　61
オストワルト　166
オゾン　149
　　──層　30
オングストローム　17
温度　22

[か行]

外界　257
ガイガー・カウンター　242
外呼吸　113
外照射法　250
海水　54, 85
回転数　222
外部被爆　244, 252
壊変　231
界面活性剤　130
解離圧　158
解離定数　166
化学　1
化学吸着　218
化学合成　202
化学的性質　4
化学反応　4
　　──式　86, 87, 89
化学平衡の法則　155
可逆過程　262
可逆反応　153
核医学　248
拡散　93
核子　225
核種　225
確定的影響　245, 246

核反応　235
核分裂　229, 238
核融合　53, 230, 240, 241
確率的影響　245
核力　226
化合物　4
過酸化水素　188, 206, 211, 219
加水分解　173
　　──定数　173
加速度　16
カタラーゼ　219
活性化エネルギー　214, 215
活性化状態　215, 216
活性錯体　217
活性酸素　214
価電子　39
カドミウム　74
カフェイン　100
カーボンナノチューブ　66
過マンガン酸カリウム　188
カリウム　31, 32, 248
過冷却　94
がん　245, 246, 249
還元　183, 184
　　──剤　186, 187
緩衝液　175
間接作用　245
寒天　129
気圧　17
気液平衡　96
希ガス　49, 243
　　──原子　77
ギ酸　218
基質　220
希釈率　166
基礎代謝量　24
気体　93
　　──定数　106
　　──反応の法則　91
　　──分子運動論　107
起電力　192
軌道　40
　　──関数　40
希土類元素　46
希薄溶液　122

索引

ギブズエネルギー　146, 159, 264, 265
逆浸透　128
逆反応　153
吸エルゴン反応　160
吸着　218
吸熱反応　137
球棒モデル　62
キュリー　230
凝固　93
凝固点　94
　——降下　124
　——降下係数　125
　——降下度　124
凝固熱　94
凝縮　93, 132
　——熱　95
凝析　132
共役　161
　——な酸・塩基対　165
共役反応　160
共有結合　59
極性　67
極性分子　67
鋸歯状化　128
均一触媒　219
金属　51, 53, 74, 75
　——結合　74
　——樹　190
グアニン　8, 72
空間充填モデル　62
空間放射線量　252
空気　3, 111
クォーク　53
クラジウスの原理　261
グラファイト　66
グラフェン　66
グリコーゲン　24
クリック　9
グルコース　7, 24, 127, 201, 250
グレイ　242
グロビン　114
クーロンの法則　36
クーロン力　36
系　257
軽水炉　240

経路積分　263
血圧　31
血液　170, 175
　——透析　131, 133
結合エネルギー　142, 143
結晶　76
血漿　114
ゲー・リュサック　91
　——の法則　91
ゲル　129
限外顕微鏡　131
嫌気呼吸　201
原子　1, 35
　——価　61
　——価殻電子対反発モデル（VSEPR）　62
　——核　35
　——質量単位　227
　——爆弾　239
　——半径　46, 47
　——番号　36
　——量　81
　——炉　239
原始生命体　54
元素　36
減速剤　240
元素組成（海水）　55
元素組成（地殻）　55
光化学反応　28, 149
高血圧　31
光合成　54, 202
好気呼吸　201
光子　28
甲状腺　251
酵素　6, 73, 219, 221
構造式　61
高速増殖炉　240
酵素反応　221
高張液　127
光電効果　28, 33
高尿酸血症　79
光量子　28
氷　2, 3, 95
呼吸　113, 201
黒鉛　66, 98, 228
国際単位系　15

五酸化二窒素　208, 209
固体　93
　　──触媒　219
ゴム状硫黄　97
コラーゲン　129
孤立系　257
孤立電子対　61
コロイド　129
　　──溶液　129
　　──粒子　129
混合気体　110
混合物　3
根平均2乗速度　109

[さ行]

サイクル　261
サイクロトロン　236, 250
再結晶　120
細胞外液　47
細胞呼吸　113
細胞内液　47
最密充填構造　76
酢酸　168, 174
　　──エチル　211
　　──ナトリウム　174
酸　163, 165
酸化　183, 184
　　──カルシウム　158
　　──剤　186, 187
　　──水銀　90
　　──数　185
酸化還元反応　184, 201
三重結合　61
三重水素　38, 241
3重点　98
酸性　163, 169
酸性症　175
酸素　2, 60, 114
三態　93
三フッ化窒素　68
シアノバクテリア　54
ジエチルエーテル　97
紫外線　27, 30
式量　82
磁気量子数　40

仕事　17, 259
　　──関数　32
　　──当量（熱）　23
四酸化三鉄　158
四酸化二窒素　78, 156
指示薬　176, 177
指数　13
　　──表示　13
自然対数　255
自然放射線　244
実効線量係数　252
実効半減期　245
実在気体　111
実用電池　193
質量欠損　227
質量作用の法則　155
質量数　36
質量パーセント濃度　119
質量保存の法則　90
質量モル濃度　119
シトシン　8, 72
シーベルト　242, 244
脂肪　24
弱塩基　166, 168
弱酸　166, 167
斜方硫黄　97
シャルルの法則　103
自由エネルギー　264
周期　43
　　──表　43, 45
　　──律　43
重合反応　213
重水　38
重水素　38, 241
自由電子　74
十二指腸潰瘍　181
重陽子　236
重力場　18
主要元素　47
主要無機元素　47
主量子数　40
ジュール　22
　　──の実験　23
循環過程　261
純物質　3

索引──291

昇華　94
消化酵素　180
蒸気圧　96
　　──曲線　96
　　──降下　122
笑気ガス　78
硝酸　157
硝酸アンモニウム　157
硝酸カリウム　120,137
硝酸菌　202
小線源法　251
状態図　98
状態変化　266
状態方程式　106
状態量　257
蒸発　93
　　──熱　95,96
正味の仕事　265
常用対数　255
初期化　10
食塩　57,119
食事摂取基準　32
食酢　168
触媒　6,217
　　──定数　222
食品　248
食品基準値　252
ジョリオ・キュリー　236
真空紫外　30
シンクロトロン　236
神経膠芽腫　251
人工多能性幹細胞　10
親水基　118
親水コロイド　132
心臓　31
腎臓　32,132,180
　　──移植　134
身体活動レベル　24
シンチレーション検出器　243
シンチレーター　243
浸透　126
浸透圧　31,127
振動数　27
水銀　74,75,90,233
水銀柱　25

　　──ミリメートル　17
水酸化鉄　179
水上捕集　116
水素　2
　　──イオン指数　169
　　──結合　2,71,74
　　──爆弾　241
　　──分子　59
水和　118
スピン　42
正極　191
制御棒　240
静止質量　228
正常血圧　31
正常高値血圧　31
生成ギブズエネルギー　150
生成熱　140
生成物　86
生石灰　158
正反応　153
生物学的半減期　245
赤外線　27
石灰石　158
赤血球　114
セッケン　129,130
絶対温度　104
ゼラチン　129
セルシウス温度　15
全圧　110
遷移金属　51
遷移元素　44
閃ウラン鉱　230
全エネルギー　20
線形加速器　236
相　93
双極子　69
双極子モーメント　69
桑実胚　9
相対原子質量　81
相転移　94
総熱量不変の法則　138
相変化　94
族　43
束一的性質　122
速度　16

――定数　207
――分布　216
疎水基　118
疎水コロイド　132
組成式　58
素反応　211
ゾル　129
ゾーン電気泳動　132

[た行]

第1種永久機関　259
第2種永久機関　261
ダイアライザー　133
ダイオキシン　101
胎芽　9
大気圧の測定　26
体心立方構造　75
対数　255
ダイヤモンド　65,98
ダニエル電池　191
多量ミネラル　47
単一光子放射断層撮影法　248
タングステン　74
単結合　61
炭酸カルシウム　158
単斜硫黄　97
炭水化物　24
炭素　36,248
単体　4
タンパク質　24,221
窒素　2,60,77,109
窒素固定　78
　　――細菌　78
窒素循環　78
チミン　8,72
中性　163,169
中性微子　232
中性子　35,236
中和　172
　　――滴定　176
超ウラン元素　46,236
超新星　54
　　――爆発　54
超臨界状態　99,100
直接作用　245

チロキシン　48
チンダル現象　130
対消滅　249
通常沸点　96
通常融点　96
痛風　79
定圧過程　260
定積過程　260
低張液　127
定比例の法則　91
滴定曲線　177
テクネチウム　236
転移点　98
転移熱　98
電解質　118
電解精錬　199
電気陰性度　51,52
電気泳動　132
電気素量　35
電気分解　4,197,198
電気分解の法則　200
電極活物質　192
典型元素　46
電子　35
　　――殻　38
　　――式　59
　　――親和力　50
　　――対　59
　　――ニュートリノ　233
　　――配置　39
　　――分布　40
　　――捕獲　231,233
　　――ボルト　227
　　――レンジ　30
電磁波　27
電池　190
電波　27
デンプン　7,220
電離　118
　　――定数　166
　　――放射線　241
銅　199
同位体　38
　　――希釈分析法　250
透析　131,132

索引——293

同素体　37
等張液　127
豆乳　129
特殊相対性理論　228
閉じた系　257
トムソンの原理　261
ドライアイス　73
トリウム　230
　——系列　234
ドルトン　1,91
トレーサー　247

[な行]

内呼吸　113
内照射法　250
内部エネルギー　257,258
内部被爆　244,252
ナトリウム　31,32,74,188
　——イオン　118
ナフタレン　73,99
鉛蓄電池　195
にがり　129
にかわ　129
ニコチン　31
二酸化硫黄　188,189
二酸化ケイ素　65
二酸化炭素　60,64,65,67,73,99,100,114
二酸化窒素　156,189
二次性高血圧　31
2次電池　192,195
2次反応　210
二重結合　61
二重水素　38
二重らせん　8
ニッケル　219
ニトログリセリン　78
乳化　129,130
乳酸　201
乳酸菌　201
ニュートリノ　232
ニュートン　16
尿酸　79
尿素　79,157
二硫化ケイ素　68
熱運動エネルギー　21

熱化学方程式　135
熱機関　261
熱力学　136,256
　——的温度　15
　——カロリー　17
　——第1法則　257
　——第2法則　261
　——第2法則（数式的表現）　262
熱量　22
ネプツニウム　237
　——系列　235
燃焼熱　138
燃素　90
年代測定　248
燃料電池　196,197
濃度　119
ノックス　78,219
ノルアドレナリン　31

[は行]

肺　114
配位結合　61
バイオマス　100
配位数　77
倍数比例の法則　91
胚性幹細胞　10
胚盤胞　9
パウリの原理　42
バクテリオクロロフィル　201
爆発反応　213
八隅説　62
波長　27
発エルゴン反応　160
発生　10
発熱反応　136
ハーバー・ボッシュ法　78
バール　17
ハロゲン　49
半減期　207,233,245
半導体検出器　243
半透膜　126
反応速度　203
反応中間体　212
反応熱　135
反応物　86

294——索 引

ピーエッチ　170
光　27
非共有電子対　61
非金属　53
ヒッグス粒子　53
ビッグバン　53
ピッチブレンド　230
非電解質　118
ヒドラジン　78
ヒドロキシラジカル　245
比熱　22
被爆線量　244
被爆放射線量　251, 252
標準エンタルピー変化　137
標準ギブズエネルギー変化　159
標準状態　85, 136
標準生成エネルギー　141
標準生成エンタルピー　140
標準生成ギブズエネルギー　141, 150
標準生成熱　140
標準大気圧　25
標準反応熱　137
標準沸点　96
標準融点　96
開いた系　257
微量ミネラル　47
微量無機元素　47
ピルビン酸　201
ピロリ菌　181
頻度因子　214
ファラデー　200
　——定数　200
ファン・デル・ワールスの状態方程式　113
ファン・デル・ワールス力　69
フィルムバッジ　243
フェニルアラニン　251
フェノールフタレイン　178
フェルミ　236
不可逆過程　262
不可逆反応　153
不活性気体　49
負極　191
不均一触媒　218
複合反応　211
腹膜透析　133

フッ化水素　60, 71
フッ化ホウ素　62
物質　1
　——量　83
物体　1
沸点　71, 94, 124
　——上昇　123
　——上昇度　123
沸騰　96
　——水型原子炉　239
物理化学　5
物理吸着　218
物理的性質　4
物理的半減期　245
物理量　15
ブラウン運動　131
ブラッグピーク　250
フラーレン　66
プランク定数　28
プルースト　91
プルトニウム　237
ブレーンステッド　164
フロギストン　90
プロトアクチニウム　230
ブロモエタン　214, 215
フロンガス　30
分圧　110
　——の法則　110
分化　9, 10
分散コロイド　129
分散質　129
分散媒　129
分散力　70
分子　1
　——間力　69, 112
　——コロイド　129
　——生物学　9
　——説　91
　——量　82
ブンゼン吸収係数　121
フントの規則　42
平衡移動の法則　156
平衡状態　257, 266
平衡定数　155, 266
ヘキサン　119

ベクレル 242
ヘスの法則 138,139
ペーハー 170
ヘム 114
ヘモグロビン 114,115
ヘルツ 27
ヘルムホルツエネルギー 264,265
変色域 176
ベンゼン 119
ヘンリーの法則 121
ボーア効果 115
ボイルの法則 103
方位量子数 40
崩壊 231
　　──系列 234
放射線核種 245
放射線被曝 244
放射線崩壊 231
放射線療法 250
放射能 230
ホウ素中性子捕捉療法 251
飽和蒸気圧 96
飽和溶液 120
保護コロイド 132
ポジトロン（放射）断層法 249
ポテンシャルエネルギー 19
ポーリング 51
ボルツマン定数 108
ホルムアルデヒド 64,65
ポロニウム 230
本態性高血圧 31

[ま行]

マクスウェル-ボルツマンの速度分布 109
マグマ 54
マクロ 21,257
魔法数 226
マンガン電池 192
ミオグロビン 115
ミカエリス-メンテンの式 222
ミクロ 21
水 2,60,64,68,71,72,95,99
ミセル 129,130
無機化学 5
無機物 5

無極性分子 67
メタン 60,63,68,84,85
メチルレッド 178
メラニン色素 30
面心立方構造 75
モノクロロメタン 68
モル 83
　　──凝固点降下 125
　　──質量 84
　　──浸透圧濃度 127
　　──濃度 119
　　──沸点上昇係数 124
　　──分率 111

[や行]

山中因子 10
山中伸弥 10
融解 93
　　──熱 94,96
有機化学 5
有機体 5
有機物 5
有効数字 14
融点 71,94
遊離基 213
陽イオン 49
溶液 117
溶解 117
溶解度 120
　　──曲線 121
　　──積 178,179
ヨウ化水素 154,212
ヨウ化ナトリウム 243
陽極 197
溶血 127
陽子 35
　　──移行 164
溶質 117
ヨウ素 251
陽電子 232
　　──放出 232
溶媒 117

[ら・わ行]

ラヴォアジエ 77,90

ラザフォード　230
ラジウム　230
ラドン　230
ランタノイド　46
理想気体　106, 107, 144
理想混合気体　110
リチウム　241
　──イオン電池　195
律速段階　212
立方最密構造　76, 77
リバモリウム　237
硫化水素　68
硫酸亜鉛　191
硫酸アンモニウム　157
硫酸銅　191
量子力学　40
臨界圧力　99
臨界温度　99
臨界点　99
臨界量　239
リン酸　197
ル・シャトリエの原理　156
ルビー　130
レニウム　237
レプトン　53
連鎖開始　213
連鎖成長　213
連鎖停止　213
連鎖反応　212
レントゲン　242
六方最密構造　75, 76
ローリー　164
ワトソン　9

aq　137
ATP　161, 201
α線　230
α崩壊　231
BNCT　251
Bq　242
β線　231
β崩壊　232
β^+崩壊　232
β^-崩壊　232
DNA　7, 30, 72, 245
ES細胞　10
GM計数管　242
Gy　242
γ線　27, 231
γ崩壊　232
ICRP　245
iPS細胞　9
MKS単位　15
PET　249
pH　170, 171, 180
p-ジクロロベンゼン　99
SI　15
SI基本単位　16
SI組立単位　16
SI接頭語　16
SPECT　248, 249
Sv　242

1s軌道　40
2px軌道　40
2py軌道　40
2pz軌道　40
2s軌道　40

[欧文]

ADP　161, 201

著者略歴
1934年　生まれる
1957年　東京大学理学部化学科卒業
1983年　東京大学教養学部教授
1994年　千葉大学工学部教授
1999年　聖徳大学人文学部教授
現　在　東京大学名誉教授，理学博士

主要著書
『化学熱力学』（物理化学入門シリーズ，裳華房，2012年）
『統計熱力学』（裳華房，2010年）
『量子化学 上，下』（裳華房，2007年）
『生命科学のための有機化学Ⅰ，Ⅱ』（東京大学出版会，2004年）
『化学熱力学』（修訂版，裳華房，2002年）

生命科学のための基礎化学

2014年3月24日　初　版

［検印廃止］

著　者　原田(はらだ)　義也(よしや)

発行所　一般財団法人　東京大学出版会

代表者　渡辺　浩

153-0041 東京都目黒区駒場 4-5-29
電話 03-6407-1069　Fax 03-6407-1991
振替 00160-6-59964

印刷所　三美印刷株式会社
製本所　牧製本印刷株式会社

Ⓒ 2014 Yoshiya Harada
ISBN 978-4-13-062508-1　Printed in Japan

JCOPY 〈(社)出版者著作権管理機構 委託出版物〉
本書の無断複写は著作権法上での例外を除き禁じられています．複写される場合は，そのつど事前に，(社)出版者著作権管理機構（電話 03-3513-6969, FAX 03-3513-6979, e-mail：info@jcopy.or.jp）の許諾を得てください．

生命科学のための有機化学 I　有機化学の基礎	
	原田義也／A5 判／208 頁／2500 円
生命科学のための有機化学 II　生化学の基礎	
	原田義也／A5 判／280 頁／3200 円
有機化学　有機反応論で理解する	村田　滋／A5 判／258 頁／2500 円
生命とは何か　第 2 版　複雑系生命科学へ	
	金子邦彦／A5 判／464 頁／3600 円
化学結合論入門　量子論の基礎から学ぶ	高塚和夫／A5 判／244 頁／2600 円
化学の基礎 77 講	東京大学教養学部化学部会編／B5 判／192 頁／2500 円
生命科学資料集	生命科学資料集編集委員会編／B5 判／268 頁／3200 円
新しい量子化学　上・下　電子構造の理論入門	
	ザボ，オストランド著／大野公男・阪井健男・望月裕志訳
	A5 判／平均 300 頁／各巻 4400 円
化学実験　第 3 版	
	東京大学教養学部化学教室化学教育研究会編／A5 判／216 頁／1600 円
放射化学概論　第 3 版	富永　健・佐野博敏著／A5 判／256 頁／3000 円

ここに表示された価格は本体価格です．ご購入の際には消費税が加算されますのでご了承ください．

SI 基本単位

物理量	名称	記号*
長さ	メートル	m
質量	キログラム	kg
時間	秒	s
電流	アンペア	A
熱力学的温度	ケルビン	K
物質量	モル	mol
光度	カンデラ	cd

*大文字の記号は人名に由来する.

SI 接頭語

倍数	接頭語	記号	倍数	接頭語	記号
10^{-1}	deci	d	10^{1}	deca	da
10^{-2}	centi	c	10^{2}	hecto	h
10^{-3}	milli	m	10^{3}	kilo	k
10^{-6}	micro	μ	10^{6}	mega	M
10^{-9}	nano	n	10^{9}	giga	G
10^{-12}	pico	p	10^{12}	tera	T
10^{-15}	femto	f	10^{15}	peta	P
10^{-18}	atto	a	10^{18}	exa	E
10^{-21}	zepto	z	10^{21}	zetta	Z
10^{-24}	yocto	y	10^{24}	yotta	Y

主な SI 組立単位名称（特別な名称をもつもの）

物理量	名称	記号*	定義
力	ニュートン	N	$m\,kg\,s^{-2}$
圧力	パスカル	Pa	$m^{-1}\,kg\,s^{-2}$ $(=N\,m^{-2})$
エネルギー	ジュール	J	$m^{2}\,kg\,s^{-2}$
仕事率	ワット	W	$m^{2}\,kg\,s^{-3}$ $(J\,s^{-1})$
電気量, 電荷	クーロン	C	$A\,s$
電位, 起電力	ボルト	V	$m^{2}\,kg\,s^{-3}\,A^{-1}$ $(=J\,C^{-1})$
電気抵抗	オーム	Ω	$m^{2}\,kg\,s^{-3}\,A^{-2}$ $(=V\,A^{-1})$
コンダクタンス	ジーメンス	S	$m^{-2}\,kg^{-1}\,s^{3}\,A^{2}$ $(=A\,V^{-1}=\Omega^{-1})$

*すべて人名に由来する.

ギリシャ文字

大文字	小文字	読み（慣用）
A	α	アルファ
B	β	ベータ
Γ	γ	ガンマ
Δ	δ	デルタ
E	ε	イプシロン
Z	ζ	ゼータ
H	η	イータ
Θ	θ, ϑ	シータ
I	ι	イオタ
K	κ	カッパ
Λ	λ	ラムダ
M	μ	ミュー
N	ν	ニュー
Ξ	ξ	グザイ
O	o	オミクロン
Π	π	パイ
P	ρ	ロー
Σ	σ	シグマ
T	τ	タウ
Υ	υ	ウプシロン
Φ	φ, ϕ	ファイ
X	χ	カイ
Ψ	ψ	プサイ
Ω	ω	オメガ

圧力の換算

単位	Pa	atm	Torr
1 Pa $(=1\,N\,m^{-2})$	1	9.86923×10^{-6}	7.50062×10^{-3}
1 atm	1.01325×10^{5}	1	760
1 Torr	1.33322×10^{2}	1.31579×10^{-3}	1

$1\,Pa = 1\,N\,m^{-2} = 10^{-5}\,bar$ $1\,atm = 1.01325\,bar$